猫的感覚

動物行動学が教えるネコの心理

CAT SENSE

The Feline Enigma Revealed

ジョン・ブラッドショー

羽田詩津子 訳

早川書房

猫的感覚

——動物行動学が教えるネコの心理

CAT SENSE

The Feline Enigma Revealed

by

John Bradshaw

Translated by
Shizuko Hata
First published 2014 in Japan by
Hayakawa Publishing, Inc.
This book is published in Japan by
arrangement with
Conville & Walsh Limited
through The English Agency (Japan) Ltd.

装幀：葛西 恵

ネコの中のネコ、スプラッジ（1988～2004年）に捧げるイヌは人間を尊敬する。ネコは人間を見下す。

——ウィンストン・チャーチル

ネコを愛している人は、それ以上のことを知らなくても、わたしの友人であり仲間だ。

——マーク・トウェイン

目次

まえがき

ネコとは何か？　ネコは人間のあいだで初めて暮らすようになって以来ずっと興味深い存在だった。アイルランドでは「ネコの目はわたしたちに別の世界を見せてくれる窓だ」という言い伝えがある――さぞ謎めいた世界にちがいない！　大半のペットの飼い主が大きくうなずくだろうが、イヌは開けっぴろげで正直で、自分に関心を向けてくれる人になら誰にでも心をさらけだす。かたやネコはとらえどころがない。人間はネコをありのままに受け入れるが、ネコはどういう間柄なのかを決してはっきりさせようとはしない。飼いネコのジョックを「特別なアシスタント」と呼んでいたウィンストン・チャーチルには、ロシアの政治について形容した有名な言葉がある。「それは謎を謎で包みこんだ謎である。しかし、それを解く鍵は存在する」ネコについても同じようなことが言えるだろう。

その鍵は存在するのか？　わたしは絶対にあるにちがいないし、科学で発見できると思っている。わが家にはたくさんのネコが暮らしている――そして〝飼い主〟という言葉はこの関係にふさわしくないと思うようになった。何度も子ネコたちが生まれるのに立ち合ってきたし、年老いたネコたちが老衰や病気になると、胸が引き裂かれるような思いで介護もしてきた。野良ネコの救出や里親探しの手伝いもした。彼らはえさをやる手を噛もうとするようなネコたちだった。それでも、ネコとの個人的な関わりだけで、ネコの本当の姿が自然に学べたとは感じられずにいる。一方、科学者たち――野外生物学者、考古学者、発達生物学者、動物心理学者、分子生物学者、わたし自身のような人間動物関係学者――の研究は、まとめて読むと、ネコの本質をあきらかにする手がかりを与えてくれた。まだわからない部分はあるが、明確な事実が浮かびあがりつつある。この本はわたしたちが知っていることと、これから発見しなくてはならないことを確認するのに絶好の場になるだろう。なによりも重要なのは、ネコの日々の生活をよりよくするために、その知識を利用できることだ。

ネコの考えを理解することは、ネコを〝飼う〟喜びを損なうものではない。わたしたちがペットと暮らすことを楽しめるのは、彼らを〝分身〟とみなすときだけだという見方もある――つまり自分自身の考えや欲求を投影するためだけに動物を飼うのだと。もちろん、動物たちはそれが的外れだと人間に伝えられないことが前提だ。この見解だと、当然ながらネコたちはこちらの言うことを理解していないし、気にもかけていないことになり、わたしたちはもはやネコを愛せないと感じるかもしれない。わたしはこの考え方には反対だ。人間の心というのは、動物に対するふたつの矛盾した視点をまったく問題なく両立させることができるのだ。たとえば動物がある点では人間そっくりで、別の点ではまったく異なるという考えは、無数の漫画やグリーティングカードのユーモアの下敷きになっている。ふたつの概念が互いを否定したら、ユーモアを感じとることがまったくできないだろう。実際には、その反対だ。自分自身の研究や、他の研究を通してネコについて知れば知るほど、わたしはネコと暮らせることにいっそう感謝するようになっている。

子どものときからネコは魅惑的な存在だった。子ども時代、家にはネコがいなかったし、近所にもいなかった。わたしは小道のはずれにある農場のネコしか知らなかった。彼らはペットではなくネズミ捕りネコだった。兄とわたしはときどきネコが納屋から屋外便所へとすばやく走っていくのを見かけてわくわくしたが、ネコは忙しそうで、人間には、とりわけ男の子には、さほど愛想よくふるまわなかった。あるとき、農夫が干し草の山のあいだで生まれた子ネコたちを見せてくれたが、彼はわざわざ子ネコを飼いならそうとはしなかった。ネコはたんに害獣対策でしかなかったのだ。その頃のわたしは、中庭でえさをついばんでいるニワトリや毎晩乳搾りのために納屋に追い返される雌ウシと同じように、ネコも農場の動物だと思っていた。

わたしが初めて出会ったペットのネコは、この農場のネコとは正反対のケリーという名前の去勢したバーミーズだった。ケリーは母の友人に飼われていた。友人はたびたび病気の発作を起こして入院したが、そのあいだケリーにえさをやる隣人がいなかった。そこでケリーはわが家に預けられることになった。自宅に逃げ帰るといけないので外に出してもらえず、ケリーはずっと甲高い声で鳴いていた。ゆでたタラしか食べず、いつも溺愛する飼い主からありったけの関心を示されているのはあきらかだった。わが家にいるあいだは、ほぼずっとソファの後ろに隠れていた。ただし電話が鳴って数秒もすると姿を現し、母の注意が電話の向こうの人間に向けられているのを確認するや、長いバーミーズの牙を母のふくらはぎに食いこませた。よく電話をかけてくる相手は、二〇秒後に悲鳴と罵りのつぶやきで会話が中断されることに、すっかり慣れっこになってしまった。当然、家族の誰もケリーのことをあまり好きではなかったので、彼が飼い主のところに帰るときにはいつもほっとしたものだ。

自分だけのペットを飼うようになって初めて、わたしはふつうのネコと暮らす喜びを理解するようになった。ようするに、なでるとゴロゴロ喉を鳴らし、足に体をすりつけてあいさつするネコだ。こうした資質は、何千年も前に最初に室内にネコを入れた人々もおそらく好んだだろう。この愛情表現は、イエネコの間接的な祖先であるリビアヤマネコの飼いならされた個体に見られるきわだった特徴でもある。時がたつにつれ、しだいにこうした資質が重視されるようになってきて、現代の飼い主はなによりも飼いネコの愛情に価値を置く。しかしネコの歴史ではほぼずっと、イエネコはネズミの駆除係として食い扶持を稼がねばならなかった。

わたしはイエネコとの経験が増すにつれ、ネコの実用的な起源についての理解も深まっていった。引っ越ししなくてはならないことの埋め合わせに、娘のために白と黒のふわふわの毛の子ネコ、スプラッジを買った。スプラッジはたちまちにして大きな長毛のいささか怒りっぽいハンターに成長した。多くのネコとちがい、彼は大きなネズミに出会ってもひるまなかった。でも朝食に下りてきた家族に見せるために、キッチンの床にネズミの死骸を放りだしておいてもほめてもらえないとすぐに学習し、その後、狩りはひっそりと行なうようになった。ただし、ネズミに死刑執行猶予は与えなかったのではないかと思う。

ネズミに対してはとても勇敢だったが、スプラッジは他のネコたちとは常に距離を置いていた。ときどきスプラッジが大あわてで家に飛びこんでくると、ネコドアのフラップがカタカタ鳴るのが聞こえた。急いで窓の外を見ると、たいてい近所の年かさのネコが、わが家の裏口の方をにらみつけていた。スプラッジには近所の公園にお気に入りの狩り場があったのだが、そこへの行き来はいつも目立たないようにしていた。他のネコ、とりわけ雄ネコに対するスプラッジの臆病さは、多くのネコに見られる特徴だ。さらに、社交技術におけるネコの弱点を示すものでもある。これはおそらくネコとイヌとの最大のちがいだろう。大半のイヌは他のイヌと簡単に仲良くできる。ネコはたいてい他のネコ

スプラッジ

を挑戦相手とみなす。とはいえ、現代の飼い主の多くが他のネコをすんなり受け入れることを期待している――二匹目のネコを飼いたいと思っているときでも、引っ越すことになり、飼いネコを他のネコのテリトリーにいきなり投げ入れるときでも。

ネコにとって、安定した社交環境だけでは充分ではない。ネコたちは安定した物理的環境を提供してもらうことも、飼い主に期待している。ネコは基本的に縄張り意識の強い動物で、環境にしっかりと根をおろす。ネコによっては、テリトリーとして飼い主の家しか必要としない場合すらある。わが家の別のネコ、ルーシーはスプラッジの姪の娘だったが、狩りにはまったく興味を示さなかった。家から一〇メートル以上離れることはめったになかった。ただし発情期になると、庭の塀を越えて何時間も姿を消した。ルーシーの娘でわが家で生まれたリビーは、スプラッジと同じく勇敢なハンターだった。しかし、雄ネコを訪ねるよりも、自分のもとに呼び寄せる方を好んだ。三匹とも血のつながりがあり、三匹とも一生の大半を同じ家で暮らしていたにもかかわらず、スプラッジ、ルーシー、リビーはそれぞれ性格がちがった。彼らを観察していて学んだのは、どのネコも型にはまらないということだ。ネコには人間とまったく同じように個性がある。観察するうちに、わたしはそういうちがいがどこから生じるのか研究してみたくなった。

住み込みの害獣駆除係から相棒である同居者へというネコの変身は、最近のことで、しかも急激な現象だった。また、とりわけネコの視点からすると、あきらかにまだ不充分である。現代の飼い主は一世紀前の標準とは比べものにならないほど、ネコにさまざまな資質を求めている。ある意味で、ネコは新たに獲得した人気と格闘しているのだ。ほとんどの飼い主は、ネコがかわいい小鳥やネズミを殺さないでいることを望んでいる。ペットよりも野生動物に興味のある人々は、ネコの捕食者としての衝動にますます眉をひそめるようになっている。たしかに、この二世紀のどの時代よりも、現代のネコは多くの敵意に直面していると言えるだろう。はたしてネコは人間の害獣駆除係としての遺産を捨てることができるのだろうか、それもわずか数世代で?

ネコ自身は捕食者の資質が巻きおこす論争など眼中になく、他のネコとの関わりで生じる問題で頭がいっぱいだ。ネコは自立しており、おかげで理想的な手のかからないペットになっている。おそらく、もともと単独行動をしていたことに由来するものだろう。しかしイヌと同じように順応しやすいにちがいないという多くの飼い主の思い込みには、なかなか上手に対応できない。その独特の魅力を失うことなく、社会の求めに応じて、ネコはもっと柔軟になれるのだろうか? そうなれば他のネコがそばに来てもうろたえないだろう。

この本を執筆した理由のひとつは、今から五〇年後の標準的なネコはどんなふうになっているかを推定するためだ。人々には魅力的な動物との暮らしを今後も楽しんでほしいと願っている。しかし、種としてのネコは正しい方向に進んでいくのか、わたしには自信がない。野良ネコから非常に甘やかされたシャムネコまで、ネコについて学べば学ぶほど、もはやネコを傍観している場合ではないと確信するようになった。ネコの未来を安泰にしたいなら、ネコを飼うこととネコを繁殖させることに、もっと配慮の行き届いたアプローチが必要なのだ。

謝辞

わたしは三〇年以上前にネコの行動についての研究を始めた。最初はウォルサム研究所ペット栄養学センターで、のちにサウサンプトン大学で。そして現在はブリストル大学の人間動物関係学研究所で仕事をしている。わたしが学んだことの大半は、ネコそのものを忍耐強く観察したことから得たものだ。わたし自身のネコ、隣人たちのネコ、保護センターのネコ、人間動物関係学研究所のオフィスに居住していたネコの家族、さらに多くの野良ネコや農場のネコだ。

　イヌの科学者は大勢いるが、ネコの科学の専門家はかなり少ないし、イエネコに関心を向けている学者はさらに少ない。わたしが光栄にもいっしょに働く機会を得て、ネコが世の中をどう見ているかについて考察する手助けをしていただいているのは以下の方々である。クリストファー・ソーン、デイヴィッド・マクドナルド、イアン・ロビンソン、サラ・ブラウン、サラ・ベンジ（旧姓ロウ）、デボラ・スミス、スチュアート・チャーチ、ジョン・アレン、ルード・ヴァン・デン・ボス、シャーロット・キャメロン＝ボーモント、ピーター・ネヴィル、サラ・ホール、ダイアン・ソーヤー、スザンヌ・ホール、ジャイルズ・ホースフィールド、フィオナ・スマート、リーアン・ロヴェット、レイチエル・ケイシー、キム・ホーキンズ、クリスティーン・ボルスター、エリザベス・ポール、キャリ・ウェストガース、ジェナ・キディー、アン・シーライト、ジェーン・マレー、さらに名前を挙げきれないほどたくさんの方々。

アメリカと海外両方の仲間たちとのディスカッションでも、おおいに学ばされた。その中には故ポール・レイハウゼン教授、デニス・ターナー、ジリアン・カービー、ユージニア・ナトリ、ジュリエット・クラットン＝ブロック、サンドラ・マッカン、ジェームズ・サーペル、リー・ザスロフ、マーガレット・ロバーツとネコ保護団体の彼女の仲間たち、ダイアン・アディ、アイリーン・ロフリッツ、デボラ・グッドウィン、シーリア・ハッドン、サラ・ヒース、グレアム・ロー、クレア・ベサント、パトリック・パジェート、ダニエル・ガン＝ムーア、ポール・モリス、カート・コトスシャル、エリー・ヒビー、サラ・エリス、ブリッタ・オストハウス、カルロス・ドリスコル、アラン・ウィルソン、そして心からの哀悼を捧げるペニー・バーンスタイン。ブリストル大学の獣医学部、とりわけクリスティーン・ニコル教授とマイク・メンデル教授、またデイヴィッド・メイン博士とベッキー・フェイ博士には、人間動物関係学研究所とその研究に助成していただいたことに心からの感謝を捧げる。

わたしのネコの研究は何百人ものボランティアのネコの飼い主のみなさん（とそのネコたち！）の協力を頼りにしてきた。彼らにはいつも感謝している。研究の多くはＲＳＰＣＡ、ブルー・クロス、聖フランシスコ動物保護団体をはじめとする、イギリスの里親探し慈善団体の惜しみない支援がなかったら不可能だっただろう。とりわけ、キャッツ・プロテクションの二〇年にわたる実践的および財政的支援には深く感謝している。

三〇年近いネコの行動についての研究を平均的なネコの飼い主向けの形にまとめるのは、生やさしい仕事ではなかった。それぞれベイシック・ブックスとペンギン・ブックスの編集者ララ・ヘイマートとトム・ペン、それにわたしの疲れ知らずのエージェントであるパトリック・ウォルシュには専門的な指導をしていただいた。ありがとうございました。

これまでの著書では、親しい友人のアラン・ピーターズに生き生きした動物のイラストを描いてもらった。今回もまた実に見事な仕事をしてくれた。

最後に、孫娘のベアトリスが「おじいちゃんの仕事部屋」と呼ぶものに閉じこもらざるをえなかったことに辛抱してくれた家族に礼を言わねばならない。

はじめに

今日、イエネコは世界じゅうでもっとも人気のあるペットである。世界のどこでも、イエネコは「人間の親友」であるイヌよりも多く、数にして三対一ぐらいだ。[1] 多くの人々が都会で暮らすようになり――イヌにとっては理想的な環境とは言えない――ネコはライフスタイルにぴったりのペットになった。アメリカの三分の一の家庭は一、二匹のネコを飼っている。イギリスでは四分の一以上の家庭でネコを見かける。オーストラリアでは、イエネコは無害な絶滅危惧種の有袋類を残酷に殺す犯人として悪者扱いされているが、それでも、ほぼ五分の一の家庭がネコを飼っている。ネコのイメージは世界じゅうでいろいろな消費財の宣伝のために利用されている。香水から家具、菓子にいたるまで。ネコのキャラクター〝ハローキティ〟は一〇〇以上の国で五万以上のさまざまなブランドの製品に使用され、開発者たちに何十億ドルもの使用料をもたらしてきた。ごく少数の人――おそらく五人中一人――はネコを好きではないが、ほとんどの人がお気に入りのこの動物に対しては愛情をためらうことなく示している。

ネコは愛情深いと同時に、独立独歩の生き物である。ペットとして、イヌに比べネコは手がかからない。訓練も必要ない。自分で毛づくろいをする。一日じゅう放っておいても、イヌのように飼い主を恋しがることはない。それでも帰宅すると、愛情たっぷりに出迎えてくれる（まあ、大半のネコは）。食事の時間は現代のペットフード会社のおかげで、面倒な作業が簡単になった。ネコはでしゃばることはほとんどないが、愛情を向けられるとうれしがっているように見える。ひとことで言えば、ネコは飼うのに都合がいい。

一見したところ、ネコはやすやすと都会の洗練された動物に変わったようだが、それでも八割ぐらいのネコは野生の原点にしっかりと根をおろしている。イヌの精神は、その祖先であるハイイロオオカミから劇的に変化した。だがネコはいまだに野生のハンターのような考え方をする。二世代もあれば、ネコは一万年ぐらい前の祖先の専売特許に、すなわち自立した生活様式に戻れるだろう。現代ですら、世界じゅうの何百万匹ものネコはペットではなく野良ネコで、ゴミあさりと狩りをして暮らしている。彼らは人間のかたわらで生きていても、人間を生まれつき信用していない。しかし子ネコは友人と敵のちがいを驚くほどの順応性で学習する。おかげで、ネコは一世代にして、野良からペットへと劇的にちがうライフスタイルのあいだを移動できるのだ。したがって野良ネコの両親から生まれた子ネコは、何世代にもわたるイエネコの子孫と区別がつかない可能性がある。逆に飼い主によって捨てられ、新しい飼い主を見つけられないペットはゴミあさりに戻るかもしれない。するとその一世代か二世代のちの子孫は、都会で影のような存在として生きてきた何千匹もの野良ネコたちと区別がつかなくなっているだろう。

ネコの人気が高まり、ますます数が増えるにつれ、ネコをけなす人々はいっそう大きな声をあげるようになっている。この数世紀のうちでも、今ほどその声に悪意がこもっていることはないように感じられる。ネコはイヌやブタにつけられている「清潔ではない」というレッテルを貼られたことはない。しかし、ネコは世界じゅうで受け入れられているように見えても、あらゆる文化において少数の人々はネコが気にくわないし、二〇人中一人ぐらいは嫌悪まで抱いている。[2] たずねられたときに、西洋人でイヌが嫌いだと認める人はめったにいない。そういう人は動物全般が嫌いか、子どもの頃に噛まれたなどの特別な経験のせいで、嫌悪を抱くようになったかだ。[3] ネコ嫌いはもっと根強いものの、ありふれたヘビやクモの恐怖症ほどは多くない。もっとも、ヘビやクモの恐怖症は毒を持つ種を避けたいという論理的な根拠がある。しかし、ネコの場合、嫌いな人にとっては、それに劣らぬ非常に強烈な感情なのだ。[4] 〝ネコ恐怖症〟では、中世ヨーロッパで何百万ものネコを殺した宗教的迫害が最たるものだろう。そしてネコ恐怖症は当時も現在も同じように存在している。したがって、ネコの人気が今後も続くという保証はないだろう。たしかに、人間の介入がなければ、二〇世紀はネコのゴールデンエイジだったのかもしれないが。

現在、ネコ嫌いの告白に後押しされるかのように、ネコは〝罪のない〟野生動物を理不尽に不必要に殺すと糾弾されている。その声がもっとも大きいのはニュージーランドのアンティポデス諸島だが、しだいにイギリスやアメリカでも耳障りなほどになってきた。もっとも過激な反ネコの圧力団体は、ネコに狩りを許してはならない、ペットのネコは室内に閉じこめ、野良ネコは撲滅するべきだと主張している。外ネコの飼い主は、家の周囲の野生動物を荒らす動物を養っていると非難されるだろう。野良ネコに去勢と予防注射をほどこし、また元のテリトリーに戻すことでネコの暮らしを守ろうとする獣医は、同業者から攻撃を受けた。仲間の獣医たちは、これは（違法な）捨てネコにつながるし、ネコのためにも周囲の野生動物のためにもよくないと批判している。[5]

この議論ではどちらの側もネコは〝生まれつき〟のハンターだと認めている。しかし、この行動をどう管理するかで意見が一致しないのだ。オーストラリアとニュージーランドの一部では、ネコは北半球から持ちこまれた〝異国の〟捕食者と定義され、ある地域では立ち入り禁止に、別の地域では外出禁止か強制的にマイクロチップをつけるかされている。アメリカやイギリスといった何百年もネコが土着の野生動物といっしょに暮らしてきた場所ですら、ペットとして数が増えていることで、口うるさい少数派は同じような制限を求めはじめた。だがイエネコのせいで野生の鳥やほ乳類が減少しているという非難には、科学的根拠がない、それは野生動物へ他のプレッシャーが増えているせい、たとえば生息地が失われることなどのせいだ、とネコの飼い主は反論している。したがって、イエネコに制限を課しても、ネコが脅かしているとされている種を復活させることはできないという主張だ。

人間がもはやハンターとしての能力に価値を置いていないことに、当然ながらネコは気づいていない。ネコにとっての幸福を脅かすのは人間ではなく、他のネコだ。同じように、ネコは生まれつき人間を愛しているわけではない。それは子ネコのときに学ばねばならないことだ。同様に、自動的に他のネコを愛することもない。それどころか、ネコは基本的に遭遇する他のネコすべてを疑い、怖がりさえする。現代のイヌの祖先である非常に社交的なオオカミとはちがい、ネコの祖先は孤独を好み、縄張り意識が高い。ネコが一万年ほど前に人間と関わりを持ちはじめてから、同胞に対する忍耐力が鍛えられたにちがいなく、そのおかげで人間が食べ物を提供してくれる――最初は偶然に、のちに意図的に――場所で、これまでよりもたくさんのネコ仲間とともに暮らせるようになったのだ。

イヌとはちがい、ネコは仲間と接触することに対してまだ心からの熱意を抱くようにはなっていない。その結果、多くのネコは他のネコとの接触を避けて一生を過ごすことになる。かたや、飼い主はうかつにも、信頼する理由もない別のネコといっしょに暮らすことを強いてしまう――隣人のネコであれ、〝遊び相手にする〟ために飼い主が手に入れた二匹目のネコであれ。ネコの人気が高まるにつれ、それぞれのネコが接触するネコも当然ながら多くなる。それによって接触のたびにストレスも増えるのだ。社交上の葛藤を避けることがむずかしくなり、多くのネコはリラックスできなくなる。そのストレスは行動に、さらには健康に影響を及ぼす。

　多くのイエネコの幸福は理想にはほど遠い――おそらくネコの幸福はイヌの幸福のようにニュースにならないせいだろう。あるいはネコは無言で耐えてしまいがちなせいかもしれない。二〇一一年にイギリスの獣医の慈善団体が採点したところ、平均的なイエネコの物理的および社会的環境はわずか六四点で、多頭飼いの家では点数がさらに低かった。飼い主のネコの行動に対する理解も、どっこいどっこいで六六点だった[6]。まちがいなく、飼い主がネコの行動の理由について理解をより深めれば、ネコは今よりもずっと幸せな生活を送れるだろう。

　大きなストレスにさらされたとき、ネコはすぐさま人間に感情的な対応をしてもらうことは求めていない――わたしたちがネコをいとしいと思っているかどうかは関係なく――それよりも、ネコが人間に求めるものをもっと理解してもらいたがっている。イヌは表現力が豊かだ。尻尾を振り、飛びついてあいさつするので、幸せなときはまちがいなくわかる。また、つらいときは、それを躊躇なくわたしたちに知らせる。かたやネコは感情をあらわにしない。感情を胸に秘め、空腹のときに食べ物をねだる以外には、めったに欲求を伝えない。ネコが喉をゴロゴロ鳴らすことは満足を表していると長いあいだ信じられてきたが、最近になって、もっと複雑な意味があることが判明した。わたしたちはネコがどういう生き物なのかを理解しておかねばならない。ネコは耐えられなくなるまで、めったに問題をわたしたちに伝えないからだ。

イヌに恩恵を与えているような研究が、ネコにもぜひとも必要だ。しかし不運にも、ネコの科学にはイヌの科学で近年起きているような画期的な発展が見られない。ネコはイヌのように科学者の興味をつかんでいないのだ。しかしこの二〇年間にはめざましい成果があり、ネコが世の中をどう見ているか、何がネコを動かしているかについて、科学者の解釈に大きな影響を与えた。この本は、こうした新しい洞察を中心に執筆した。そしてまず、いまや人間が要求している多くのことに、ネコを適応させていくためにはどうしたらいいかを示すつもりだ。

ネコは野生的な行動を保ちながらも、人間と生活するように適応してきた。少数のある種を別にして、ネコはイヌとちがって人間が創りだしたのではない。むしろ、人間と共進化してきて、はからずもわれわれが与えたふたつの生態的地位にあてはまるように変化したのだ。人間社会における最初のネコの役割は害獣駆除係だった。一万年ほど前、野生の猫が穀倉地帯に集まったネズミを有効利用するために移り住んできた。そして周囲の野山ではなく、そこで狩りをするようになった。これは非常に役に立つことが判明したので――ネコは穀物には一切興味がなく、自分で食べ物を手に入れたからだ――人間はときおりミルクや臓物のような余った動物性の食べ物を提供して、ネコを引き留めようとしたにちがいない。ネコの二番目の役割はコンパニオンとしてのものだ。もちろんそれは最初の役割のすぐあとに生じたものだろうが、経緯は歴史に埋もれてしまってよくわからない。最初の例として、四〇〇〇年前にエジプトからペットのネコがやって来たことがあげられるが、女性や子どもはそのはるか前から子ネコをペットにしていた。

人間からすると、この害獣駆除係とコンパニオンのふたつの役割は相反するものになった。つい最近まで、人間はハンターとしてのすぐれた腕前ゆえにネコを大切にしてきたが、今日、キッチンの床に死んだネズミを置かれて喜ぶ飼い主はまずいない。

ネコは原始的な過去の遺産をひきずっていて、その行動の多くはいまだに野生の本能を反映している。ネコの行動の理由を理解するためには、それがどこから生じたかと、それを現在の形に変えた影響について理解しなくてはならない。そのため、この本の最初の三章では、野生的で孤独なハンターから、高級マンションに住む動物へネコが進化したことについて記している。イヌとちがい、人間によって意図的に繁殖されたのは少数のネコだけである。さらに意図的な繁殖が行なわれても、それは外見だけに限定されている。家を守ったり、家畜の番をしたり、ハンターに付き添ったり手伝ったりするためにネコは繁殖されたことはないのだ。その代わり、ネコは当初の野生の穀物の収穫と保管から、今日の機械化された農業ビジネスにいたるまで、農業の発展によってもたらされた生態的地位につくために進化してきた。

何千年も前に初めてネコが人間の集落に入ってきたとき、他の資質には当然ながら目を向けられなかったにちがいない。やがて魅力的な姿形、子どものような顔と目、やわらかい毛、なにより人間に愛情を示すことを学ぶ能力によって、ペットとして飼われるようになった。続いて、象徴主義と神秘主義への人間の情熱は、ネコを偶像的地位にまで高めた。そのことはネコに対する一般的な態度に深く影響を与えた。とりわけネコに対する極端な宗教的視点は、ネコがどう扱われるかというだけではなく、その行動や外見までをも変えたのだ。

ネコは人間のかたわらで暮らすようになった。しかし、わたしたちはネコと分かちあっている世界について情報を集める方法も、理解のしかたも、ネコとはまったく異なっている。第4章から第6章はヒトとネコのちがいを検討する。ヒトとネコはどちらもほ乳動物だが、感覚と脳の働きは異なる。ネコの飼い主はしばしばこうしたちがいをないがしろにしてしまう。動物は周囲の世界をヒトと同じようにとらえていると思い込みがちなのだ。そのためネコはコミュニケーションができて愛情深い小さな毛むくじゃらの人間みたいなものだ、という考え方の罠に簡単にはまってしまう。

しかし科学は、ネコはネコ以外の何者でもないことを示している。すべての子ネコが自分独自の世界を作り、その結果が一生涯続くことから始め、本書のこの部分では、周囲の情報をネコがどのように集めるかについて書いている。とりわけ、とびぬけて鋭い嗅覚の用い方について。また脳はその情報をいかに利用するか、感情はどのように機会や挑戦に反応するかについて。科学界では、ようやく最近になって、動物の感情について話題にすることが認められるようになった。もっとも、感情は意識の副産物で、人間とおそらくわずかな霊長類以外は感情を持っているはずがない、と主張する学派すらいまだにある。しかし、常識で考えて、人間の基本的な脳構造とホルモンシステムを共有している動物が怯えて見えるなら、実際にとても恐怖に近いことを体験しているにちがいない――人間が体験するのとまったく同じではないかもしれないが、それでも恐怖にちがいないだろう。

生物学がネコの世界について解明したことの大半（ただしすべてではない）は、ネコはなによりもまず捕食者として進化してきたことと一致する。ネコは社会的な動物でもある。そうでなければ、ハンターと同時にペットにはなれなかっただろう。飼いならされるために求められること――なによりも人間の住居で他のネコといっしょに住む必要と、さらに人間と愛情深い絆を作ることによる恩恵――

はネコの社会的な領域を野生の祖先と比べて劇的に広げた。第7章から第9章はこうした社会的な関わりを詳細に検討する。ネコは他のネコや人間のことをどのようにみなして、交流するのか。どうして二匹のネコは同じ状況でも、まったくちがう反応をするのか。言い換えればネコの〝個性〟を調べることになる。

最後に、本書では世界における現在のネコの立場を検討し、今後それがどうなっていくかについて考察する。ネコは善意と敵意両方を含む多くの関心にさらされている。純血種のネコは相変わらず少数派で、それらを繁殖させる人々は、この数十年間に純血種のイヌの幸福を大きく揺るがしたことをネコにはしないように気をつけている。[7] それでも、イエネコとその他の野生種のネコとの交配が流行になっていることで、ベンガルのような〝ネコ種〟が生まれており、それが思いがけない結果をもたらす可能性があるのだ。また、ネコの幸福をなによりも留意している人々が、避妊手術を行なっていることについても考えてみなくてはならない。逆説的だが、求められない子ネコの苦難を減らそうというあっぱれな目的で、できるだけ多くのネコに避妊手術をほどこそうとする活動は、人間と調和して暮らすのにいちばんふさわしいネコの資質をしだいに薄めてしまっている。避妊手術を避けることができた野良ネコの多くは、人間に対してきわめて疑い深く、狩りが得意だ。かたや、もっとも友好的でおとなしいネコが、子孫を残す前に避妊手術を受けさせられている。その結果、きわめて野生的で狡猾なネコは好き勝手に繁殖して、人間社会とのよりよい融合へ近づくのではなく、遠ざかっているのだ。

わたしたちはネコが与えられる以上のことを、飼いネコに求めかねない。なにしろ何千年ものあいだ害獣駆除係だった動物が、そのライフスタイルを捨てることを期待しているのだ。なぜなら狩りは不快で受け入れがたく感じるから。おまけに、ネコがもともと他と交わらず縄張り意識の強い動物だということを考慮せず、人間がネコの友人や隣人を勝手に選んでもかまわないと考えている。イヌは友人の選択に融通がきくから、ネコもどんな関係であれ受け入れてくれるだろう、と推測しているのだ。純粋に自分の都合から。

二、三〇年前まで、ネコは人間の要求に応じることができた。しかし、いまやわたしたちの期待に添うために苦闘している。とりわけもう狩りをしてはならず、家から出てうろついてはならないことに。過去何十年も繁殖が厳しく管理されてきた他の家畜とはちがい、野良ネコからイエネコへの変化は――純血種のネコを除き――自然淘汰によって進められてきた。ネコは基本的にわたしたちが与える機会に適合するように進化してきたのだ。わたしたちはつがいの相手を自由に選ばせ、その子ネコたちは人間のかたわらで暮らすのにもっともふさわしい動物になった。当時求められていた能力は、繁殖して次の世代を産むことだった。

狩りをしたがらず、イヌのように社交に寛大なネコは、いくら進化しても創りだされないだろう――少なくともネコを中傷する人々に受け入れられるようなタイムスケールでは。一万年にわたる自然淘汰は、ネコに柔軟性を与え、人間との衝突を乗り切らせたが、ここ数年わきあがってきた要求に応じられるほどの柔軟性ではない。多くの子ネコを産ませるブリーダーが、その方向へ形ばかりの一歩を刻むのですら、何世代もの自然淘汰が必要だ。意図的で慎重に考え抜かれた繁殖だけが、未来の飼い主の要求を満たし、ネコ嫌いの人々にも受け入れてもらえるネコを創りだせるだろう。

現在のネコの運命を改善するために、できることはたくさんある。子ネコの社交性の向上、ネコが本当に求めている環境をもっと理解すること、ストレスフルな状況を乗り切る術《すべ》をネコに教えるために、意図的に人間が介在すること――こうしたすべてはネコがわたしたちの要求を満たすのに役立ち、ネコと飼い主の絆を深めてくれるだろう。

多くの点で、ネコは二一世紀の理想的なペットだが、二二世紀にもそうであり続けることができるだろうか？　ネコに愛情を注ぎ続けるなら――過去にネコが受けた虐待からして、これは絶対確実とは言えない――ネコの幸福のための慈善団体、保護活動家、ネコ好きのあいだで、すべての条件にあてはまるようなネコをいかにして創るべきか、一致した意見が出されなくてはならない。まず手始めに、ネコの飼い主も世間の人々も、ネコの祖先のことや、どうしてネコがそういう行動をとるかをより深く理解すれば、一歩前進できるだろう。同時に、飼い主はネコの行動をよりよい方向に導くことで、ネコのほころびかけた評判を挽回できる。それは狩りを止めさせるだけではなく、ネコをよりいっそう幸福にすることだ。長期的には行動遺伝学――行動と〝性格〟がどのように遺伝するかという仕組みを研究する学問――という未来科学が、人もネコもより密集して暮らす世界に適応するようなネコの繁殖を可能にするだろう。

歴史が示しているように、ネコは多くの方法で自分を守ることができる。しかし、人間の助けなくしては、現代社会が求めているものに立ち向かえない。ネコを理解するためには、ネコの本質的な特質をきちんと尊重することから始めねばならないのだ。

第1章　ネコの始まり

ネコをペットにすることはいまや世界的に広がっている風潮だが、どのようにヤマネコからイエネコになったのかはいまだに謎だ。その他の動物の大半は、実用的な理由のために家畜化された。ウシ、ヒツジ、ヤギは肉、乳、皮を提供してくれる。ブタは肉を、ニワトリは肉と卵を。人間の二番目にお気に入りのペット、イヌは人間の友という以外にいろいろと役に立っている。狩りを手伝う、家畜の番をする、見張りをする、臭跡をたどる、追跡する。こうしたことに、ネコはほとんど役に立たない。昔から言われている害獣駆除係という評判も、いささか大げさだ。もっとも歴史的には、人間との関わりおいて、それがネコの明確な役割だった。そのためイヌと比較して、ネコがどうやって人間文化にこれほど巧みに入りこんできたのか、なかなか答えを見つけることができない。その説明を求めていくと、およそ一万年前までさかのぼる。ネコが人間の戸口に初めて現れたときに。

ネコが家畜化されたことについては、考古学的および歴史的な記録に基づき、三五〇〇年ほど前にエジプトの人間の家で暮らすようになったのが最初だという説が確立されている。しかし、この理論は、最近、分子生物学の分野から新たな証拠が提出されて揺らいでしまった。現在のイエネコとヤマネコのＤＮＡのちがいを調べた結果、その起源はもっとずっと古く、一万年から一万五〇〇〇年前（紀元前八〇〇〇年から一万三〇〇〇年）ぐらいまでさかのぼるとわかったのだ。この範囲でのいちばん古い年代は無視できる――一万五〇〇〇年前より古いものは、人間の進化との関係で意味をなさない。なぜなら石器時代の狩猟採集民には、ネコを飼う必要や資源があるとは思えないからだ。いちばん新しい一万年前だとすると、イエネコは中東のさまざまな場所からやって来た野生の祖先の血を引いていると推測される。言い換えれば、ネコを家畜化することは、ほぼ同時期にしろ、もっと長い期間にわたったにしろ、広く分布したいくつかの場所で起きたということだ。紀元前八〇〇〇年ぐらいにネコは家畜化されるようになったと推測しても、エジプトで最初のイエネコの歴史的記録が現れるまで、六五〇〇年の空白がある。今までのところ、人間とネコのつきあいにおける、この最初のもっとも長い空白期間について研究した科学者はほとんどいない。

この期間の考古学的な記録は、実はあいまいである。紀元前七〇〇〇年から六〇〇〇年と推定されるネコの歯と骨片が、パレスチナのジェリコ市周辺と、イラクからヨルダン、シリアを抜けて地中海東海岸とエジプトまで広がる〝文明の揺りかご〟、すなわち肥沃な三日月地帯で発掘された。しかし、こうした破片はめったに見つからない。おまけに、おそらく皮のために殺されたヤマネコのものである可能性も大きい。現在のイスラエルとヨルダンで発見された、その後の数千年間におけるネコらしき動物の壁画や小像は、もしかしたらイエネコを描いている可能性もある。とはいえ、これらのネコは家のあった場所には描かれていないので、ヤマネコの象徴であることも充分に考えられる。たとえ、これらの証拠品がすべて初期のイエネコの外見を表現していると推測しても、ほとんど発見されていない理由は説明がつかないままだ。すでに紀元前八〇〇〇年までに、人間と家畜化されたイヌとの関係においてアジア、ヨーロッパ、北アメリカの何カ所かではイヌが主人の隣に葬られるのがふつうになっていたが、ネコの埋葬が一般的になったのはエジプトで紀元前一〇〇〇年ぐらいだった。[1] この時期にすでにネコが飼いならされたペットだったら、これまでに発見された以上に多くのはっきりした証拠があったはずだ。

人間とネコとのあいだのつきあいがどのように始まったかについての手がかりは、肥沃な三日月地帯ではなく、キプロスから得られる。キプロスは地中海の島のひとつで、海抜が最低レベルのときにも、本土とつながったことはない。その結果、島の動物は空を飛ぶか海を泳ぐかしてそこまでたどり着かなくてはならなかった――ただし、人間が一万二〇〇〇年前に原始的な舟で島に渡りはじめる前まではだが。当時、東地中海にはごく少数の初期のイヌを除き、家畜がいなかった。そこで最初の人間の移住者とともに島に渡った動物は、個別に飼いならされた野生の動物か、うっかり舟に乗りこんでしまった動物にちがいなかった。そのため、本土の古い遺骸は野生の動物か、なれている動物か、飼いならされた動物かはっきりわからないが、ネコはあきらかに人間によって意図的に運ばれてキプロス島に着いていた――というのも、その時代のネコは現代のネコと同じく海を泳ぐことを嫌がったと推測されるからだ。島で発見された遺骸は半ば飼いならされた、あるいは少なくとももとらえられた動物のものか、その子孫のものにちがいない。

キプロス島では、もっとも初期のネコの遺骸は、最初の人間の移住の時期に重なる紀元前七五〇〇年頃のものだと判明している。となると、意図的にそこに運ばれた可能性が高い。ネコは当時の小さな舟で偶然にキプロス島に運ばれるには、大きすぎるし人目につきやすい。その当時の海を渡る舟についてはあまりわかっていないが、おそらくとても小さくて、密航するネコは隠れられなかったにちがいない。おまけに、それから三〇〇〇年間、人間の居住地以外でネコが暮らしていた証拠は一切ないのだ。となると、いちばん可能性のある筋書きは、キプロス島のいちばん最初の移住者が、捕獲して本土で飼いならした野生のネコを連れてきたというものだ。彼らだけがヤマネコを飼いならすことを思いついたとは考えにくいので、ネコを捕獲し、飼いならすことは、すでに東地中海では確立された行動だったのだろう。これを裏づけるように、飼いならされたネコが他の大きな地中海の島々、クレタ、サルデーニャ、マヨルカなどへ有史以前に運ばれた証拠もある。

ヤマネコを家畜化するもっとも大きな理由は、キプロスの最初の移住者を考えれば自明だろう。当初から、島の住人たちは本土の同胞たちと同じく、家がネズミに荒らされていたはずだ。おそらくそうしたやっかいなネズミは密航者だろう。たまたま食べ物や種子の袋に入って地中海を渡ってきたのだ。そこでネズミがキプロスに住みつくとすぐに、移住者たちはネズミを駆除するために、家畜化された、あるいは半ば家畜化されたネコを連れてきたと推測される。これは最初の移住者がやって来てから一〇年後だったかもしれないし、一〇〇年後だったかもしれない——考古学的記録ではそれほど些細なちがいをはっきりさせることはできない。この推測が正しければ、家畜化されたネコによるネズミの駆除が、本土ではすでに一万年も前に定着していたということになる。これに対する確実な証拠は発見されそうにない。というのも、いたるところにヤマネコがいたので、ネコの遺骸が住居内で発見されたとしても、狩りをしていて死んだのか殺されたヤマネコのものか、生涯の大半をそこで暮らしていたネコのものか、区別できないからだ。

正確な起源はどうであれ、害獣駆除のためにヤマネコを飼いならすことは、アフリカの一部では現在にいたるまで行なわれている。そうした土地にはイエネコはほとんどいないが、ヤマネコは簡単に手に入る。一八六九年に白ナイル川を旅していたドイツの植物学者であり探検家ゲオルク・シュヴァインフルトは、夜のあいだに何箱もの植物標本がネズミに荒らされているのを発見した。彼はこう回想している。

　このあたりでもっともよく見かける動物は、ステップ地帯に住むヤマネコだ。先住民はヤマネコを家畜として育ててはいないが、ヤマネコがまだ若く小屋や囲い地での暮らしに簡単になじむことができるときにつかまえている。ヤマネコはそこで成長し、ネズミと戦う。そうしたヤマネコを数匹入手して数日間つないでおくと、かなり凶暴性がなくなり、室内の暮らしに慣れ、多くの点でふつうのネコの習性に近くなった。夜には荷物にヤマネコをつないだ。さもなければ荷物が荒らされかねなかったが、おかげでわたしはそれ以上のネズミの略奪行為を心配せずに、ベッドに入ることができた。[2]

シュヴァインフルト同様、ヤマネコをキプロス島に連れてきた初期の探検家たちは、ほぼまちがいなく、ネコをつないでおかなくてはならないと知っただろう。自由にさせておいたら、ネコはさっさと逃げて、土着の動物に大きな被害を与えたにちがいない。それまで土着の動物たちは、ネコのように手強い捕食動物と遭遇したことがなかったはずだ。だがのちになって、そういうことが起きた。人間が移住してから数世紀後、ヤマネコと区別のつかないネコが島じゅうで繁殖し、数千年もそこで暮らし続けたのだ。[3]おそらく、穀物貯蔵庫に閉じこめられたネコだけが、そこにとどまって初期の移住者が害獣を駆除するのを手伝ったのだろう。残りのネコは逃げていき、現地の野生動物を利用して生き延びていった。ときには、こうした逃げたネコの子孫が、とらえられ食べられたこともあったのかもしれない。というのもキプロス島の新石器時代のいくつかの遺跡では、折れたネコの骨ばかりか、キツネやイエイヌといった他の捕食者の骨が見つかるからだ。

害獣を駆除するためにヤマネコを飼いならす行動は、おそらく初期の穀倉地帯に新しい害獣が出現したことで、いっそう拍車がかかったにちがいない。つまりイエネズミ（ハツカネズミ）だ。たしかに、このふたつの動物の歴史は密接にからみあっている。イエネズミは世界じゅうで発見されている三〇種以上のネズミのひとつだ。しかし、人間とともに暮らし、その食べ物を利用する生活に適応した唯一の種なのである。

イエネズミは、およそ一〇〇万年前に北インドのどこかにいた野生種が起源だった。もちろん人間の進化よりもずっと昔だ。そこからイエネズミは野生の穀物を食料にして東と西の両方に広がっていき、ついに一部は肥沃な三日月地帯に到達した。そこで初期の穀物倉庫と出会う。イスラエルでは穀物倉庫で一万一〇〇〇年前のネズミの歯が、シリアではネズミの頭をかたどって彫られた九五〇〇年前の石のペンダントが発見されている。このようにイエネズミと人間との関係は、今日まで続いているのだ。人間はネズミが利用できる大量の食べ物を提供したばかりか、人間の建物は、ねぐらとなり、ヤマネコのような捕食者から守ってくれる暖かく乾いた場所でもあった。こうした生活環境に適応できたネズミは繁殖し、そうではないネズミは死に絶えた。現代のイエネズミは人間の住まいを離れると、めったに繁殖できない。とりわけ野生の競争相手、野ネズミがいる場所では。

人間はイエネズミが新しい地域にコロニーを作る手段も与えた。肥沃な三日月地帯の南東部のネズミは、現在シリアと北イラクにいる。おそらく中近東から、地中海東海岸や、さらにキプロス島のような近隣の島にまで、町と町のあいだで行なわれた穀物の取引の際に偶然に運ばれていったのだろう。

最初にイエネズミに悩まされたのはナトゥフ文化だった。ナトゥフ文化の人々は、拡大解釈すれば、ネコの長い旅をわたしたちの家へと導いたことになる。ナトゥフ文化の人々は、現在のイスラエル、ヨルダン、シリアの南西部、南レバノンからなる地域に紀元前一万一〇〇〇年から八〇〇〇年にかけて住んでいた。彼らは農業の創始者として広く認められているが、もともとはその地域の他の住人と同じく狩猟採集民だった。しかしまもなく、周囲に豊富に生えている野生穀類の収穫を専門に行なうようになった。その地域は当時、現在よりもはるかに生産性が高かったのだ。その作業のために、ナトゥフ文化の人々は鎌を発明した。のちにナトゥフ文化の居住地で発見された鎌の刃は、野生穀類——小麦、大麦、ライ麦——の茎だけしか刈らなかったので、いまだに表面には光沢がある。

初期のナトゥフ文化の人々は小さな村に住んでいた。家は地階と地上にあった。壁と床は石造りで、屋根は柴でできていた。紀元前一万八〇〇〇年までは、めったに穀類を植えなかったが、その後、一三〇〇年間で急速に天候が変化する新ドリアス期となり、畑を耕し、植え付け、収穫することに力が注がれるようになった。収穫される穀類が増えるにつれ、保管の必要も生じてきた。ナトゥフ文化の人々とその後継者たちは、おそらく泥レンガで建てられた、家の縮小版のような保管用の蔵を使用していたのだろう。たぶんこの発明が引き金になり、イエネズミが勝手に家に入ってきたにちがいない。ネズミたちはこの豊穣な目新しい環境に入りこみ、人間にとって最初のやっかいなほ乳類になったのだ。

ネズミの数が増えるにつれ、自然の捕食者の注意を引いたにちがいない。キツネ、ジャッカル、猛禽、ナトゥフ文化の人々のイエイヌ、そして当然ヤマネコだ。ヤマネコには他の捕食者とはちがう利点がふたつあった。ネズミと同じく、敏捷で夜行性であることだ。おかげでヤマネコはネズミが活動的になる真っ暗に近い闇で、狩りをすることが得意だった。しかしヤマネコが現代の同胞のように人間を恐れていたら、この新しい食糧源を利用できたかどうかは疑問だ。したがってナトゥフ文化の人々が暮らしていた地域のヤマネコは、現代のヤマネコほど警戒心が強くなかったにちがいない。

ナトゥフ文化の人々が意図的にネコを飼いならした、という証拠はひとつもない。ネズミと同じように、ネコは農業の始まりとともに生まれた新たな食糧源を利用しにやって来ただけだった。やがてナトゥフ文化の人々の農業は複雑になり、穀物が何列も植えられ、ヒツジやヤギといった動物の家畜化が行なわれ、別の地域と文化にまで広がっていった。そしてネコにとって利用できる機会も激増したのだった。現代のネコとちがい、彼らはペットではなかった。これだけネズミが豊富にいることを利用するネコは、現代のキツネに似ているかもしれない――人間の環境に適応することができるのに、基本的に野生で暮らしていたからだ。ネコを飼いならすことは、まだずっと先だったのである。

肥沃な三日月地帯とその周辺地域のヤマネコについては、驚くほどわずかなことしかわかっていない（38ページのコラム『ネコの進化』を参照）。考古学的記録によれば、一万年前にいくつかの種がその地域に住んでいた。そのどれもがネズミが豊富なことに惹きつけられたのだろう。のちに古代エジプト人は相当な数のジャングルキャット、フェリス・キャウスを飼いならしていたことがわかる。しかしジャングルキャットはヤマネコよりも体が大きく、体重四・五キロから五・五キロあり、若いガゼルやアクシスジカを殺せるほどだった。ふだんの食べ物にはネズミも含まれていたが、主食ではなかったようだ。エジプト人が害獣駆除係としてジャングルキャットを手なづけ、訓練しようとした証拠はあるが、どうやら継続的な成功はおさめなかったと推測される。その理由ははっきりしていないが、とても目立つので定期的に穀物倉庫に行けなかったのかもしれない。あるいは、あまりにも怒りっぽくて、人間のかたわらで暮らすには不向きだったのかもしれない。

ネコの進化

ネコ科のメンバーは高貴なライオンから小さな黒い脚のネコにいたるまで、全員が祖先を中型のネコに似た動物、プセウダエルルスにまでたどることができる。一一〇〇万年前に中央アジアの大草原地帯をうろついていた動物だ。プセウダエルルスはやがて絶滅したが、その前に、ふだんは海水面が低かったおかげで、現在の紅海を横断してアフリカへ渡ることができた。そしてそこで中サイズの数種類のネコに進化した。その中には、現在カラカルやサーバル

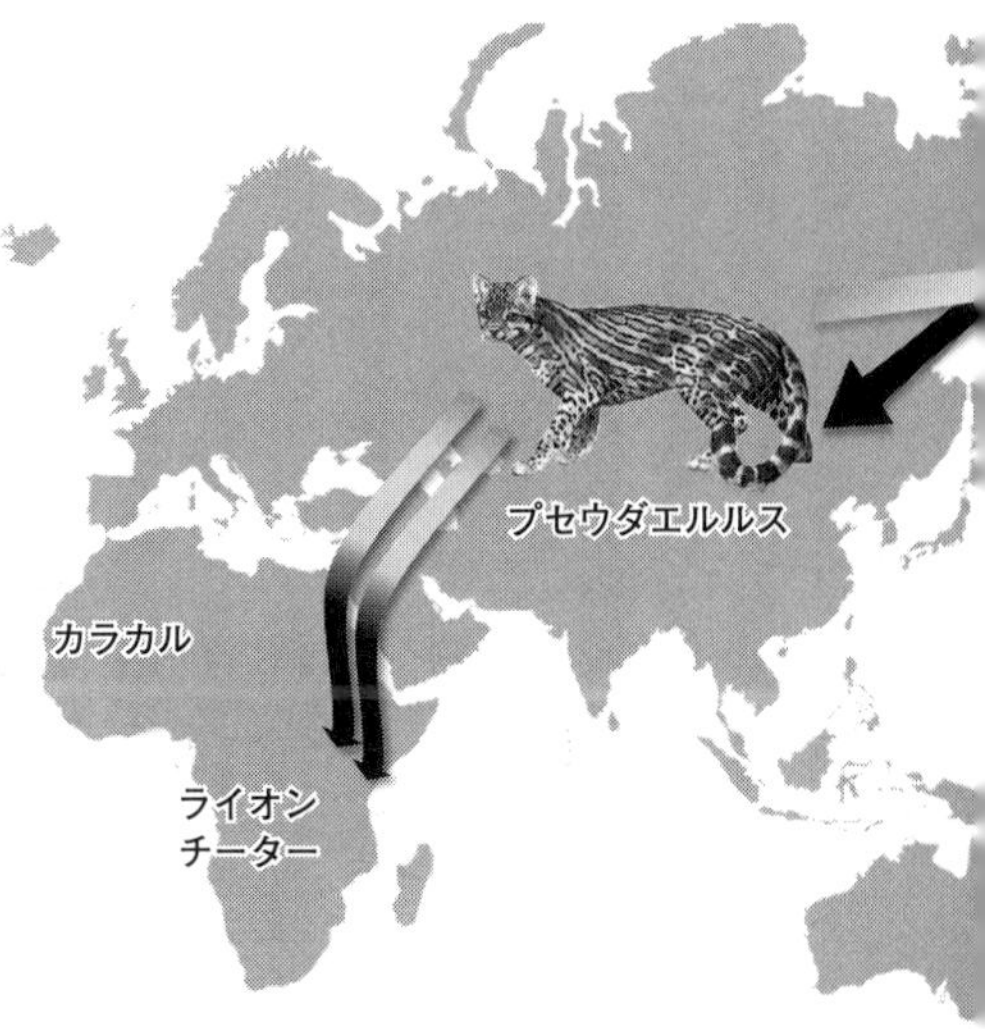

として知られているネコも含まれている。他のプセウダエルルスは東へ向かい、ベーリング海峡の陸橋を渡って北アメリカに入った。そこで最終的にボブキャット、オオヤマネコ、ピューマに進化した。二、三〇〇万年前に、パナマ地峡が形成されたあと、最初のネコが南アメリカに渡った。ここで孤立して進化していき、他では見られないいくつかの種になった。オセロットやジョフロワネコなどだ。大型のネコ——ライオン、トラ、ジャガー、ヒョウ——はアジアで進化し、ヨーロッパと北アメリカに広がっていった。それが現在の分布だが、一〇〇万年前にさまよっていた場所にも、わずかな遺存種がいる。注目すべきことに、現在のイエネコの遠い祖先は八〇〇万年前に北アメリカで進化したように思える。それから二〇〇万年のちにアジアに渡っていった。およそ三〇〇万年前に、そのネコは現在も知られている種へと進化しはじめた。ヤマネコ、スナネコ、ジャングルキャットなどだ。マヌルネコとスナドリネコを含む独立したアジアの血統も、この時期に分化しはじめた。[4]

ジャングルキャット

スナネコ

ジャングルキャットと同時代に、スナネコ（フェリス・マルガリータ）が存在する。大きな耳をした夜行性の動物で、鋭い聴覚を利用して夜に狩りをする。さらに人間を恐れない。となると、飼いならしてイエネコにするのにうってつけの候補と思えるかもしれない。しかし、スナネコは砂漠で暮らすようにできている——足裏は熱い砂から守ってくれる厚い毛で覆われている——から、最初の穀物倉庫の近くではめったに姿を見かけられることがなかっただろう。ナトゥフ文化の人々は村をたいてい森林地帯に作ったからだ。

　文明がアジアの東へ伝播していくにつれ、異なるネコ種とネコ種が接触するようになったはずだ。チャンフダーロはハラッパー文明によって造られた町で、現在はパキスタン内のインダス川の近くにある。そこで考古学者がネコの足跡とイヌの足跡が重なってついている五〇〇〇年前の泥レンガを発見した。新しく造られるレンガが太陽で乾かされているあいだに、ネコがそこを走り抜けたよ

ジャガランディ

マヌルネコ

うだった。そしてそのすぐあとに、ネコを追跡していたらしいイヌが通っていった。そのネコの足跡はイエネコよりも大きく、水かきのある足と広がったかぎ爪からスナドリネコ（フェリス・ヴィヴェリナ）だと判明した。英語名釣りネコ《フィッシング・キャット》が示しているように、スナドリネコは泳ぎの達人で、魚や水鳥をとらえるのが得意だ。小型の齧歯《げっし》動物もつかまえるだろうが、ほぼネズミからなる食生活にどうやって転換したかが不明なので、スナドリネコもイエネコの候補にはなりそうもない。

　さらに、二種類のネコが野生の生活から、人間の食糧倉庫を荒らした害獣をえじきにするようになったこともわかっている。中央アジアと古代中国では、その土地の野生のネコであるマヌル（あるいは最初にそれを分類したドイツの動物植物学者にちなんで、パラスのネコ）がしばしば飼いならされ、齧歯動物の駆除者として飼われていた。マヌルはネコ科の中でもっともふさふさした被毛を持っている。毛はとても長く、耳をすっかり隠してしまうほどだ。かたやコロンブス以前の中央アメリカでは、カワウソそっくりのネコ、ジャガランディがおそらく齧歯動物の駆除者として半ば飼いならされていた。どちらの種も完全には飼いならされなかったし、どちらも現在のイエネコの直系の祖先ではない。

こうしたさまざまな野生のネコのうち、一種類だけが飼いならすことに成功した。この名誉を与えられるのは、リビアヤマネコ（フェリス・シルヴェストリス・リビカ）で、DNAによってそれが確認された。[5] 過去において、科学者もネコ愛好家も、イエネコのうちのいくつかの品種は、他の種との混血だという意見だった。たとえば、ペルシャのふさふさした足は一見、スナネコにそっくりだし、その美しい被毛はマヌルネコを思わせる。しかしすべてのイエネコのDNAが、こうした他の種の痕跡を一切示していない。なぜかリビアヤマネコだけが人間社会にもぐりこむことができ、他のライバルを蹴落とし、最終的に世界じゅうに広まることになった。優位に立てた資質についてははっきり指摘できないが、おそらく中東のヤマネコのなかでの組み合わせのみで起きたことなのだろう。

現在、ヤマネコ（フェリス・シルヴェストリス）は最初に進化した西アジアばかりか、ヨーロッパ、アフリカ、中央アジアでも発見される。オオカミのような捕食者と同じく、人間から迫害されない隔絶した人里離れた場所でのみ見かけられる。ただし、ずっとそうだったわけではない。五〇〇〇年前、ある地域でヤマネコはあきらかに人間にとってごちそうとみなされていたようだ。ドイツとスイスの〝湖畔の住民〟が遺したゴミ捨て場には、ヤマネコの骨がたくさんあった。[6] 当時、ヤマネコはたくさんいたのだろう。さもなければそれほど大量につかまえられなかったはずだ。何世紀もたつうちに、ヤマネコはあまり見られなくなっていった。農業のために住まいにしていた森が伐採されて立ち退かされ、開発が行なわれ、住処を失ったせいで、いっそう森の奥へと入っていくしかなかったのだ。火器の発明によって、ヤマネコは多くの地域で狩られて絶滅に至った。一九世紀のあいだ、イギリス、

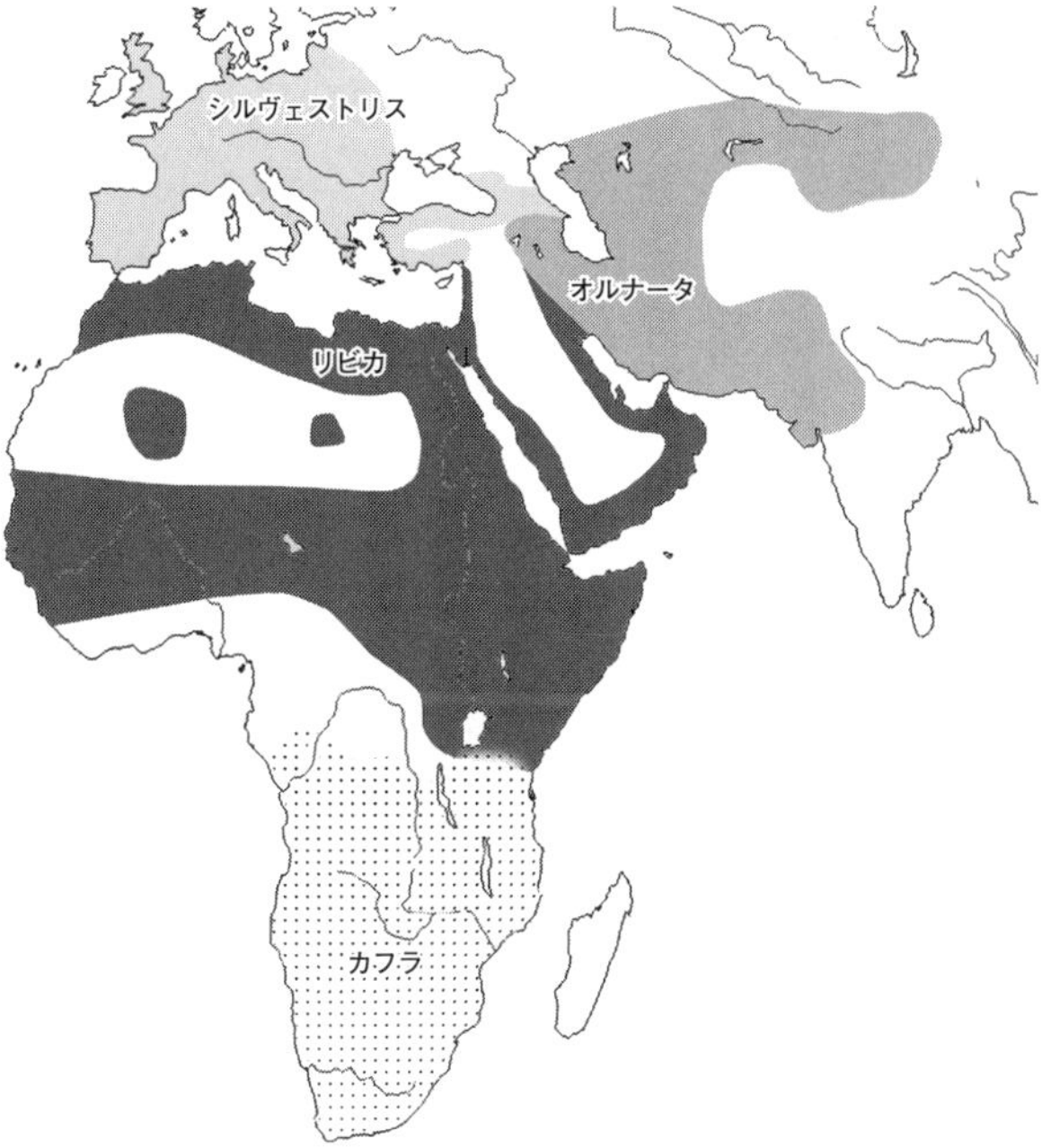

ヤマネコの亜種の分布

ドイツ、スイスなどヨーロッパの各地で、ヤマネコは害獣に分類された。おそらく野生動物と家畜に与えた害のせいだろう。[7]最近になってようやく、野生動物の保護区が確立し、捕食者が生態系の安定化に重要な役割を果たしていることが以前よりも知られるようになった。そのおかげで、何百年ものあいだ目撃されなかったバイエルンのような地域に、ヤマネコは戻りつつある。

　現在、ヤマネコは四つの亜種に分けられている。ヨーロッパヤマネコ（フェリス・シルヴェストリス・シルヴェストリス）、リビアヤマネコ（フェリス・シルヴェストリス・リビカ）、南アフリカヤマネコ（フェリス・シルヴェストリス・カフラ)、アジアヤマネコ(フェリス・シルヴェストリス・オルナータ)だ。[8] このすべてのネコは外見が似ているし、地域が重なる場所では交配が可能だ。五番目の亜種になりうるのは、とても珍しいハイイロネコ(フェリス・シルヴェストリス・ビエティ)で、DNAによれば、二五万年前にヤマネコの血統の本筋から分かれている。雑種の存在はわかっていないので、これらのネコは独立した種に属していると考えられる。ただし彼らはきわめて狭く、行き来できない地域——中国の四川省の一部とか——に住んでいるので、それは生物学的に不可能だったせいではなく、機会がなかったせいだろう。

世界のどの場所に住んでいるかによって、ヤマネコは家畜化できる難易度が驚くほど異なる。また家畜化は、人間のそばで子どもを育てるほど、人になれた動物でしかできないことだ。人間の友人や環境にふさわしい子孫は、当然ながら、ふさわしくない子孫よりも、そこにとどまって繁殖する可能性が大きい。ふさわしくない子孫は野生に帰っていくだろう。数世代のあいだ、この〝自然の〟選択が繰り返されるうちに、しだいにこうした動物の遺伝子構造が変化していく。そして彼らは人間のかたわらでの生活によりいっそう適合するようになるのだ。同時に、人間がその選択を後押しする。たとえば、よりおとなしい動物にえさを与えたり、すぐに噛んだりひっかいたりする動物は追い払ったりすることによってだ。このプロセスは、そもそも従順さという遺伝的基盤が存在しなくては始まらない。そしてヤマネコの場合、それは公平に割り振られているとはとうてい言えないのだ。

たとえば、ヤマネコの四つの亜種は家畜化しやすいかどうかの度合いが異なっている。ヨーロッパヤマネコは典型的なイエネコよりも大きくたくましい体つきで、先端が黒くて丸くなっている特徴的な短い尻尾をしている。それを除けば、遠くからだと飼いならされたしま模様のネコに見える——もっとも、大半の人々は、その姿を遠くからちらっと見ることしかできない。動物の中でもきわめて野生的だからだ。これはおもにその遺伝子によるもので、育てられ方のせいではない。ヨーロッパヤマネコを飼いならそうとした少数の人々に返ってきたのは拒絶だけだった。自然と野生動物の写真家フランシス・ピットは一九三六年にこう記した。

ヨーロッパヤマネコは飼いならせないと、かなり前から言われてきた。それが信じられない時期もあったが、わたしの楽観主義は悪魔のプリンセス、ベルゼビナに出会って揺らいだ。彼女はスコットランドのハイランドからやって来た。淡いグリーンの目は獰猛な憎悪を浮かべて人間をにらみつけ、彼女と友好的な関係を築こうとするすべての試みは失敗に終わった。彼女はしだいに人間を怖がらなくなったが、臆病さが消えると残忍さが増した。[9]

そこでピットはもっと幼い雄の子ネコを手に入れようとした。最初に発見されたときベルゼビナはすでに大人になりすぎていて、社交的になれなかったのだろうと考えたからだ。この新しい子ネコをサタンと名づけたのは、外見からして扱うのがむずかしそうに思えたからだろう。成長するにつれ彼はますます強く、自信にあふれ、触れることができなくなった。人の手から食べ物を口にしたものの、そうしながらも唾を吐きかけうなり声をあげ、それからすばやくあとじさった。もっとも病的なほど攻撃的ではなかった――ただ人間が嫌いだったのだ。まだサタンが若い頃、ピットは雌のイエネコの子ネコ、ビューティーを彼に紹介した。彼女に対してはサタンは「きわめてやさしく愛情深かった」。サタンを入れておかねばならなかったケージからビューティーが出されると、「彼は痛々しいほど打ちひしがれた。彼の耳障りな叫び声が空をつんざいた。彼の声は大きかったが愛らしくなかったのだ」ビューティーとサタンは何度か子ネコをもうけた。すべての子ネコが、ヨーロッパヤマネコの特徴的な外見を受け継いでいた。生まれたときから人が世話をしていたにもかかわらず、父親のように凶暴になったネコも数匹いた。残りのネコはピットと彼女の両親にもっと愛想がよかったが、見知らぬ人々に対しては警戒心をむきだしにした。ピットのスコットランドヤマネコとの関わりは典型的な例に思える。〝荒野の男〟マイク・トムキーズも、育てたヤマネコ姉妹クレオとパトラと親しくなれなかった。彼は二匹を人里離れたスコットランドの湖畔にあるコテージで飼っていた。[10]

インド砂漠ネコについてはあまりわかっていないが、飼いならすのはむずかしいという評判だ。この亜種はカスピ海の南部と東部、パキスタン南部からインド北西部の州、グジャラート、ラジャスタン、パンジャブにかけて、さらに東に向かいカザフスタンからモンゴルにかけて発見されている。このネコの被毛は他のヤマネコよりも色が薄く、しま模様というよりまだら模様だ。他のヤマネコと同じく、ネズミが豊富なことに惹かれてしばしば農場の近くにねぐらを作る。しかし、飼いならされること――人間を受け入れることへの一歩は、踏みだしたことがない。インダス文明の都市ハラッパーには、飼いならされたカラカルとジャングルキャット、それに足跡が残っているスナドリネコがいた証拠がある。カラカルというのは中型の脚が長いネコで、特徴的な房状の耳をしている。しかし、インド砂漠ネコを示すものはまったくない。長いあいだ生物学者もネコ愛好家も、シャムネコはイエネコとインド砂漠ネコの混血かもしれないと考えてきた。初期のイエネコとインダスあたりのヤマネコが交配した結果だと。しかし科学者はシャムネコやそれと近い品種のどの標本にも、インド砂漠ネコに特徴的なＤＮＡの証拠を発見していない。それどころか結局、シャムネコは中東かエジプトのヤマネコの血筋を引いていた――東南アジアにはシルヴェストリスに分類されるヤマネコは存在しないので、最初のシャムネコは完全に家畜化された動物として西からやって来たにちがいない。

南アフリカ共和国とナミビアのヤマネコ――〝エジプトネコ〟――は遺伝子的に独特だ。一七万五〇〇〇年前ぐらいに北アフリカにもともといたヤマネコの集団のうち、一部が南に移動した。ほぼ同時期にインド砂漠ネコの祖先が東に移動した。南アフリカヤマネコとリビアヤマネコの境界線がどこにあるのかは明確ではない――アフリカのナミビアと南アフリカ共和国以外の場所では、ヤマネコのDNAの特徴が発見されていないのだ。ナイジェリアのヤマネコは内気で攻撃的で飼いならすのがむずかしい。ウガンダのヤマネコは人間にずっと寛容なこともあるが、多くは典型的なヤマネコらしい外見ではない――その地域のヤマネコは特徴的な赤茶色の背中と耳をしている。しかもおそらく混血だ。その友好的なふるまいは、飼いならされたヤマネコの遺伝子のせいだろう。また同じ地域の野良ネコの大半が、祖先にヤマネコがいる証拠を示している。というようにヤマネコ、野良ネコ、任意交配のペットはアフリカの多くの場所で、境界があやふやになっているのだ。

ジンバブエのヤマネコ――おそらく南アフリカの亜種――はうってつけの例だ。一九六〇年代に、動物植物学者で博物館館長のレイ・スミザースは二匹の雌のヤマネコ、ゴロとコマニを当時は南ローデシアにあった自宅で育てていた[11]。どちらも檻から出せるほどなれていたが、出すときは一度に一匹ずつだった。二匹が顔をあわせるとけんかになるからだ。あるときコマニが四カ月ほど姿を消したが、ある晩、スミザースが照らす懐中電灯の光の中に再び姿を現した。「わたしは妻を呼んだ。彼女はとりわけ妻になついていたからだ。わたしたちは腰をおろし、妻はそっとネコの名前を呼んだ。ようやく一五分ほどしてコマニがふいに妻に駆け寄った。再会は本当に感動的だった。コマニは家に移動するあいだじゅうゴロゴロ喉を鳴らし、妻の脚に体をすりつけていた」
こうした行動は飼い主と再会したペットのネコによく見られるものだ。さらに、ペットのネコとの類似性はそれだけではない。ゴロもコマニもスミザースのイヌたちに愛想がよく、イヌの脚に体をすりつけたり、暖炉の前でいっしょに丸くなったりした。毎日、二匹はペットのネコによく見られる大げさなふるまいをして、スミザースに対する愛情を示したのだ。

このネコたちは決して中途半端なことをしなかった。たとえば二匹は外出から帰ってくると、やたらに愛想をふりまいた。そういう場合はやっていることを中断した方が無難だった。なにしろネコたちは書いている書類の上をずかずか歩き回るし、顔や手に体をこすりつけてくるからだ。あるいは肩に飛び乗り、読んでいる本と顔のあいだに体を割りこませてきて、本の上で体をくねらせ、喉をゴロゴロ鳴らし、寝そべり、恍惚となる。そうやって、こちらの関心を一身に集めたがるのだった。

これはリビアヤマネコに特有の行動なのかもしれないが、ゴロとコマニの場合はきわめて顕著だ。もっとも模様と狩りの能力において、ヤマネコはまちがいなく、祖先の歴史のどこかでペットのネコと交配したことを示すDNAを持っている。南アメリカとナミビアでのヤマネコとイエネコの交配率が、二四匹のヤマネコのDNA配列によって最近あきらかになった。二四匹のうち八匹がイエネコの血統を部分的にひいているあきらかな徴候を示していた。またアメリカ、イギリス、南アメリカの動物園を調査したところ、一二匹の南アフリカヤマネコのうち一〇匹が飼育係に愛情のこもった行動を示していて、そのうち二匹は常に彼らに体をこすりつけたりなめたりしていた。[12] こういう行動から、その二匹は交配種だということを強く暗示している。かたや、まったくなつかないネコはおそらく純血種のヤマネコなのだろう。そこそこ愛情を示す残りの八匹はいずれでもある可能性がある。

ヤマネコとイエネコの交配はアフリカに限られたことではない。ある研究では、モンゴルで集められた七匹のヤマネコのうち五匹はイエネコのDNAの痕跡を持っていた。二匹だけが純血種のインド砂漠ネコだった。わたしが動物園で調査したところ、飼育されているこの亜種の一二匹のネコのうち、三匹だけが飼育係の脚に体をすりつけた。DNAに見いだされた配列によると、三匹ともが交配種である可能性が高い。ただし外見は典型的なインド砂漠ネコだ。ヤマネコのDNAの調査では、フランスにおけるヤマネコの外見を持つネコのうち、ほぼ三分の一がペットのイエネコの祖先を持っていた。[13] DNAの鑑定技術が進化したことで、その土地のヤマネコが遺伝子的にイエネコとはっきり異なるときは、交配を調べることが簡単にできるようになった。南アフリカ、中央アジア、西ヨーロッパのネコの場合がそうだ。ただしイエネコとヤマネコが遺伝子的にほぼ同じ土地では、どれがヤマネコで、どれが交配種かを区別することはむずかしい。リビアヤマネコの生まれ故郷、肥沃な三日月地帯周辺がそれに相当する。

リビアヤマネコはイエネコにもっとも似ているばかりか、最初のヤマネコの生きた見本でもある。他の亜種は何十万年もかけて進化してきた――少数のネコがその種の起源である中東から東、南、西に移動していった結果である。サハラ砂漠より北のアフリカではヤマネコはおそらくリビアヤマネコだろうが、それを確認できるほどDNAはまだ調べられていない。どのヤマネコでもそうだが、リビアおよび北アフリカヤマネコは〝サバ模様〟の被毛を持っている。色は灰色から茶色で、森に住むネ

リビアヤマネコ　フェリス・リビカ

コはいちばん色が濃く、砂漠の端に住むネコはいちばん色が淡い。典型的なイエネコよりも一般的に大きくやせていて、尻尾も脚もかなり長い。前脚はとても長いので、すわると姿勢が独特の直立状態になる。古代エジプト人はネコの女神バステト像としてそれを表現している。一般的に夜行性で、めったに姿を見せないが、とりたてて珍しいネコではない。ヤマネコの子ネコは小さい頃から育てれば、とても人間になつくとあちこちで言われているが、ほとんどの目撃情報は中央および南アフリカのものなので、おそらくリビアヤマネコではなく南アフリカヤマネコだろう。探検家ゲオルク・シュヴァインフルトは飼いならしたヤマネコを現在の南スーダンで手に入れた。そこはリビアヤマネコと南アフリカヤマネコが混じり合って生息している地域で、飼いならせるヤマネコがいるという信頼できる情報があるアフリカでもっとも北寄りの場所だ。

純血種のリビアヤマネコの行動は、中東でも北西アフリカでもほとんどわかっていない。一九九〇年代に自然保護論者デイヴィッド・マクドナルドが、中央サウジアラビアのトゥママ自然保護区で六匹のヤマネコに無線機つきの首輪をつけた。一匹以外は人間の活動区域と距離をとっていた。しかし六匹目のヤマネコは「(トゥママの町の) 鳩小屋の近くにしばしば現れて、家の裏庭でイエネコといっしょに寝ていた。一度など、イエネコと交尾しているところを目撃された」[14]。こうした観察はヤマネコとイエネコの交配がしばしば起こりうることを示してはいるが、この地域のヤマネコが何千年も前に簡単に飼いならされたかどうかについては、ほとんど手がかりを与えてくれない。

イエネコの正確な地理的起源をたどるのは、きわめてむずかしい。というのも考古学的な証拠が決定的でなければ、最近のＤＮＡによる証拠も同じく決定的ではないからだ。イエネコの遺伝的足跡は世界じゅうに広まっている。簡単に交配できるので、外見的には、いまやほぼ世界じゅうのいわゆる〝ヤマネコ〟にイエネコの面影を見いだすことができる。これは北はスコットランド、東はモンゴル、南はアフリカの南端にいたるまで、どこでヤマネコを調べてもあてはまることだ。こうした外見的な〝ヤマネコ〟はイエネコに特徴的なＤＮＡを持ち、野良ネコになったイエネコの血統を一部あるいは完全にひいている。他のネコは混血だ――ヤマネコのＤＮＡとイエネコのＤＮＡの両方を持っている。フランスで調査された三六匹のヤマネコのうち二三匹が〝純血種〟のヤマネコのＤＮＡを、八匹がイエネコと区別できないＤＮＡを、五匹があきらかに混血のＤＮＡを持っていた。使われた技術は、それぞれのネコの祖先はおもに何だったかを検出するものだった。たとえば一匹のイエネコと一五匹のヤマネコの祖先を持つネコは、おそらく〝純血種〟のヤマネコという結果が出るだろう。

こういう事実を考慮すると、完全な〝純血種〟のヤマネコは世界じゅうできわめて少ない。少なくともヤマネコとイエネコのあいだの一〇〇〇年間——さらに中東ではその四倍から一〇倍の期間——の接触は、自由に生きているネコの祖先に、少なくとも一匹の交配種がいるにちがいないことになる。極端な話、野生に連れ戻されたサバ模様の被毛をしたイエネコが車にはねられたり、へんぴな土地で罠にかかったりしたら、ヤマネコとして分類されるだろう——DNAを検査しなければ正体はわからないからだ。逆に、あるヤマネコの祖先を数百世代もさかのぼると、汚点のない系図にイエネコらしき存在が出現するかもしれない。

純血種の状態でヤマネコを保護しようと躍起になっている自然保護論者にとって、これは不都合な事実だ。ヨーロッパの数多くの場所でヤマネコは保護動物になっていて、意図的に殺すことは犯罪だ。野良ネコはこの保護を与えられていないし、害獣として扱われることすらあるかもしれない。はっきりさせておくと、野良ネコは野生で暮らしているが、イエネコの子孫だ。ただし大半は模様だけではヤマネコと区別がつかない。イエネコにはありとあらゆる色があるからだ。野良ネコとヤマネコの遺伝的ちがいを確実迅速に判別する方法がなければ、法律をどうやって施行できるだろう？　いちばんいい答えは、おそらく実際的な方法だ。ネコがヤマネコのように見えて、ヤマネコのようにふるまえば——つまり、ゴミあさりではなく狩りで食糧を調達していれば——おそらくヤマネコか、ヤマネコとほぼ同じだと考えられるだろう。野生で育ち自分の身を守らねばならないイエネコですら、純血種のヤマネコほど狩りは得意ではない。さらに、現在では数本の毛だけで、DNAによって純血種のヤマネコを識別することができる。それによって、ただのイエネコのそっくりさんではないという確信にのっとって、それぞれのネコに特別な保護が与えられるかもしれない。

このほぼ世界的な交配はイエネコの起源を突き止めることを困難にしている――ただし、それはむずかしいが、必ずしも不可能ではない。どこが起源だとしても、その場所のヤマネコすべてが、イエネコタイプのDNAを持っているはずだ。四〇〇〇年にわたる共存と交配ののち、どのネコもヤマネコとイエネコの遺伝子を異なった比率で持っているはずだが、それらの遺伝子は区別がつけられないだろう（ただし、まだ特定できていない一五から二〇の遺伝子は別で、その遺伝子が人間になつくネコにするか、なつかないネコにするかを決める。まさにそれこそ、イエネコとヤマネコのちがいの定義にちがいない）[15] 残念ながら現在の中東と北アフリカの大規模な混乱のせいで、肥沃な三日月地帯と北東アフリカにいるヤマネコの充分なDNAのサンプルを手に入れることがむずかしく、この仮説を徹底的に調べることができない。これまでに行なわれたもっとも広範囲の研究でも、南イスラエルのふたつのコロニー、サウジアラビアで集められた三つの個体、アラブ首長国連邦の一個体しか集められなかった。レバノン、ヨルダン、シリア、エジプトのサンプルもないし、北アフリカはどこからも集められなかった。リビカの名前の元になったリビアのネコすらいないので、いまだにはっきりと分類されていない。[16] こうしたすべての地域のネコのDNAについてさらに情報が入手できるまでは、どこで家畜化が始まったのか、遺伝子情報を使って正確に述べることは不可能だ。

現代のネコのDNAの多様性から、ゴミあさりをしているネコのコロニーのうち、ひとつではなく複数が家畜化されたことを強く暗示している。こうした何度かにわたる家畜化はだいたいにおいて現代になってから起きたが、何百年、あるいは何千年も間隔が空いた可能性が高い。論理的に、そうした家畜化はヨーロッパ、インド、南アフリカで起きたのではないと確信している。さもなければ、そうした地域の現代のイエネコに、ヤマネコの遺伝子の痕跡が発見されるはずだ。しかし、西アジアと北東アフリカのどこでその変容が起きたのかは、今後の研究を待たねばならない。

利用できるデータを使い、説得力のあるシナリオを作ることはできる。ネコはある場所で、おそらく中東で、ネズミ駆除のために最初に家畜化されたというものだ。となると、もっとも考えられる地域はナトゥフ文化の人々が住む場所だが、その地域では、彼らだけが初期の穀物栽培文明を持っていたわけではない。およそ一万五〇〇〇年前というもっとも早い時期に、現在のスーダンと南エジプトで、クアダン文明の人々が定住地で暮らし、野生の穀物を大量に収穫していた。しかし四〇〇〇年後、ナイル渓谷で壊滅的な洪水が続き、彼らは狩猟採集民族に変わった。つまり、穀物倉庫を守るために地元のヤマネコを飼いならしたとしても、その習慣は文明が壊滅したときになくなったかもしれないということだ。ほぼ同じ時期だが、さらに北のナイル渓谷で、ムシャビアン族が農業につながる独自の技術を開発したと考えられている。その中には食物の保管やイチジクの栽培が含まれている。彼らもまた食糧保管庫を守るために、ヤマネコを飼いならしたかもしれない。一万四〇〇〇年ほど前に、ムシャビアン族の一部がエジプトを離れ、北東に移動してシナイ砂漠に入った。そこで地元のケバラ一族と交わり、ナトゥフ文化の人々になった。[17] こうして移住したムシャビアン族は放浪する狩猟採集民族だったようだが、飼いならしたネコを連れていく必要や能力がなかったとしても、ナトゥフ文化に入りこんだネコの有用性についての言い伝えが存在したことは考えられる。

ネコを最初に家畜化したという名誉はナトゥフ文化の人々に与えるとしても、今日のネコの遺伝子の多様性は複数の場所で家畜化が行なわれた結果にちがいない。一カ所のヤマネコは遺伝子的に近い傾向がある。なぜならヤマネコは縄張り意識の強い動物で、めったに移動しないからだ。地域間の遺伝子の流出はとてもゆっくりと進行する。ただし最近になって、人間の介入があるまでは。イエネコは他のネコ科動物のメンバーと交配することができる。スコットランドのヤマネコのような、中東にいたイエネコの野生の祖先から何万年も隔たり、遺伝子的に別のものになっているネコでもそうだ。なぜかしらそうした交配による子孫は、めったに現代のペット頭数には加えられていない。子孫に生殖能力があっても、彼らはむしろヤマネコのライフスタイルを選ぶからだ。おそらくそうした交配においては、なんらかの遺伝子的な作用が働き、人間に友好的にふるまう遺伝子の発現を阻害しようとするのかもしれない。

人間がネコを旅行に連れていくようになると、イエネコはリビアヤマネコの亜種である地元のヤマネコと遭遇し、遺伝子が同化していった。家畜化された雌ネコとの交尾に生物学的な障害はないので、ヤマネコの雄の求愛は成功したにちがいない。スコットランドの最近のネコに見られるように、生まれた子ネコは父親に似ていて、手に負えない可能性もままある。しかし、子ネコはたいてい飼いならすのが簡単で、母ネコといっしょに過ごすうちにイエネコに溶けこんでいく。しかし、これで現在のネコの遺伝子的多様性がすべて説明できるわけではない。なぜならこのプロセスは、雄のヤマネコが持ちこんだ新たな遺伝物質を説明するものでしかないからだ。イエネコは多くの雄のヤマネコから遺伝した顕著な特徴を持っている。しかし、ほぼ確実に中東か北アフリカで発見される五種類の雌のヤマネコの遺伝的特徴も、受け継いでいる。[18] この五種類の個体は別々に家畜化され、それぞれが別の土地で別の文明によって飼いならされた可能性がある。そしてその子孫は結果として——おそらく何百年か何千年か後に——文明のあいだを行き来して、すべての遺伝物質が混じり合ったのだ。しかし、この説明では、ネコそのものではなく、人間に主体性を与えすぎてしまうかもしれない。

野生の隣人と交配できる能力を持つ初期のネコは、より大きな遺伝子的多様性に恵まれていた。ときどき、半ば家畜化されたイエネコの雄が、野生の雌のにおいと求愛の鳴き声に誘われて逃げだして交尾することがある。結果として生まれた何匹かの子ネコは、家畜化しやすい遺伝子を持っている可能性がある。そうしたネコは地元の女性や子どもたちに発見され、ペットとして引き取られるかもしれない。やがて成長すると、他のイエネコの雄と交尾することになるだろう。こういうことが頻繁に起きる必要はない。最初の雌ネコに加え、わずか四、五匹いれば、現在のペットに子孫を残すことができるのだ。

ネコの先史時代はこのように人間の目的、かわいい動物に対する人間の愛情、さらにネコの生物学における多くの偶然の相互作用の結果なのである。同時に行なわれた他の動物——ヒツジ、ヤギ、ウシ、ブタ——を家畜化するよりも、はるかに偶然に頼るプロセスだった。さまざまなタイプのイエイヌはすでに登場していたし、家畜化した動物はその祖先よりもっと役に立ち、扱いやすい形に育てられていた。それでも何千年ものあいだネコは基本的に野生動物のままで、地元の野生の個体と交配を続けていた——多くの場所で、イエネコと野生のネコの集団の線引きはあいまいで、現在のように両極端に分かれてはいなかったのだ。さらに野生のネコとイエネコは外見がほぼ同じで、人間に対する行動によってのみ区別できた。人間の寛容さを手に入れるために、イエネコは有能なハンターにならなくてはならなかった。飼い主の納屋でネズミを繁殖させてしまったネコ、あるいはヘビが家の中に入るのを許し、家族の誰かを噛ませたり毒殺させてしまったネコは長く生きられなかっただろう。他の家畜においては重要な資質——主導権を握る人間に対して従順で、無抵抗で、従属すること——

はイエネコには役に立たなかった。

それでも、わたしたちが手にしている最初の芸術作品や書き記された記録は、ネコを家族の一員として描いている。つまりネコはまちがいなく、この家畜化への過渡期に人間に愛情をかきたてる存在だったのだ。ようやく現在になって、いかにして、なぜ、そうなったのかをネコ科学は教えてくれる。

第2章　ネコが野生から出てくる

ネコが永遠に野生を捨てた正確な時期と場所を特定することはできない。家畜化の劇的な事件が起きたり、初期の粉屋がネコはネズミ駆除に理想的な解決策だとはっとひらめいたり、ということがあったわけではないからだ。そうではなく、ネコはじょじょに人間の家と心に入りこんできて、野生のネコからイエネコへと、とぎれとぎれに何千年もかけて変化していったのだ。

その過程では、最初のうち多くの失敗があったことだろう。多くの人間が中東や北東アフリカのさまざまな場所で、特に従順な子ネコを育てた。そうした人々はおそらく二腹か三腹の子ネコを育て、その習性を失わせるか、それができないとネコそのものを失った。ネコたちは野生に帰っていったのだ。こうした失敗はおそらく五〇〇〇年のあいだ繰り返されただろう。その頃、今から一万一〇〇〇年ほど前、人間はネズミや他の害獣に狙われるほど、初めて長期間にわたって食べ物を保管するようになっていた。わずか数世代のネコしか飼わなかったときもあるかもしれないし、何十年も、もしかしたら一、二世紀にわたって飼い続けたこともあるだろう。しかし、そういう一時的な関係は考古学的記録にほとんど痕跡を残していない。とりわけ野生のネコと飼いならされたネコが隣りあって暮ら

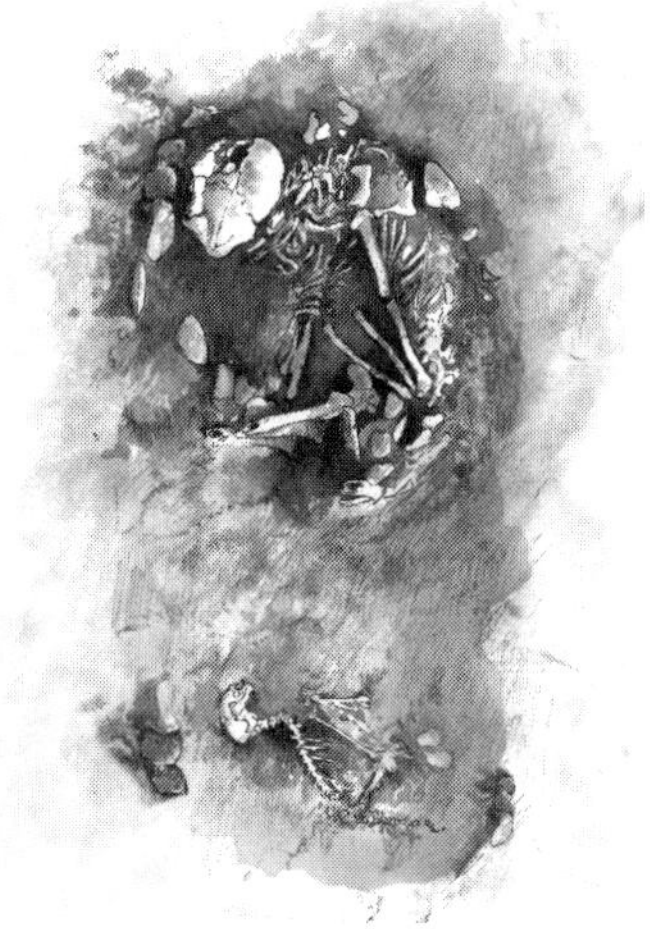

キプロスのネコの埋葬

していて、行動だけがちがう場所では。

この時期の人間とネコの親密な関係については、非常にすぐれた報告がひとつだけ存在する。二〇〇一年、キプロスのシルロカンボスで新石器時代の村を一〇年以上発掘していたパリの自然史博物館の考古学者が、紀元前七五〇〇年頃の完璧なネコの骸骨が墓に埋葬されているのを発見したのだ。[1] 骸骨がいまだに無傷なのと、墓が時間と手間をかけて掘られていたことから、埋葬は偶然ではないことを示唆していた。さらにネコが横たわっていたのは、人間の骸骨から四〇センチ足らずのところだった。その墓には摩製石器、石英のおの、黄土色の顔料が埋葬されており、高位の人間であることを示していた。ネコはまだ完全な成猫ではなく、おそらく一歳足らずで死んだと推測された。意図的に殺されたことを示すものは何もなかったが、ネコの年齢からして、そういうことが起きたことがうかがわれる。

ネコとこの人物の関係は推測するしかないが、最後にお互いの近くに埋葬される関係だったのだろう。ただし当時のイヌの埋葬とはちがい、人間とネコは体が触れあうようには配置されていなかったので、ネコは大切なペットではなかったことを暗示している。ネコと人間のあいだには距離があったのだろう。とはいえ、このネコがそうした意図をもって埋葬されたという事実は、おそらく墓の中の人物か生き残った親戚が、ネコを高く評価していたことを示している。

このたった一匹のネコの骸骨は、ネコと人との初期の関係について手がかりを与えてくれる。と同時に、それ以上に疑問も投げかけるのだ。何千年ものちまで、中東ではネコの埋葬は記録になかった。この時期にネコが完全に飼いならされたペットになっていれば、当時のイヌが埋葬されていたのと同じ手続きを踏んで埋葬されていたはずだ。ネコの最初の家畜化はキプロスで起きたのかもしれないし、その一部は中東に伝えられ、現在のペットにつながる核を形成したのかもしれない。しかし、その考えを裏づける証拠はない。それよりはむしろ、キプロスの埋葬は例外だった可能性がある。とても特別な人間と彼の大切な飼いならされたヤマネコという例外だ。

ネコが飼いならされるには、便利さと同時に愛情の対象にならなくてはならなかった。現在のネコの祖先の中には、害獣駆除係であると同時にペットでもあったネコがいただろう。イヌ以外に、東地中海の新石器時代の文明には、そうしたペットを飼っていた直接の証拠はほとんどない。しかし、現在の多くの狩猟採集社会ではそうしたペットが飼われている。そのことは、もともとヤマネコだったネコがまず人になれ、やがて飼いならされていったプロセスについて手がかりを与えてくれるかもしれない。ボルネオ島とアマゾンのどちらの狩猟採集社会でも、女性と子どもはネコをペットとして飼っている。[2]幼い野生の動物をペットにする習慣は、互いに接点のない複数の社会で見られるので、人間の普遍的な特質とみなせるかもしれない。だとしたら、それは地中海沿岸でヤマネコの子ネコが育てられていたことを裏づけてくれる可能性がある。そしてそのうちの一匹が、飼い主によって海を渡りキプロスに行ったのかもしれない。ネコと並んで埋葬された人の骸骨は男性のものだった。したがってペットを飼うことはありふれてはいないが、その場所と時代では男性も女性も行なっていた可能性がある。

人間の住居で暮らしていた最初のネコが本当に飼いならされたヤマネコなら、現在のイエネコの直接の祖先である可能性はない。現代の狩猟採集社会では、野生の幼い動物はどの種であれ、長く飼われることはめったにないし、ふつうは檻で育てられることもないからだ。むしろ、大きくなり愛らしさが薄れていくにつれ、捨てられるか追い払われるかする。肉がおいしいとわかっていて、地元のタブーが許すなら、食べられてしまうことさえある。たとえば、ディンゴとオーストラリアのいくつかのアボリジニ族のあいだには、そういう関係が存在している。ディンゴは本当の野生のイヌではない。数千年前に北オーストラリアに逃げてきて、捕食者として生き延びたイエイヌの子孫で、キプロスのヤマネコのような存在だ。いくつかのアボリジニ族はディンゴの子イヌをかわいいと思い、野生から連れてきてペットとして飼っている。しかし、成犬に成長するにつれ、この子イヌはとてもいたずらになり、食べ物を盗んだり子どもをいじめたりするようになる。そこで彼らは野生に追い返されてしまう。人間とヤマネコの愛情深い関係も、同じように始まったことが容易に想像できる。

ネコがペットへと変わったことを初めて明確に示すのは、つい四〇〇〇年ほど前のエジプトにおいてだ。この頃から、ネコは絵や彫刻に登場しはじめた。こうしたネコの種は常にはっきりしているわけではない――しま模様がないものはジャングルキャットだ。エジプト人がおとなしいジャングルキャットをすでに何百年も飼っていたという証拠は、たしかに存在する――五七〇〇年前の墓から発掘された幼いジャングルキャットの骸骨には、脚に治癒した骨折の跡があり、何週間も看病されたことがあるのを示していた。[3] こうしたジャングルキャットが野生の仲間と異なることを示すものはない。つまり彼らは人間との交流によって遺伝子構造が変化してはいないのだ。そういう意味では、飼いならされていなかったのだ。はっきりとしま模様があるので、リビアヤマネコと思われるネコは、アシの原野などの野外の風景にジェネットやマングースなど他の野生の捕食者といっしょに描かれている。とすると、彼らはイエネコというよりヤマネコだったのだろう。室内の場面に登場するネコですら、ときには首輪をつけているので、イエネコというより、なれたヤマネコだったのかもしれない。しかし四〇〇〇年ほど前のエジプト中期王朝で、一組の象形文字――〝ミウ〟と翻訳される――がイエネコのためにわざわざ作られた。それからまもなく、ミウは女の子の名前として使われるようになった。そのことは、その頃までにイエネコがエジプト社会の不可欠の部分になったことを証明している。[4]

それよりゆうに二〇〇〇年前、王朝誕生前の時代に、エジプトにおけるペットのネコを暗示するものがいくつも見つかっている。六五〇〇年前に中エジプトのある町に造られた工匠の墓には、ガゼルとネコの骨がおさめられていた。ガゼルはおそらく工匠に死後の食べ物を提供するために置かれたのだろう。しかしネコの埋葬はおそらく彼のペットで、それより三〇〇〇年前のキプロスでの埋葬を連想させる。地中海から八〇〇キロ南、上エジプトのアビドスにある墓所では、四〇〇〇年前の墓に一七匹ものネコの骸骨が入っていた。そのかたわらには、おそらくミルクが入っていたらしい小皿がたくさん並んでいた。一カ所にそれほど多数のネコを埋葬した理由は不明だが、食べ物の皿とともに埋葬されたことから、このネコたちはペットだったにちがいない。

こうした初期のペットはその土地で飼いならされたものかもしれないし、よその土地から運びこまれたものかもしれない。肥沃な三日月地帯よりも北の土地かキプロスでネコが家畜化されたなら、それはエジプトが文明の中心として隆盛を誇るよりもはるか前のことで、ネコたちはおそらく目新しいものとして取引されたのだろう。この推論は、王朝前エジプトにおけるイエネコの存在がほとんど確認されないことを説明している。そこまでたどり着いたネコは価値ある商品だったから、所有者はネコのために大金をはずんだだろう。しかし、家畜化された動物として飼われるほどの数はいなかったのだ。大半のネコは飼いならされた異性の仲間を見つけられず、その土地のヤマネコ、またはなれたヤマネコと交尾しただろう。このようにして、当時のイエネコとヤマネコの遺伝子的ちがいは急速に希薄になっていき、世代が新しくなるごとに、ますますイエネコのライフスタイルを受け入れるようになっていったのだ。

エジプトの家畜化されたネコの役割は、次の五〇〇〇年でかなりあきらかになった。バスケットの中にすわっているネコ――当然、飼いならされている証拠だ――が四〇〇〇年から三五〇〇年前のエジプトの寺院の芸術作品に見られるようになった。ネコはしばしば家庭の重要な人物、たいていは妻だが、彼女の椅子の下にすわっているところが描かれている（夫の椅子の下の動物はほとんどの場合イヌだ）。三二五〇年ほど前のある絵では、妻の椅子の下に大人のネコがすわっているばかりか、夫は膝に子ネコを抱いている。エジプトの王家のメンバーも、ネコに深い愛着を抱いていた。その一人がファラオのアメンホテップ三世の長男だった。彼は三八歳で亡くなったが、自分のネコ、オシリスを

ペットのネコ
エジプト、紀元前 1250 年

つながれたネコ
エジプト、紀元前 1450 年

とてもかわいがっていて、ネコが死ぬとミイラにしただけではなく、わざわざ石棺を彫らせたほどだった。[5]

　こうしたネコのほとんどが上流社会の暮らしを背景に描かれている。これはネコがまだ珍しいペットで、少数の特権階級のためのものだったという推測を裏づけるものだ。当時の労働者の家庭にネコがいたという証拠はほとんど発見されていない。ただし、墓所や寺院が砂漠の端にあり、ナイル川に近い庶民の住まいよりもずっと保存状態がいいという理由も大きいかもしれない。幸運にも三五〇〇年から三〇〇〇年前に墓所や寺院を造った芸術家は、絵を残していた。たぶん自分自身の楽しみのために描いたのだろう。寺院の装飾に求められる正式な絵とは正反対で、多くがユーモラスで漫画みたいなものか、想像的な内容だった。たとえばネコが棒の先にぶらさげた袋を肩にかついでいる絵などだ。不思議なことに、これはのちのイギリスの民話『ディック・ホイッティントンと猫の物語』を彷《ほう》彿《ふつ》とさせる。こうした絵はこの時期までにペットのネコがエジプトで広まり、ありふれたものになったことを裏づけるものだ。

　エジプト人はネコのコンパニオンを大切にするばかりか、役に立つとみなしていた証拠がある。三三〇〇年ほど前の絵には、ネコが

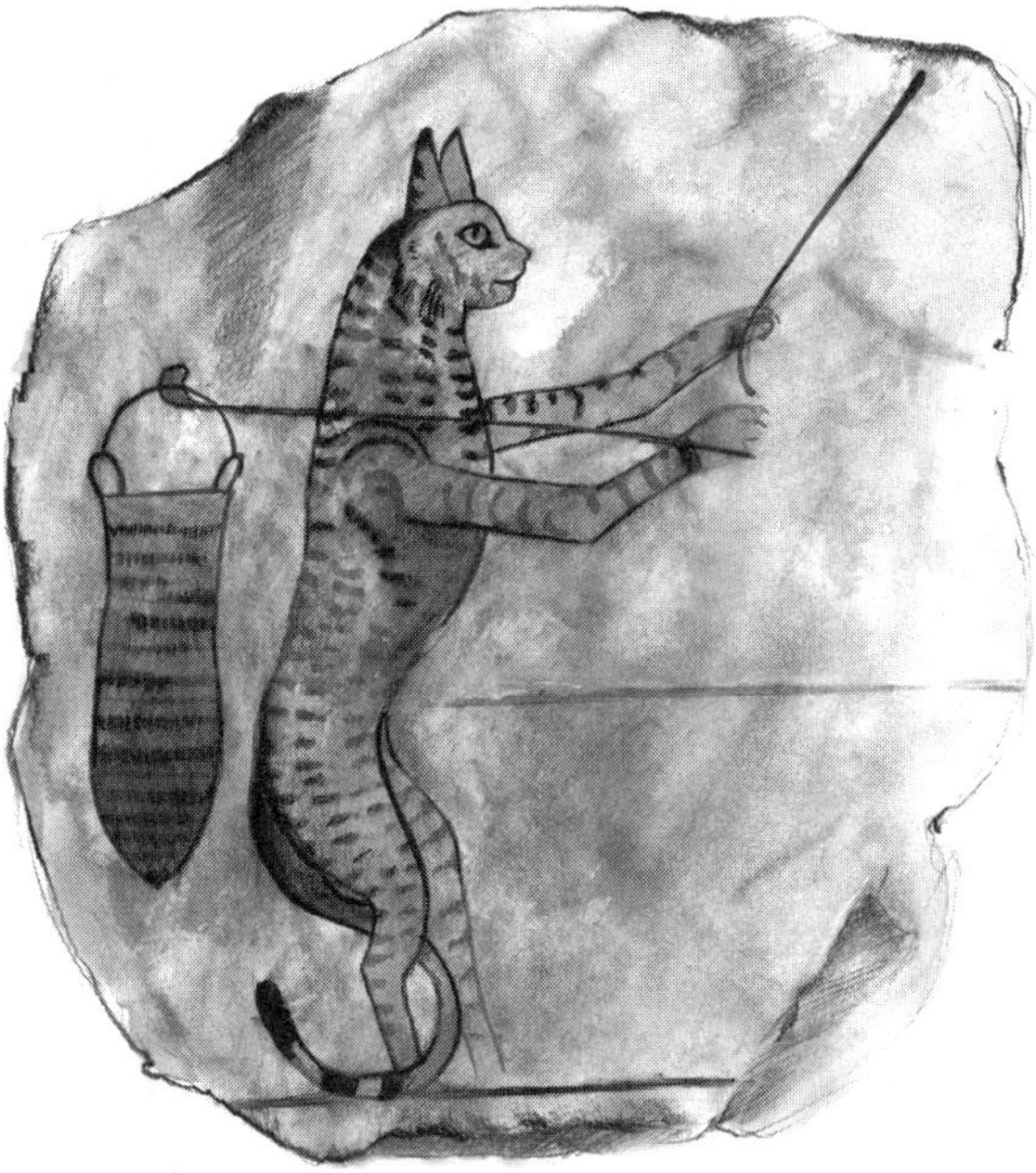

石灰岩の板の漫画のネコ
エジプト、紀元前 1100 年

エジプト人といっしょに狩りの旅をする場面が描かれている。しかし、こうした絵はほぼ確実に想像上のものだ。他の文明では、こうした目的にネコを利用したという証拠は見当たらないからだ。ネコが家畜化されたのは、エジプト経済が依存している穀物倉庫や他の食べ物の保管庫に、ネズミなどの害獣を近づけないようにしておく能力のためだという可能性の方が高い。そうした害獣のひとつがナイルネズミで、ありふれた茶色のネズミよりももっと小型で太っているが、同様に大きな被害をもたらした。ナイル渓谷の農業は、川の両側の耕地に毎年洪水が起きることに依存していた。洪水で下流に流されてきた必要な栄養素が、土を甦らせたのだ。この洪水は、食べ物と隠れ家を探すナイルネズミをねぐらの穴からもっと高い地面へと追いやった。そこには穀物倉庫が建っていた。[6]ネコはそうしたネズミの侵入を阻止するのに役に立った。

エジプト人はネズミを追い払う能力ばかりか、ヘビを殺す手腕にも価値を置いていたようだ。毒ヘビは古代エジプトでは大きな不安の種だった。三七〇〇年ほど前のブルックリン・パピルス写本は、ヘビに噛まれたときの手当とサソリとタランチュラの毒について大きな関心を寄せている。エジプト人はヘビの駆除者としてマングースとジェネットを利用していたが、どちらも野生のものを手なづけたものだった。[7]かたやネコは、ヘビを殺すことのできる唯一の家畜化された動物だった。歴史家ディオドロス・シクルスは一〇〇〇年以上のちにエジプトの生活を記録した際に、こう記した。「そのネコはヘビの毒のある牙や、エジプトコブラの死をもたらす咬合を防ぐのに非常に役に立つ[8]」

あきらかに、エジプト人はイエネコが毒ヘビから守ってくれると考えていた。しかし、ヘビが人間を噛むのを実際にどの程度防いだのかはわからない。現代のネコの飼い主は、エジプトのネコがヘビから逃げるのではなく攻撃したと知ったら驚くだろう。ペットのネコはヨーロッパではめったにヘビを殺さない——食べたと記録がある唯一の爬虫類はトカゲだけだ——アメリカでは、ネコはトカゲと毒のないヘビを殺して食べることが知られている。オーストラリアだけには、ネコが毒ヘビを殺したという記録がある。オーストラリアのたくさんの野良ネコが、ほ乳類よりも爬虫類をたくさん殺して食べているのだ。アフリカのネコの食べ物についてはほとんど研究がされていないし、エジプトについては皆無だ。しかし一九三〇年代にエジプトで働いていたイギリスの学者は、ネコがツノクサリヘビを殺し、コブラを威嚇しているのを目撃したと報告した。[9]ネコがヘビを餌食にするようにわざわざ育てられたとは、考えられない――マングースの方がそれについてはずっと熟練している[10]――しかし、こうしたできごとは、それを目撃した古代エジプト人に永続的な印象を植えつけてしまったのかもしれない。エジプト人は家と穀物倉庫の両方で、おもにネズミを殺すためにネコを利用したにちがいない。ただ、それはあまりにもありふれた役割だったので、エジプトの芸術や神話でとりあげられることはなかったのだろう。

　イエネコは害獣駆除係として進化していく次の段階で、ある新しい敵に出会った。黒いネズミ、クマネズミだ。インドと東南アジアを起源とするこの害獣は交易路をたどって西へ向かい、二三〇〇年前にパキスタン、中東、エジプトの文明に広がっていった。そこからローマの商船に乗りこみ、紀元一世紀には西ヨーロッパにたどり着いた。クマネズミはイエネズミよりも食べ物にこだわりがない。ありとあらゆる保管されている食糧はもちろん、家畜のために用意された飼料まで食べてしまう。さらにクマネズミは病気を運ぶ。そのことはギリシャ人とローマ人の両方に認識されていた。この新しい脅威をネコが駆除できなかったら、人がネコを拒絶するのも当然だっただろう。しかし二〇〇〇年前のネコは現在のネコよりも大きく、その挑戦を受けて立ったようだ。一八〇〇年前に紅海沿岸で行なわれた風変わりなネコの葬儀は、少なくともその時代のネコのなかにネズミの有能な捕食者がいたことを示している。問題のネコは大きな若い雄で、その当時のネコとしては標準だったが、今日の基準からすると巨大なネコだった。葬儀の前に、緑と紫で装飾されたウールの布で包まれ、そのあとでエジプト人のミイラと同じ亜麻布の屍衣を巻きつけられた。しかし、そのネコは伝統的な方法ではミイラにされなかった。内臓は抜かれなかったのだ。調査者はその胃袋の中に少なくとも五匹のクマネズミの骨を、さらに少なくとも、もう一匹を腸管の中に発見している[11]。なぜこのネコが死に、なぜそれほど凝った葬儀が催されたのかははっきりしない。ネズミ捕獲のチャンピオンだったせいで、飼い主にとっては特別な存在だったのかもしれない。

エジプト人はネコの役割をペットと害獣駆除係とみなしていたが、さらに霊的な意味も与えた。三五〇〇年ぐらいから、ネコはしだいにエジプトの祭儀や宗教で目立つ存在になっていった。ネコの姿が墓所の壁に描かれはじめた。太陽神の頭はしばしば人間ではなくネコのもので、〝ミウティ〟と呼ばれた。雌ライオンの女神パケトやセクメト（後者はカラカルとも関連づけられた）やヒョウの女神マフデト。それらはエジプト人に知られていた大きなネコ科動物に基づいていたが、しだいにイエネコと関連づけられるようになった。おそらくは大半の人にとって、ネコ科の動物でイエネコがもっともなじみがあり、親しみやすかったせいだろう。

バステトは、古代エジプト人がイエネコと結びつけた女神だ。バステトの崇拝はナイル川デルタ地帯のブバスティスで四八〇〇年前に始まった。バステトはもともとライオンの頭を持った女性の形をしていて、額にヘビをのせていた。二〇〇〇年ほどして、エジプト人は彼女をもっと小さなネコと結びつけるようになった。おそらくイエネコが都市に入ってきたか、新たに地元で家畜化が起きたことが契機になったのだろう。この時期、バステトはまだ雌ライオンの頭を持っていたが、ときにはもっと小さなネコ、おそらくイエネコを連れているところを描かれるようになった。それから三〇〇年もたたない今から二六〇〇年前に、ライオンの女神の外見は、あきらかにイエネコそっくりに変化した。もともと彼女は人間を不運から守る単純な女神だったが、のちに楽しみ、多産、母性愛、女性の性愛を司《つかさど》るようになった——すべてイエネコの特徴である。バステトの人気はエジプトの他の地域にまで、とりわけ末期王朝からプトレイマイオス朝（二六〇〇年から二〇五〇年前）にかけて広がっていった。エジプトの王国がじょじょに崩壊しつつあった時代だ。バステトの年に一度の祝日は暦の中でもっとも重要だ。ギリシャの歴史家ヘロドトスは以下のように証言している。

今、人々はブバスティスの町にこんなふうに集《つど》っている。男と女はいっしょの舟に乗りこみ、どの舟にも乗客がぎっしりだ。ガラガラを持っている女性もいて、それを振り鳴らしている。航海のあいだじゅう笛を吹いている男もいる。残りの人々は男も女も歌いながら手拍子をとっている。航海の途中、どこかの町を通りかかると舟を岸につけ、ガラガラを鳴らし続ける女もいれば、大声をあげて町の女性をからかう者も、ダンスをする者も、立ちあがって服をまくりあげる者もいる。川沿いのどの町でもそんなふうに騒ぎ続けるのだ。盛大に生け贄を捧げる祭りを催しているブバスティスに到着すると、一年のどんな時期よりもたくさんのワインが空けられていく。[12]

おそらくこの祭儀と関係しているせいで、エジプト人はネコをとても大切にしたようだ。今日のわたしたちにとっては馬鹿馬鹿しいと思えるようなやり方で。ヘロドトスによれば、ペットのネコが自然死すると、家族全員が崇拝のしるしとして眉を剃ったそうだ。また建物が火事になると、エジプト人は火そのものを消すよりも、燃えている建物にネコが入らないように必死になると、彼は報告している。[13]こうしたネコへの崇拝はずっと続いた。五〇〇年ほどのち、エジプトがローマ帝国の属州になったとき、ディオドロス・シクルスはこう書いた。

誰かがネコを殺すと、故意であるかどうかにかかわらず、大勢の人にひきずりだされて死刑に処せられる。その恐怖のために、この動物が死んでいるのを発見すると、立ちすくみ、悲嘆の声をあげて、見つけたときにはすでに死んでいたとみんなに訴えるのだ。ネコがあるローマ人によって殺されたとき、人々は大騒ぎでその男の下宿に駆けつけた。彼らを思いとどまらせようと王から派遣された姫も、ローマ人への恐怖も、人々の怒りからその男を救いだすことができなかった。もっともその男は〔原注：おそらくネコを殺すことを〕意思に反してやったのだが。[14]

そうした行動とは裏腹に、エジプト人は日常的にネコの子を殺していた。ヘロドトスはこう記した。「力づくで、あるいはこっそりと雌から子ネコをとりあげ殺している（ただし、殺したあとで食べることはない）[15]」人口調節のこの簡便な方法についての記述は、この時代までに、そしておそらくもっと前から、イエネコが野生の仲間たちから多かれ少なかれ独立して、自由に繁殖していたことを示している。その結果、害獣駆除係やペットとして必要とされる以上の子ネコが生まれていたのだ。現代の感覚からすると、この乱暴で実際的な子ネコの淘汰は、冷酷に感じられるかもしれない。しかし現代的な獣医学が登場するまでは、ネコの数を許容範囲内におさめておくには、それがいちばん簡単な方法だったのである。まだ目が開いてなくて、顔が独特の魅力を持つ前なら、おそらくいちばん心を痛めずに実行できるだろう。ネコが第一に害獣駆除係で、第二にペットである社会では、現代でもまだこれが標準的な対応になっている。一九四〇年代のひなびたニューハンプシャー州でのネコに対する態度を描写して、エリザベス・マーシャル・トーマスは以下のように記している。

結局のところ、農場のネコはペットでも家畜でもない……ネコの数が農夫の希望よりも増えすぎてしまうと、ネコは袋に詰めこまれ、ガスで殺されるか溺死させられる。しばらくのあいだ動物の群れを世話し、それからいきなりとらえて躊躇なく殺すこと、それは農業がやっていることそのものなのである。[16]

二一世紀になっても、ネコに対して好ましいと思われる行動は本当にさまざまだ。ネコは権利を持つ個人だと考える人もいるが、もう役に立たなくなったら処分できる道具だとみなしている人もいる。ネコに深い敬意を抱いていた古代エジプト人は、ネコの文化にもうひとつの側面をつけ加えた。もっとも現代のわたしたちは嫌悪を感じるかもしれないが。それは生け贄としてのネコだ。ネコはエジプトの神々の中で重要な役割を担っていたばかりか、儀式で多数のネコが埋葬された――まちがいなく何百万匹も。来世をとても重視していたエジプト人は、四〇〇〇年前に人間と動物の死体を保存する方法として、ミイラ化の手順を開発した。

当初、ネコのミイラ化は大切なペットだけにほどこしていたようだ。雌ネコの石の棺には、ミイラ化されたネコが描かれている。おそらくこの猫はミイラ化され、ミイラをおさめるために棺が特別に造られたのだろう。この慣例は何百年も続いたが、おさめられたネコの数は、さまざまなネコ神に捧げられたミイラに比べると少ない。

〝聖なる動物〟の創造は、二四〇〇年から二〇〇〇年前のエジプトで主要な産業になった。それに使用されたのは小さなネコだけではなかった。ライオンやジャングルキャット、ウシ、ワニ、子ヒツジ、イヌ、ヒヒ、マングース、トリ、ヘビなども含まれていた。驚くような数の動物がミイラ化されることもあった。たとえば、エジプト人がとらえて育てた中型の渉禽《しょうきん》、トキは四〇〇万羽以上がトゥナ・エル＝ゲベルのカタコンベから発掘され、さらにサッカラからは一五〇万羽が発見された。

ネコのミイラ化は、人間の死体のミイラ化に使われる技術とほぼ同じものを用いて、高い水準で行なわれたと分析されている。死体を保存するために、内臓は抜き取られ、乾いた砂が代わりに詰められた。[17] その処理がすむと、ネコは亜麻布の包帯で何重にもくるまれた。しばしばナトロンのような保存剤を使用されることもあった。ナトロンは干上がった熱帯の湖の土手に形成される、自然の乾燥剤であり防腐剤だ。死体防腐処理者は動物の脂肪、香油、蜜蠟、ヒマラヤスギやピスタチオのような木からとれる樹脂、ネコが埋葬された場所から一五〇キロ以上離れた紅海から持ってきた天然のアスファルト、ビチューメンなどを混ぜたものを使った。[18]

ネコのミイラは外見がかなり変化に富んでいた。おそらく有望な買い手の好みと財力を反映していたのだろう。あるものは、釉薬《ゆうやく》をかけた陶器のビーズのひもが飾りについているだけの簡素な包みだった。かたや外側の亜麻布に装飾的な模様がついたものもあった。〝頭〟は実際の頭蓋骨の周囲と上に、粘土と漆喰《しっくい》を染みこませた亜麻布を使って形作られたものもあれば、ブロンズ製の頭が新たにつけ加えられたものもあった。粗末なものもあったが、多くのものはヒゲもすべて描かれていた。たいていは四角形の木製棺におさめられていたが、中にはネコ型をした木製の棺が作られ、石膏で飾られ、色を塗られ、ときには金箔をかぶせたものまであった。象眼細工のビーズがネコの目を表すのに使われた。ようするに、ミイラはびっくりするほど実物に近かったのである。

さらに、生け贄のネコがその目的のために特別に繁殖された。ネコや他のネコ科の動物に関連したあらゆる神を祀《まつ》った寺院の隣には、ネコの飼育所の遺跡が発見されている。これらのネコはミイラ化

ミイラ化されたネコと棺

のために意図的に殺されたにちがいない。ミイラをX線撮影すると、首がひねられていた。そうでないネコは、おそらく絞め殺されたのだろう。[19]まだ子ネコのとき、生後二カ月から四カ月で殺されたものもいたし、完全な成ネコ、九カ月から一二カ月になっているものもいた。おそらくそうした商売をしている人間は、繁殖のために生かしておくのでなければ、それ以上ネコにえさをやることに益を見いださなかったにちがいない。ミイラは寺院への参拝客に売られたのだろう。参拝客はしかるべき神への貢ぎ物として、そのミイラを寺院に残していった。充分な数が集まると、祭司はそれをまとめて専用のカタコンベに移した。それらは一九世紀と二〇世紀に墓が略奪されるまでは、ちゃんと保存されて残っていた。

このように犠牲にされたネコがどのぐらいの数にのぼるのかは、永遠にわからないだろう。こうした遺跡を発見した考古学者は、山のようなネコの白い骨と、砂漠に吹きとんでいった分解されない漆喰と亜麻布のほこりについて書き記している。いくつかの墓所は完全に発掘され、おさめられていたものはすりつぶされて肥料として使われた――

地元で使われたり、輸出されたり。ロンドンに送られたネコのミイラの船荷ひとつで一九トンの重さがあった。そこから一匹だけネコがとりだされ、大英博物館に提供され、残りは粉末にすりつぶされた。これは数百年のあいだに作られた多くの墓所のうち、ほんのひと握りから発掘されたものにすぎないのだ。だとすると、こうしたミイラは古代エジプトのネコを代表するとは言えないかもしれない。

残っているミイラを鑑識技術を使って調べると、中に保存されている動物について多くのことがあきらかになった。そして、エジプト人とネコとのあいだの関係に手がかりを与えてくれた。すべてのネコは〝サバ模様〟、つまり、しま模様で、リビアヤマネコと同じだった。どれも黒ではなく、キジ白でもなく、現代社会の多くの場所ではしま模様よりも一般的な大虎斑《おおとらふ》でもなかった。

ずっとあとになるまで、エジプトではイエネコにそうした色と模様の多様性は現れなかった。こうした外見の変化は、たったひとつの突然変異がもたらしたものだ。たとえば、いわゆるキングチーターはかつて異なる種だと考えられていたが、ありふれたぶち模様ではなく、ぶち模様がつながってしまになっているだけなのだ。ネコ科動物には黒い被毛（黒色素過多症）が多い。ライオン、トラ、ジャガー、カラカル、ピューマ、ボブキャット、オセロット、マーゲイ、サーバルで黒い被毛が記録されている。野生では、その黒い被毛はハンディキャップになる。なぜならありふれた色の被毛のようにカムフラージュ効果がないからだ。そこで彼らは少数の子孫しか残さず、その遺伝子は個体群から消えていく。[20]

それを考えると、家畜化の二〇〇〇年の歴史にもかかわらず、こうした色の多様性がエジプトのミイラ化されたネコには見られないことが奇妙に思える。多様性はその後の二〇〇〇年で確立したようだ。おそらくエジプト人はまれに突然変異が起きた場合、積極的にこうした〝不自然な〟色のネコを排除したにちがいない。それはおそらく宗教的な理由と関連していたのだろう。

古代エジプトのネコの中には赤茶色のしま模様の混血がいたかもしれない（76ページのコラム『赤茶色のネコはいつも雄なのか？』を参照）。壁画の中には、ふつうの灰色がかった茶色のリビアヤマネコよりもオレンジ色の強い茶色のネコもいる。しかしそれは芸術的な自由さの結果かもしれないし、何世紀もたって顔料が黄ばんだせいかもしれない。赤茶色のネコは、北東アフリカや中東のどこよりも、エジプトの港町アレキサンドリアとエジプト人が築いた都市カーツームでよく見かける。すなわち、赤茶色の突然変異種がイエネコの個体群に組み込まれたのは、古代エジプトだということを暗示している、そしてそこから世界じゅうに広まっていったのだ。[21] 赤茶色のネコの方が灰色のネコよりも目立つし、周囲に溶けこみにくいかもしれないが、現代の赤茶色のネコは、とりわけ田舎では非常に巧みなハンターになれる。いったん突然変異が起きると、それは当然のようにネコ頭数全体に広がっていくようだ。[22]

現代のペットのネコよりもミイラ化されたネコが一五パーセント大きいことは、すでに述べた。[23] ほとんどすべての他の家畜では――ウシ、ブタ、ウマ、イヌですら――初期の家畜化された個体は、野生の仲間よりもあきらかに小さい。というのも、より小さい個体の方が扱いやすいからだ。しかし、この原則はネコにはあてはまらないかもしれない。そもそもネコは人間に比べてずっと小さいからだ。さらに驚くことに、ミイラ化されたネコは現代のアフリカのヤマネコよりも一〇パーセント大きい。大きいヤマネコの方が優秀なネズミ駆除係だったので、エジプト人はより大きいネコを好んだのかもしれない。そしてその後、イエネコはフルタイムのネズミ駆除係からペットに変化していくにつれ、小柄になっていたのだろう。

赤茶色のネコはいつも雄なのか?

ネコの被毛を通常の茶色と黒ではなく、赤茶色にする突然変異は、他の被毛の色とは別の遺伝の仕方をする。ほ乳類では、ほとんどの遺伝子は〝優性〟の規則に従う。動物の外見に影響を与えるには、〝劣性〟の型が両方の遺伝子、つまり母親と父親からひとつずつ受け継ぐふたつの遺伝子のどちらにも発現しなくてはならない。さもないと、優性の型が表に出る。通常、優性遺伝子と劣性遺伝子をひとつずつ持つ動物は、外見だけではふたつの優性遺伝子を持つ動物と区別がつかない。しかし、ひとつだけ例外がある。ネコが赤茶色と茶色の遺伝子をひとつずつ持つと、ぶち模様になって両方が被毛に発現するのだ。皮膚のある部分では、赤茶色の染色体が発現し、別の部分では茶色と黒の模様が〝勝る〟。それによってさびネコになる。ぶちの正確な色合いは、他の被毛遺伝子による。そのネコが(ふた組みの)黒の突然変異遺伝子も持っていれば、茶色のぶちは黒になり、しま模様は隠されてしまう(ふつうの黒ネコのようになる)。かたや赤茶色のぶちだと、黒の突然変異は発現せず、赤茶色と黄土色のしま模様が見分けられるので、さび、あるいは三毛になる。

また、遺伝子はX染色体に乗っている。雌ネコはふたつのX染色体を持っている。雄はX染色体はひとつだけで、あわせ持っているずっと小さいY染色体のせいで雄になるのだが、そこには被毛についての情報はまったく乗っていない。ようするに、雌ネコが赤茶色になるには、両方の染色体に赤茶色の突然変異遺伝子を持っていなくてはならない。ひとつだけだと、さびの被毛になる。さびの被毛の方がはるかにありふれているが、雌が赤茶色のネコになることもありうる。かたや、ほぼ例外なく、雄は赤茶色か、それ以外だ。もっとも、たまにさびの雄も現れる――彼らは異常な細胞分裂の結果、ふたつのX染色体と、さらにひとつのY染色体を持っている。赤茶色、あるいは〝マーマレード色〟のネコは必ず雄だというのは誤解だ――おそらく〝赤茶色の雄ネコ《ジンジャー・トム》〟という表現があるせいなのだろう。

ネコに対する古代エジプト人の態度は、現代の感覚だと、考えられないほど矛盾しているように思える。エジプト人にかわいがられているペットのネコもいたが、大半のネコはただのネズミ駆除係で、金持ちも貧乏人も同じようにネコを利用していた。ただしユニークなのは、多くのネコが生け贄として殺されるために特別に繁殖されていたということだ。生け贄は別にして、ヨーロッパでもアメリカでも、二〇世紀前半においてネコはほぼ同じようにみなされている。実際、エジプト人がお気に入りのペットのネコために作らせた凝った棺は、現代のネコの墓地を連想させる。

当然、エジプト人のネコと宗教に対する関わり方は、現代にはなじめないものだ。寺院への捧げ物として出来合いのミイラを買った礼拝者たちが、ミイラの中身について知らなかったことはまずありえない。ネコの飼育所とミイラの制作所は近接していたから、臭いだけでもあきらかだっただろう。おそらくこうした生け贄のネコは家庭のネコと〝別物〟とみなされていたのだ。専用のネコ飼育場で繁殖されていることがその証拠だ。ネコは現在と同じように多産だっただろうし、ミイラ制作業者は簡単に野良ネコをとらえることができただろう。法律も習慣もイエネコを殺すことを禁じていたので、別個にネコを繁殖するしかなかったにちがいない。繁殖に利用されている施設に近づくことは、〝聖なる〟ネコの世話をする祭司以外には禁じられていた可能性がある。そのネコたちはミイラにされるまで、礼拝者の目に触れることはなかった。こうしてそっくり同じであるにもかかわらず、イエネコと聖なるネコとは区別されていたのだ。

ミイラ自体も人生の幸福に対する矛盾を示している。こうしたミイラを作る人々は当然ネコの世話をきちんとしながらも、そのあとで大量にネコを殺したからだ。ネコの大きさからして、充分に栄養を与えられていただろう。それだけ大量の動物に足りる高品質の肉や魚を見つけることは、簡単ではなかったかもしれない。こうしたネコがどうやって殺されたのかは、まだ完全に解明されていないが、定められた儀式的な方法で窒息死させられた可能性が高い。さらに、ミイラの制作はもうかる商売だったにちがいないが、礼拝者をだまそうとする行為はほとんどなかったように思える。ネコのように見えるミイラのほぼすべてに、ネコの完全な骸骨が入っていた。アシを麻布でくるみ、ネコのミイラとして渡した方がはるかに利益が大きかったにもかかわらず、ちゃんとネコを入れていたのだ。この一連の行為全体が、厳しいルールにのっとって行なわれていたのだろう。こうしたルールは礼拝者が偽のミイラを買うことを防ぐばかりか、生け贄にされるときまでは、ネコたちが充分にえさを与えられ世話をされることを保証したのだ。

古代エジプトのネコは、現代のネコの主たる祖先だと考えられる。そのことはいくつかのネコの資質が証明している。紀元前には、大規模なネコの家畜化についてどこにも信憑性のある証拠は存在していない。イエネコも野生ネコと同じ、しま模様の被毛だった。したがって、人間に対する愛情、あるいは恐怖によってしか両者は区別できなかったのだ。ペットのネコの大半が、食糧庫や穀物倉に齧歯類を寄せつけないために役立っていた。イエネコは少なくともエジプト文明の最後の数百年のあいだは崇拝されていた。それはネコを殺すことが違法行為だったことや、亡くなったときの儀式によってあきらかである。

二五〇〇年前から、ネコを飼うことはじょじょに地中海の東と北の沿岸に広まっていった。当時、エジプトは最初はギリシャに、次にローマの影響を受けた。ネコがゆっくりと北に広がっていったのはエジプトからのネコの持ちだしを禁じる法律のせいだと、歴史家は考えている。海外に連れ去られたネコをとり戻すために、エジプト人は兵士まで送りこんだという逸話すら伝わっている。[24] しかし、こうした法律はネコ崇拝と結びついた象徴的なものだ。ネコの独立心、狩りの能力、繁殖の速いペースのせいで、実際には貿易ルート沿いにイエネコが広まっていくのを防ぐのは不可能だっただろう。

エジプトから外に広がっていくにつれ、ネコは地中海東岸の地域のヤマネコや半イエネコと出会い、交配することになったにちがいない。キプロスのネコが証明しているように、エジプト人がネコを家畜化された動物に変える何千年も前に、中東の他の地域には飼いならされたネコがいたのだ。およそ三五〇〇年前のエジプトの絵画には、船に乗っているネコが描かれている。これらのネコは輸入か輸出されたのだろう。三二〇〇年から二八〇〇年前、地中海東岸の貿易は、船乗りのフェニキア人に牛耳られていた（彼らはヤマネコをネズミ駆除係として飼いならしてさえいたかもしれない）。おそらくフェニキア人が、人になれているか半ば家畜化されたリビアヤマネコを、多くの地中海の島やイタリア本土やスペインに広めたのだろう。ネコの伝播はエジプトの法律のせいではなく、ギリシャとローマに競争相手のネズミ駆除係がいたことで遅れたと思われる。つまり、人になれたイタチとヨーロッパケナガイタチだ（後者は飼いならされてフェレットとなった）。

イエネコがエジプトからギリシャへと北に移動したことについては、あまり記録に残っていない。肥沃な三日月地帯の東岸で話されていたアッカド語では、イエネコとヤマネコを表す別々の言葉が二九〇〇年前ぐらいに登場している。したがってイエネコはたぶんこの時代までに、現在のイラクにまで広がっていたのだろう。

これより前にギリシャでは少なくとも貴族のあいだで、イエネコがすでに一般的になっていたようだ。ふたつのギリシャの植民地で鋳造されたコインから、そのことをうかがい知ることができる。コインは二四〇〇年ほど前に造られ、ひとつはシチリア島の向かい側、イタリアの〝つま先〟にあたるレッジョ・ディ・カラブリアのもので、もうひとつは〝かかと〟にあたるターラントのものだ。どちらにも三〇〇年ほど前の市の創設者が描かれている。二人は異なる人物だが、コインは驚くほどそっくりなので、同じ伝説を題材にしているのかもしれない。どちらのコインにも椅子にすわった男がネコの前でおもちゃを揺らし、ネコは前脚を伸ばしているところが描かれている。この男がもっとありふれたウマやイヌではなくネコといっしょに描かれているのは、ペットのネコがギリシャでは珍しく、おそらくエジプトから輸入されたものであること、そして、ネコの所有はステイタスの表れだということを示している。ほぼ同時期にアテネで造られた浅浮き彫りには、けんかをしているネコとイヌが描かれている。しかし、ネコには引き綱がつけられているので、イエネコというよりも人になれたヤマネコだと推測される。

イエネコがギリシャとイタリアで一般的になったのは、おそらく二四〇〇年ほど前だろう。ギリシャの絵画には、つながれておらず、人のあいだでくつろいでいるネコが描かれている。ネコは墓石にも描かれはじめた。おそらくそこに埋葬された人間のペットだったのだろう。さらにこの頃、ギリシ

ギリシャのコイン　イタリア、紀元前400年

ャ人にはイエネコに対する言葉ができていた――「aielouros（雄ネコ）」や「尻尾を振る」などだ。ローマでは、家庭内にいるネコを描いた絵が登場しはじめた――舞踏会のときにベンチの下にいたり、少年の肩にのっていたり、女性の手からほどけた毛糸玉にじゃれついていたり。エジプトと同じく、ローマのネコは女性のペットで、男性はイヌの方を好んだ。そして「ミウ」がエジプトでは少女の名前に利用されたように「フェリキュラ」――子ネコ――は二〇〇〇年ぐらい前にはローマで一般的な女の子の名前になった。ローマ帝国の他の地域では、ネコを意味する「カッタ」や「カトゥーラ」が使われた。前者はローマ人に支配された北アフリカが起源である。

エジプトでのように、ネコはいったん家畜化されると、女神と関連づけられるようになった。とりわけギリシャのアルテミスとローマのディアナに。ローマの詩人オウィディウスは、神々と巨人とのあいだの神話の戦いを書いた。その中でディアナはエジプトに逃れ、ネコに変身して身分を隠す。このようにネコは広く異教信仰と結びついていく。それはやがて中世になり、ネコの迫害につながっていくのだ。

中東、インド亜大陸、マレー半島、インドネシアのあいだに海路が開けると、ネコは野生の祖先が生まれた土地以外にも運ばれるようになった。たぶんローマの貿易業者が海路でインドへ、のちにはモンゴル経由のシルクロード沿いに中国へネコを運んでいったのだろう。中国では五世紀にはネコが定着した。日本で定着したのは、その一〇〇年ほどのちだ。[25]どちらの国でも、ネコは貴重な絹の繭を齧歯類から守る能力ゆえに大切にされるようになった。

東南アジアに特徴的なイエネコのタイプ——ほっそりした体、敏捷、よく声を出す——はインドの砂漠ネコ、フェリス・オルナータから分かれた家畜化されたネコではない。考古学的な証拠はほとんどないが、現在の極東の野良ネコ——シンガポールかヴェトナムか中国か朝鮮から来た——のDNAは、ヨーロッパのネコ、アフリカ北東部や中東のリビアヤマネコと究極的に同じ祖先だということを示している。シャム、コラート、バーミーズなど、すべての極東の純血種も同じだ。[26]イエネコがインドの砂漠ネコとつながうことになんら問題はないのだが、その子孫はめったにペットにふさわしいネコにはならないようだ。砂漠ネコはイエネコのDNAを持っているものの、イエネコの方には野生のDNAの痕跡がないからだ。

東南アジアにイエネコが登場した正確な年は不明だし、どの個体群も他の個体群から孤立することで進化していったように見える。韓国の野良ネコのDNAは中国の野良ネコに非常に近いし、シンガポールの野良ネコともかなり近い。しかし、ヴェトナムのネコとはまったくちがう。つまり、最初に到着してから、これらの国のあいだではネコの行き来がほとんどなかったことを示している。スリランカの野良ネコもまた異なっていて、アジアではどこよりもケニヤのネコに似ている。おそらく船のネコがインド洋を横断したせいだろう。

イエネコの起源と伝播の歴史は、キリスト誕生ぐらいまでの時代に確立されているが、この理論は生物学から導きだされるものと矛盾している。伝統的な理論では人間の介入を強調しており、ネコの家畜化は意図的なプロセスだったと推理している。ネコの視点からは、別の構図が浮かびあがる。すなわち野生のハンターから日和見主義の捕食者へじょじょに移行していき、家畜化を経由して、害獣の駆除係、コンパニオン、象徴的な動物といった複数の役割を担うようになったのだ。

生物学者はどの段階でも、ネコは人間の活動によって与えられる新しい機会を利用して進化してきたと述べている。もっとずっと早く家畜化されたイヌとちがい、狩猟採集社会においてネコには生態的地位（自然環境の中である生物が他の生物との競争などを経て獲得した、生存を可能にする条件がそろっている場所）がなかった。最初の穀物倉庫が登場し、野生の齧歯動物が局部的に集まるようになって初めて、ネコにとっては人間の住まいを訪ねる価値が出てきたのだ。そのときですら、毛皮のために殺される危険を冒さなくてはならなかったにちがいない。おそらくイエネズミが人間の食糧庫を荒らすようになると、あきらかにネズミを殺し穀物を守っているネコは、地域社会に受け入れられるようになったのだろう。

農業が広まっていくにつれ、ネコも広まっていき、新たな齧歯動物と出会って新たな挑戦をするようになった。たとえば、エジプトのナイルネズミ、のちにはヨーロッパとアジアの黒ネズミなどだ。害獣駆除係として、ネコにはライバルがいた。似たような大きさの他の肉食動物が飼いならされたからだ。たとえばさまざまなイタチ科の動物、ジェネット、その親戚のエジプト・マングースなどだ。

これらのうち、フェレットはやがてイタチから家畜化され、ヘビの駆除係としてもっとも有能なマングースは、七五〇年には支配したカリフたちによってヘビ駆除のためにイベリア半島に持ちこまれた。[27]これらのさまざまなライバルたちは、何世紀にもわたり異なる場所で異なる組み合わせで存在してきた。最終的にイエネコが勝者となり、次点がフェレットになった理由ははっきりしていない。ネコには害獣駆除係としての強みはなかった。となると、理由は他にあるにちがいない。おそらくネコの生態に。ネコと宗教の結びつきは重要ではなかっただろう。エジプト人はときにはマングースやジェネットも崇拝していたからだ。

より考えられる可能性は、ネコはライバルたちよりもずっとうまく飼いならすことができたということだ。しかし、どちらが原因でどちらが結果なのだろう？　ネコがフェレットよりも〝信頼でき〟て、扱いやすいのは、人間とコミュニケーションをとる方法を開発してきたからなのか、それとも、もともとコミュニケーションが得意だったからなのだろうか？　イエネコの直系の祖先がどうふるまっていたのかは正確にわからないので、そういう疑問には答えが出ない。それでも、害獣駆除係だけではなく、ペットに進化した能力は、ネコの家畜化の最初の二〇〇〇年における成功の要だったにちがいない。一〇〇〇年もかけて人間の家庭に入りこんできたネコは、他の動物とどこがちがっていたのだろう？

この点においては、エジプト人の宗教に関わっていたことが決定的だったかもしれない。エジプト人のネコ崇拝は、ネコが野生のハンターから飼いならされたペットへ進化するのに必要な時間を与えたのかもしれない。さもなければ、ネコは人間社会の従属者のままで、固有の役割は果たせなかっただろう。また、ミイラを作るためのネコの飼育所が進化を促した可能性もある。そこでは限られた空間に閉じこめられ、他のネコといっしょに暮らすことに耐えなくてはならなかったからだ。そのどちらもが、現代の縄張り意識の強いヤマネコには欠けているが、都会のペットには必須の資質である。もちろん、その遺伝子を持ったネコの大半は若くして死んだ――結局ミイラにされるために飼育されてきたからだ。しかし、何匹かは外の個体群に逃げこんだにちがいない。そして彼らの子孫は都会の閉鎖的な暮らしに適応する能力を受け継いだのだろう。ほんの数十年のあいだに、そうした変化は閉じこめられた肉食動物に起きている。わずか数世代で野生動物を飼いならしたロシアの農場キツネの実験がいい例だ。[28]現代のマンション住まいのネコたちは、あのぞっとするエジプトのネコ飼育所の住人たちのおかげで、その適応性を手に入れたのではないだろうか？

第3章　一歩後退、二歩前進

二〇〇〇年前のエジプトのネコは、行動においては現代のネコとほとんど変わらなかっただろう。ただし当時のネコは外見にさほど多様性がなく、たったひとつの均質集団から成り立っていた。純血種や特徴的なタイプもなかった。ネコが世界的なコンパニオン動物へ昇格する道には、障害がほとんどなかったにもかかわらず、それはさらに二〇〇〇年も達成されなかった。なぜならネコにはひとつしか実用的な役目がなかったからという理由もある。ネコと人間の愛情と関心を争うイヌは、もっと多くの役目をこなしている——警備、狩り、牧羊の番などだ。とりわけヨーロッパでは、さらにふたつの大きな要素のせいで、ネコは出世するのが遅れた。第一にネコは特殊な肉食動物で、獲物が乏しいときにゴミあさりをあまりしなかったからだ。第二に、ネコはエジプトの宗教と長く関連づけられてきたせいだ——それは最初のうちこそ、ネコが家畜化された動物になれるように進化する時間を与えてくれる祝福だったが、のちに呪いになった。

意外にも、ヨーロッパ人のネコに対する見方は、四〇〇年ぐらい前までエジプト人のネコ崇拝の影響を強く受けていた。ネコと結びついたバステト神や他の異教神、ディアナやイシスなどの信仰が、とりわけ南ヨーロッパでは二世紀から六世紀にかけて人気だった。場所によっては、この信仰はもっと長く続いた。たとえばベルギーの都市イーペルは九六二年になってネコ崇拝を法的に禁じたが、今日にいたるまでネコとの関わりを祝っている。またディアナに基づくカルトは、イタリアのあちこちに一六世紀まで残っていた。こうしたカルトの大半を女性が主宰していて、母性や家族や結婚に焦点を当てていた。キリスト教がヨーロッパ第一の宗教として確立されはじめると、ネコは異教信仰と密接なつながりがあるとして迫害を受けるようになった。

地中海東岸から西ヨーロッパへ——そしてあらゆる社会の階層へ——ネコが広まっていくことは、さまざまな大きさの船でネコを飼う習慣によって加速された。この習慣は船荷にネズミを寄せつけないという実際的な目的のために生じたのだろう。そしてまもなくそれは迷信となり、多くの船乗りはネコを失った船で航海するのを嫌がった。船の舳先にはしばしば幸運をもたらすというネコの姿が彫りつけられていた。

実用性とは別に、ネコはしだいに人間の飼い主との暖かい関係から利益を得るようになったにちがいない。多くの面で、過去二〇〇〇年におけるネコの人気の変動は、ふたつの重要な影響力——迷信と愛情——のバランスが変化したせいだと考えられる。

ローマ人がイギリスにイエネコを持ちこんだと考えられているが、いくつかの証拠は、それよりも数世紀前にすでにネコがイギリスに存在したことを示している。ネコとイエネズミの骨が、二三〇〇年前の鉄器時代の砦二カ所から発見されたのだ。ふたつとも南イングランドにあり数十キロ離れている。ネコはほとんどが若く、いちばん幼いものは生まれたての五匹の子ネコだった。この砦には地元の長に率いられた三〇〇人もの人々が暮らしており、周囲の農場の中心になっていた。すべての農場が砦に設けられた貯蔵所に穀物をおさめていたので、おそらくひとつの農場の二〇倍もの穀物がそこに蓄えられていただろう。こうした貯蔵所は当然ながらネズミの被害をこうむった。そこでネコが役に立つ家畜の仲間に加わったのだ。

こうしたネコは地中海から連れてこられたにちがいない。というのも地元のヤマネコを飼いならすことはまず無理だっただろうし、ヤマネコの方も子ネコを産むほど長く人間のそばで過ごすことに耐えられなかったにちがいない。ヨーロッパ起源のヤマネコは人間を警戒することで有名だ。イエネコはおそらくフェニキア人の船に乗って、イギリスにやって来たと考えられる。フェニキア人はイギリスを植民地化しなかったが、おもに青銅製品を作るのに必要なスズを買うために訪れた。そしてたびたび船にネコを乗せてきたので、イギリス南岸にイエネコが存在することは意外ではない。それどころか、フェニキア人がもっと前の航海でイギリスに運んできた穀物はイエネズミを呼び寄せたので、それを駆逐するためにネコが必要だったのだ。そしてフェニキア人は自らが引き起こした問題を解決する方法として、ネコを連れてきたのかもしれない!

ローマ人の支配のあいだに、ネコはイギリスじゅうに広まっていった。現在のハンプシャー州にあるシルチェスターというローマ人の町で、考古学者は紀元一世紀の粘土製床タイルにネコの足跡がついているのを発見した。おそらくタイルが敷かれる前に、そのネコは物干し場に迷いこんできたと思われる。同じ遺跡で発掘された別のタイルには、イヌ、シカ、ウシ、ヒツジ、子ども、鋲釘が打たれたサンダルをはいた男の足跡がついていた。優秀だと評判のローマ人の品質管理だが、完全無欠ではなかったようだ。

北ヨーロッパにおいてローマ人の影響力が衰退したことは、ネコの人気をほとんど左右しなかった。ヨーロッパの五〇〇年にわたる暗黒時代のあいだ、ネコはネズミをつかまえる能力のおかげでとても大切にされた。[1] いくつかの法令には、ネコが非常に貴重であることが示されている。そうした法令のひとつ、一〇世紀のウェールズのものにはこう述べられていた。「ネコの値段は四ペンスである。必要とされる資質は見る、聞く、ネズミを殺す、かぎ爪がすべてそろっていること、子ネコを育て、それを食べないことだ。いずれかの資質が欠けていれば、ネコの値段の三分の一を返さねばならない」この条文が雌ネコにはっきり限定していることに注目してほしい。雄ネコはおそらく雌と同じほど貴重とはみなされていなかったのだろう。四ペンスは完全に成長したヒツジ、ヤギ、訓練されていないイヌの値段でもあった。新しく生まれた子ネコは一ペニーで、子ブタ、子ヒツジと同じ、若いネコは二ペンスだった。離婚に際しては、夫が家庭から一匹のネコを連れていく権利があったが、残りのものはすべて妻のものになった。当時のドイツのザクセンでは、ネコを殺した罰金は穀物六〇ブッシェル（一五〇〇キログラム以上）で、穀物をネズミから守るネコの価値を重視していたことが裏づけられる。

ネコはネズミが運ぶ腺ペストの蔓延を抑えるのにも役立った。腺ペストはローマ人によって建設された上下水道システムが理不尽に破壊されたあと、六世紀のヨーロッパじゅうで流行した。ネコ自身も腺ペストに感染しやすかったので、大量に死んだにちがいない。しかし、多くのネコが生き延びたようだ。

有用性と高い貨幣価値にもかかわらず、ネコの幸福は現在ほど尊重されていなかった。ギリシャではネコの生け贄とミイラ化がエジプトと同じぐらい長く続いた。ただし、殺害方法としては絞殺よりも溺死の方が好まれたようだ。幸運をもたらすためにネコを埋めたり殺したりするケルトの伝統は、ヨーロッパじゅうに広まった。雌ネコは貴重だったので、通常、犠牲にされたのは雄ネコで、作物の成長を祈り、新たに開墾された畑にネコが殺されて埋められた。新しい家はネコ――埋葬されたときに生きていたか死んでいたかははっきりしない――とネズミを外壁に特別に作られた穴に入れるか、新しい床板の下にいっしょに安置することでネズミから守られた。[2] 多くのヨーロッパの都市は祝日の慣習で、数匹のネコをいっしょにかごに入れ――それだけでも充分にストレスだっただろう――火の上につるした。ネコの悲鳴は悪霊を退散させると考えられていたのだ。ネコを塔のてっぺんから投げるという慣習もあった。ベルギーのイーペルの市民はいまだに毎年五月にネコ祭りを開催し、本物のネコの代わりにぬいぐるみを塔から投げ落としている。

驚くべきことに、こうした儀式のうちいくつかは、当初の形で現代にまで受け継がれている。一六四八年、ルイ一四世はパリで最後のネコの火あぶりを行なった。焚き火に自らが火をつけ、その前でダンスをしてから、私的な舞踏会に出かけていったのだった。最後に生きたネコがイーペルの鐘楼から投げ落とされたのは、なんと一八一七年だった。今日ではそうした儀式はきわめて不快に感じられるだろうが、それによってネコのうちごくわずかが殺されたにすぎない。なんといっても、ネコは暗黒時代を生き延びてきたのだ。ネズミが多くいると、ネコも繁殖して必要以上の子ネコが生まれ、しばしば溺れさせて間引かなくてはならなかっただろう。一般的にネコは他の農場の動物同様、使い捨てにできるとみなされていた。毛皮は衣類に利用されたので、中世の遺跡から回収されたネコの骨の痕跡から推測すると、多くのネコは成長するとすぐに毛皮を利用するために殺されたようだ。こうした慣習によってネコの命は使い捨てできるという概念が広まり、儀式の生け贄にすることも、今日ほど忌むべきものには感じられなかったのだろう。

教会のネコに対する態度は最初は好意的だったが、暗黒時代から中世になると、敵意に満ちたものになっていった。まず最初にローマカトリック教会が大規模なネコの処刑へと通じる道に足を踏みだした。三九一年にローマ皇帝テオドシウス一世がすべての異教（と〝異端の〟キリスト教）の信仰を禁じた。その中にはバステトやディアナを崇拝するカルトも含まれていた。最初のうちは、ネコではなく信者が標的にされた。実際、ネコは初期のアイルランドの教会では人気のある動物だったようだ。一八世紀のアイルランドで福音書を彩色した「ケルズの書」には、いくつかのネコの絵が載っている。悪魔のようなネコもいれば、家庭にいるところを描かれたネコもいる。アイルランドの聖職者は、ネコをコンパニオンにすることを奨励していたのかもしれない。九世紀の修道士によって書かれた『パンガー・バン』は作者の生活とネコの生活を比べた詩だ。

わたしとパンガー、ネコと学者
それぞれに仕事に精を出す
わたしはいとしい本のページをめくり
彼はネズミを相手に……
そして彼の喜びはかぎ爪を
獲物に近づけるとき
わたしの喜びはふいに手がかりが

中世の時代、修道院はネコにとって天国さながらだったにちがいない。そこには魚の池があり、四旬節に食べる魚を育てていたからだ。冬の終わりから早春にかけての四旬節には、肉食が禁じられていたのだ。魚はたくさんとれ、すばらしいタンパク源だった。この時期にしばしば妊娠するネコは、大喜びでネズミの狩りを止めて魚の切れ端をあさっただろう。そうやって、これから生まれてくる子ネコに必要な栄養を摂取できた修道院のネコは、近隣の農場に住むネコよりも恵まれていた。

一三世紀から一七世紀にかけて、教会とネコは深刻な敵対関係になっていき、ヨーロッパでも場所によっては、イエネコの存続すら危ぶまれるほどだった。一二三三年、カトリック教会は共同でヨーロッパ大陸からネコを駆逐する試みに着手した。その年の六月一三日、ローマ教皇グレゴリウス九世が有名な『ラマの声（Vox in Rama）』を出版した。この大勅書で、ネコ――とりわけ黒ネコ――の正体は悪魔だと記されていた。それから三〇〇年以上にわたって、何百万匹ものネコが虐待されて殺され、何十万人もの女性の飼い主が魔女の疑いをかけられた。都市のネコの個体数は大幅に減った。この蛮行を正当化するのは四世紀に起きたこと――ネコを崇拝するカルトを根絶し、イスラム教のようなライバルの信仰を悪魔的だと喧伝した――と同じだ。しかし今回、教会の激しい怒りの矛先を向けられたのはネコ自身だった。

この当時、西ヨーロッパ以外では、ネコはもっといい扱いを受けていた。東方正教会（ギリシャ正教会）では、ネコを飼うことにほとんど異を唱えていなかったようだ。イスラム教は伝統的にネコに親切だったので、中東ではネコは繁殖し続けた。カイロではエジプトとシリアの支配者であるスルタン、バイバルスが一二八〇年におそらく最初の宿無しネコのための保護施設を設立した。

ローマ教会の勢力内でも、ネコはおとしめられてはいなかった。一四世紀のイギリスでは、ネコが詩の題材になっている。ジェフリー・チョーサーの『カンタベリー物語』はそのひとつだ。その一篇、「財産管理人の物語」が正確なら、ネコはちゃんと世話をされていて、ネズミをつかまえる能力のおかげで高い評価を受けていた。

ネコを連れてきたらミルクと
やわらかい肉と、シルクの寝床を与えてあげよう
それから壁際のネズミを探させよう
たちまちミルクも肉も放りだすだろう
家の中にごちそうがあっても
食欲旺盛なネコはネズミを食べるにちがいない[4]

さらに教会関係者のあいだでも、ネコはひそかに人気があったように思える。イギリス、フランス、スイス、ベルギー、ドイツ、スペインなどヨーロッパじゅうの中世の教会の聖歌隊席にはネコが彫られている。これらのネコは悪魔としてではなく、自然の中か家庭内にいるところが描かれている――毛づくろいをしていたり、子ネコの世話をしていたり、暖炉のそばにすわっていたり。ただし、そうした彫刻はあえて一般の信徒たちの目に触れない場所に残されたのかもしれない。説教でネコを悪魔

的なものとして言及することがあったからだ。ネコとネコをかわいがった女性はあちこちで迫害されたが、ネコはその有能ぶりのおかげで一般的に寛大な目で見られていた――少なくとも田舎では。そこでは教会の勢力は弱く、ネコの働きが非常に高く評価されていたのだ。

この運命の逆転は、飼いならされた動物としてのネコにのちのちまで打撃を与えただろうか？ 西ヨーロッパでの黒ネコの処刑の影響は残っていないようだ。というのも現在、黒ネコは中世のカトリック教会の影響力が及ばなかったギリシャ、イスラエル、北アフリカばかりか、ドイツやフランスでもよく見かけられるからだ。中世にネコはそれまでよりも小柄になった――地域によっては、現在の平均的なネコよりもさらに小さかった。もしかしたら迫害によってそういう影響が出たのかもしれないが、大きさの変化がいつ、どこで起きたのかを特定することはむずかしい。ひとつには〝平均的なネコ〟について正確に把握できるほど大量のネコの骨が一カ所で発見されることが、めったにないせいだ。

西ヨーロッパでは、何世紀もかけてネコは大きさが変化したようだ。ただし、一貫性はない。たとえば、一〇世紀から一一世紀のイギリスのヨークでは、イエネコは現在と同じぐらいの大きさだったが、同時期に一三〇キロぐらいしか離れていないリンカーンでは、現在の標準よりもネコは小さかった。しかし一二世紀から一三世紀までに、ヨークのネコは二〇〇〇年前の仲間よりも小さくなった。ドイツのヘーゼビューでは九世紀から一一世紀のネコはほぼ現在のネコと同じ大きさだったが、やはりドイツのシュレスヴィヒでは、一一世紀から一四世紀のものと推定されるネコの遺骨はとても小さい。説明がつかないのだが、一一世紀から一四世紀に骨の長さが七〇パーセント縮小しているのだ。シュレスヴィヒで発見されたネコの多くは子孫を残さなかったようだし、現代の典型的なネコに比べて小柄だった。[5] この小型化は一四世紀に始まった迫害のせいにしたくなるが、それが原因だという直接的な証拠はない。実際、イギリスでの小型化はローマ教皇の勅書の前に起きている。より小柄なネコへ変化した理由は謎のままだ。今後またネコが大型化するかどうかも予測できない。

同様に、ネコの迫害を黒死病と結びつけたくなるかもしれない。黒死病とは、一三四〇年から一三五〇年にかけて中国からイギリスまで広がったネズミによって運ばれる伝染病で、世界的に流行した。ヨーロッパの人口の三分の一以上がこの病気で亡くなり、ネコも大量に死んだ。しかし、伝染病はネコが迫害されなかったインド、中東、北アフリカでもヨーロッパと同じように猛威をふるった。その病原菌はあまりにも強力で封じこめることができず、その伝染病は五〇〇年にわたってヨーロッパで断続的に発生した。イギリスでの最後の大流行は一六六五年から六六年の大疫病だった。そのときはネズミではなくネコが責めを負わされ、ロンドン市長の命令によって二〇万匹のネコが処分された。[6]

一七世紀のイギリスは、ネコにとっていい時代でも場所でもなかった。北アメリカの新しい植民地でも同様だった。地方社会での異教信仰の名残との関連で、ネコは——とりわけ黒ネコは——魔術と結びつけられた。現在でもホラー映画やハロウィーンの飾りにその名残を目にする。魔女がその〝犯罪〟によって裁判にかけられたとき、しばしば魔女はネコに変身できると言われた。イヌ、モグラ、カエルなど他の動物にも変身すると考えられたが、ネコがいちばん多かった。こうして、ローマ教会はネコの迫害に公式な許可を与えたのだ。暗くなってからネコと遭遇した人間は、そのネコを殺したり傷つけたりすることを正当化された。変身した魔女かもしれないからだ。スコットランドのマル島

“親友たち”——ネコ、ネズミ、フクロウ——といっしょにいる魔女たち

では、〝タイグハーム〟と呼ばれる悪魔祓いのために、黒ネコが四昼夜にわたって次々に火あぶりにされた。[7] 植民地の指導者はこれと同じ偏見をマサチューセッツに持ちこみ、一六九二年から九三年のセーレムの魔女裁判で頂点を極めた。

一八世紀半ばになると、ヨーロッパではネコの評判が上向きになりはじめた。パリでネコを入れたかごの下でかがり火をたいたルイ一四世のひ孫、ルイ一五世は少なくともネコに寛大で、妻のマリアと彼女の取り巻きたちがペットのネコを甘やかすのを黙認した。フランス貴族の女性がそうしたペットといっしょに絵に描かれることは流行になり、かわいがっていたペットが亡くなったときは特別な墓が造られた。しかし、そうした態度は世界的に広まったわけではない。ほぼ同時期に、博物学者ジョルジュ・ビュフォンは三六巻からなる権威ある『一般と個別の博物誌』にこう記した。「ネコは不実な家畜で、ネコ以上に人間に迷惑をかけ追い払うことのできない動物と戦わせるためだけに飼われていた」[8]

一方イギリスでは、ネコの数は増えつつあった。一八世紀に詩人のクリストファー・スマートやサミュエル・ジョンソンはコンパニオンとしてのネコを評価するだけではなく、ネコについても詩にした。スマートの詩『ジェフリー』はこんなふうに始まる。

わたしのネコ、ジェフリーについて考えると
彼は生き神のしもべで、日々きちんと神に仕えている
東に神の輝きを目にするや、彼のやり方で祈りを捧げる
しなやかな体を七度優雅にすばやく回転させて

これを読むと、スマートはネコと悪魔信仰のつながりをまったく感じていなかったらしい。いや、その反対だ。スマートはネコの行動の鋭い観察者だった。詩はこんなふうに続く。

第一に前脚を持ち上げてきれいかどうかを確かめる
第二に汚れがついていないか、後ろ脚を振り上げる
第三に前脚を突きだして伸びをする
第四に木で爪を研ぐ
第五に毛づくろいをする
第六に寝転がって毛をなめる
第七に自分でノミとりをする。その作業中は邪魔してはならない

第八に柱に体をこすりつける
第九に指示を待ってこちらを見上げる
第一〇に食べ物を探しに行く

同じように、サミュエル・ジョンソンはホッジとリリーというネコをかわいがっていた。ジョンソンの伝記作家ジェームズ・ボズウェルはこう書いた。「ネコのホッジに対する溺愛ぶりは決して忘れられないだろう」おそらくジョンソンがホッジに牡蠣を食べさせていたことを指しているのだろう。ただし、当時の牡蠣は今ほど贅沢な食べ物ではなかった。

一九世紀末になると、ネコはイエネコとしての地位を確立した。イギリスではヴィクトリア女王が次々にペットのネコを飼った。アンゴラネコのホワイト・ヘザーは女王の晩年の慰めとなり、女王よりも長生きして息子のエドワード七世のペットになった。アメリカではマーク・トウェインがネコ愛好家であるばかりか、スマートのようにネコの資質の鋭い観察者だった。

どんな根拠で、イヌは〝高貴な〟動物とみなされるようになったのだろう？　より乱暴に、より冷酷に、より不当に扱えば扱うほど、イヌはへつらい、あなたを崇敬する奴隷となる。かたや、恥知らずにもいったんネコを虐待したら、その後、ネコは威厳たっぷりにあなたを避けるようになる――二度とネコの完全な信頼を得ることはできないだろう。

一九世紀にはネコの外見はエジプトの祖先に比べ、ますます多様になった。エジプトや中東では別々の時期に別々の場所で、一時的な遺伝子の突然変異のせいで新たな被毛のタイプが出現した。ただし数世代でそれが消滅してしまうこともあった。ネコの飼い主がその突然変異を奇形とみなす場合だ。しかし珍しい外見のネコは、そうした個性的なちがいを尊重する飼い主を見つけることもあった。その嗜好が地元の飼い主に共通のものだと、他の場所にまで広がっていき、突然変異はしだいに個体群全体にまで広がっていった。そうやって、今日のネコに見るさまざまな個体が形成されていったのだ――異なる色、異なる模様、長短の被毛。驚くべきことに、こうした変化のいくつかは、いまだに由来と伝播をたどることができる。

ヨーロッパと中東のイエネコが比較的均質であるのは、船でネコを飼う習慣のせいだと、遺伝学者は考えている。たとえば、レバノンで妊娠した母ネコが二カ月後に船から飛び降りて、マルセイユで出産することは充分に想像できる。航海をしたフェニキア人、ギリシャ人、ローマ人はネコを地中海じゅうに広めた。おかげで、フランスのネコの遺伝子は、地中海からローヌ川をさかのぼり、セーヌ川を下ってイギリス海峡へと至る貿易ルートの痕跡をいまだに示している。北ヨーロッパにおける突然変異による赤茶色のしま模様のネコの分布は、一〇〇〇年も前のヴァイキングの侵攻が個体群に影響を与えたことを表している。[9]

初めてしま模様のないイエネコが現れたのは、西暦になってまもなくだった。ギリシャ人は六世紀に初めて黒と白のネコを描いた。しかし、定期的に現れる黒の突然変異種は、その数世紀前からイエネコのあいだに広がっていたのかもしれない。この突然変異をしたネコの多くが、実際には黒くなかった。黒い色になるのは、毛の先端を淡い色にしてヤマネコに茶色っぽい外見を与えている遺伝子、専門用語では〝アグーティ〟と呼ばれる遺伝子を作れないせいだ。そこで被毛は基本色である黒に先祖返りするが、それはネコがこの突然変異の遺伝子のコピーをふたつ持っている場合だけだ——ひとつは母親から、もうひとつは父親から。正常な遺伝子のコピーと突然変異の遺伝子のコピーだと、正常な遺伝子のコピーが優性で、被毛はふつうのしま模様になるだろう。そこで、そうした一見しま模様のネコの雄と雌のつがいは、しま模様の子ネコばかりか黒ネコも作ることができる。黒の突然変異種は現代のネコには広まっていて、世界のどこででも見かけられる。したがって、フェニキア人とギリシャ人がイエネコをヨーロッパじゅうに広める前から、黒ネコは存在していたのではないかと推測される。

黒ネコと白ネコは色の点で正反対なだけではない。人間との関係でもまるっきりちがう。ネコが真っ白になるのはひとつにはアルビノのせいだ。その場合、目はピンク色になるだろう。あるいは〝白色遺伝子〟で突然変異をしたためだ。どちらの場合もふつうのネコほど健康ではない。皮膚癌になりやすいだけではなく、青い目の〝白色遺伝子〟のネコはしばしば聴覚障害を持っている。さらに重要なのは、しま模様のネコとちがい、真っ白のネコはあらゆる背景でも目立つので、生き延びていくのに充分な食べ物を見つけるのが容易ではない。意図的に白い被毛をいくつかの品種で作りだしている純血種以外では、真っ白のネコは珍しく、放し飼いのネコの母集団の三パーセント以下にしか見られない。

対照的に、黒ネコの突然変異はきわめてありふれていて広がっているので、さほど大きな生物学的不利益は与えないだろう。場所によっては、ネコのうち八〇パーセントがこの突然変異遺伝子を持っている。ただし、そうしたネコの全部、あるいは大部分が実際に黒い被毛を持っているわけではない。なぜなら多くは突然変異のコピー遺伝子をひとつだけしか持っていないので、しま模様になるのだ。

大虎斑としま模様のネコ

現在、黒ネコはイギリスとアイルランド、オランダのユトレヒト、タイ北部のチェンマイ、テキサス州デントン（現在の記録では九〇パーセント近く）などのアメリカの複数の都市、ヴァンクーヴァー、モロッコでもっとも多く見られる。

黒は誰にでも好まれる色ではないので、これほど多く出現していることに説明をつけるのはむずかしい。文化的な説明では解決できないので、科学者は黒ネコの突然変異の広がりについて、生物学的な根拠を与えようとしてきた。すなわち、この突然変異が起きると、たとえコピー遺伝子がひとつしかなく特徴が現れていなくても（〝ヘテロ接合体〟）、なぜかそのネコは人間や他のネコに友好的になる。それによって、高密度の生息環境や、人間と長期にわたり接触する場合、たとえば船に乗っている場合などで有利に働くのだ。[10]

この仮説はラテンアメリカにおけるネコの

最近の研究と矛盾している。[11] ラテンアメリカではネコの七二パーセントが黒い突然変異遺伝子を持っているが、これは南アメリカのネコの大半のルーツであるスペインとほぼ同じ割合で、増えていないのだ。貿易ルートに沿って足跡をたどることで、スペインとさまざまなヒスパニックの植民地とのあいだで、ネコが長い旅を何度しなくてはならなかったかを計算することができる。アンデス山脈にある海抜三六〇〇メートルの都市ラパスのネコの祖先は、そうした旅をたくさんやり遂げただろう。しかし黒ネコはスペイン同様、ここでもさほどたくさん発現していない。ただ、ここまで旅をしてきたネコはどんなネコであれ、とびぬけて人間に寛容だったにちがいない。というわけで、いまだに黒ネコの全体数や、生息地の多様性について、納得のいく説明ができずにいる。

〝クラシック〟あるいは大虎斑のしま模様は、驚くほどよく見られるが、ある地域にはたくさんいて、別の地域にはそうではない理由ははっきりしていない。ネコの野生の祖先はしま模様、あるいは〝サバ〟模様の被毛だった。すべてのイエネコは、おそらくこの模様の遺伝子を少なくとも二〇〇〇年前まで、おそらくはもっと最近まで持っていた。[12] 最初に大虎斑のしま模様という突然変異が起きたのは、たぶん中世の終わり頃で、ほぼ確実にイギリスでだった。現在イギリスではそれがもっともありふれた模様になっている。

黒い突然変異種と同じように、大虎斑のしま模様は劣勢遺伝だ。というのも、ネコが大虎斑の被毛になるには、大虎斑の遺伝子のコピーを二個持たねばならない。ひとつは母親から、もうひとつは父親から。片方がしま模様で、もう片方が大虎斑だったら、ネコはしま模様になるだろう。このあきらかに不利な条件にもかかわらず、イギリスやアメリカの多くの場所では、大虎斑のネコは二対一でしま模様のネコよりも多い。つまり、八〇パーセントのネコが大虎斑の遺伝子を持っているということだ。アジアの多くの地域では、大虎斑のネコはめったに見られないか、まったく存在しない。おもな例外は元イギリス植民地だった香港だ。おそらく船のネコにしろ、移住者のペットのネコにしろ、イギリスのネコによっても植民地化されたのだろう。

新しい型の遺伝子、とりわけ劣勢遺伝子が個体群に広まるには、利点を持っていなくてはならない。ローマ人の支配以来、あるいはその前から、イギリスにはしま模様のネコがいたので、大虎斑のネコは最初は少数だったにちがいない。一五〇〇年頃には個体群の一〇パーセントぐらいだっただろう。その後毎年増えていき、現在ではほとんどどこでも見られる。イギリスでは大虎斑の模様は〝クラシック〟と呼ばれる。まるでしま模様のネコが突然変異であるかのように。実際はその逆なのだが。

大虎斑の模様の方が多い理由はまだわかっていない。イギリスのネコの飼い主がしま模様よりも大虎斑を好むわけではない。少なくとも、イギリスのペットにおける大虎斑の優勢を説明できるほどには。実際、イギリス人は質問されれば、しま模様の方が多少好きだと答えるだろう。もっともその理由はいまやそちらの方が珍しいからだ。産業革命による汚染がイギリスの都市を煤まみれにし、汚れが目立たない黒っぽいネコ——大虎斑と黒いネコ——が好まれるようになった、という推論もある。しかし、これは確認はされていない。[13]とはいえ、遺伝子はそれがもたらすおもな変化によって名づけられているものの、ほとんどの場合、複数の影響を持つことがわかっている。したがって大虎斑の模様の遺伝子は他の利点も生みだすのだろう。それは被毛とは無関係だが、イギリスでネコが暮らすのにうってつけのものにちがいない。

イギリスで大虎斑の遺伝子が増えると、世界じゅうのイギリスの元植民地で、大虎斑のネコの割合に影響が出た。一六五〇年代にヨーロッパ人が植民地にしたアメリカ北東部——ニューヨーク、フィ

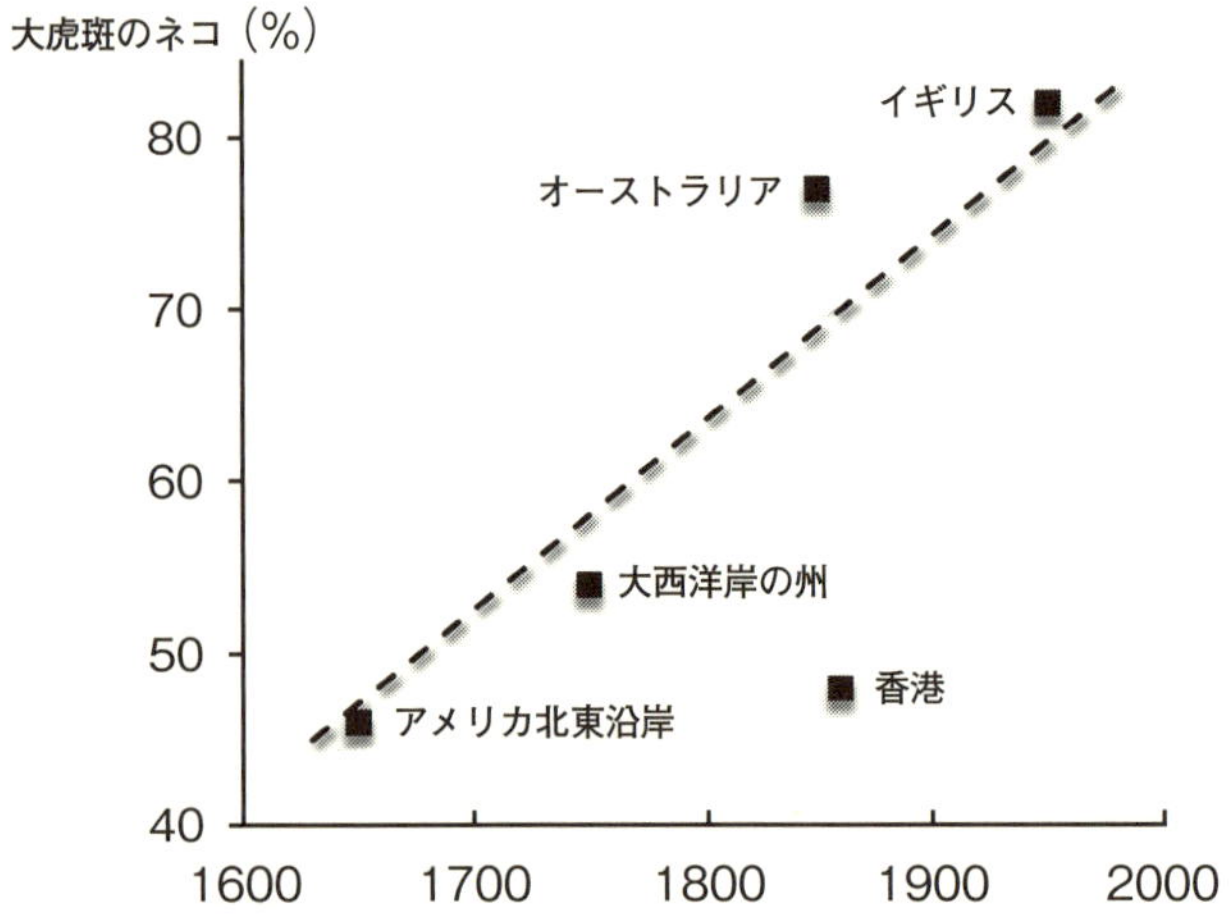

1650 年から 1900 年にイギリスによって植民地化された場所で、大虎斑のネコの割合がどう異なるかを 1950 年のイギリスと比較した

ラデルフィア、ボストン――では、ネコの四五パーセントしか大虎斑の遺伝子を持っていなかった。しかし、最初にスペインが植民地にした地域、テキサスなどは三〇パーセントなので、それに比べればかなり高い割合だ。一〇〇年ほどのちに植民地にしたカナダの大西洋岸の州には、もっと多くの大虎斑のネコがいた。一九世紀のヨーロッパの植民地はより多様性がある。とりわけ香港にはすでに中国を起源とするしま模様のネコがいたせいで、大虎斑が平均よりもかなり少なく、イギリス人の移住の影響を薄めている。反対にオーストラリアは平均以上に多い。おそらく二〇世紀にネコといっしょに移住してきた大勢のイギリス人のせいだろう。イギリスでの割合は一九七〇年代で八〇パーセント以上で、それ以降も増え続けているかもしれない。

　この傾向はふたつの仮定によって説明できる。第一の仮定は、一五〇〇年からイギリスで大虎斑のネコの割合が増え続けているが、それには、その国独特の理由があるにちがいないこと。さもなければ、他の国でも同じ変化が起きていたはずだ。第二の仮定は、ある特定の場所でいったんネコの個体群が確立されると、大虎斑としま模様の割合は変化しないという仮定だ。後者の仮定は他の場所や他の被毛の色にもあてはまるので、普遍的と言えるかもしれない（左のコラム『カリフォルニア州ハンボルト郡のネコの起源を再現する』を参照）。しかし、大虎斑のネコの増加は他の場所では起きていないようなので、イギリスの状況がいっそう興味深い。

カリフォルニア州ハンボルト郡のネコの起源を再現する

イエネコはアメリカ西海岸にさまざまなルートでたどり着いた。南や北から海路で、東からは陸路で。一六世紀から一八世紀にかけて、北カリフォルニアのレッドウッド・コースト沿いのハンボルト郡は、訪問者や移住者を次々に受け入れていた。太平洋岸を探検していたロシア、イギリス、スペインの船や、中西部のミズーリ州や北のオレゴン州の農夫たち。おそらく貿易船から逃げだしたらしい野良ネコが、一八二〇年代に初めてハンボルト郡で記録されている。最初の農夫がやって来る前のことだ。したがって現在のネコは船か農夫のネコ、あるいは両方の子孫だ。

一九七〇年代に、生物学者ベネット・ブルーメンバーグが二五〇匹の地元のネコの被毛の色と模様を記録し、これによって異なる遺伝子それぞれの割合が決定できた。たとえば、ネコの五六パーセントが黒か黒と白で、そのことから黒（〝ノン＝アグーティ〟）型の遺伝子は個体群の七五パーセントに存在していると計算できた。一個の黒と一個のしま模様の遺伝子を持っていると、外見はし

多指症のネコの足跡

ま模様になるからだ。さらに赤茶色と三毛、大虎斑としま模様、淡い色の被毛、長毛と短毛、真っ白のネコ、足と胸が白いネコを記録した。どれも異なるよく知られた遺伝子の働きによるものだ。それから、これらのネコを北アメリカの他の地域のネコと比較した。[14]

サンフランシスコ、カルガリー、ボストンのネコもほぼ同じなので、現在のハンボルト郡のネコの祖先は農夫や金鉱探しの連中といっしょに陸地からやって来たか、ボストンから出航する毛皮貿易の船で来たと推察される。しかし、スペイン生まれのネコの痕跡も見いだされた。ヌエバエスパーニャが消滅し、現在のカリフォルニアにおけるスペイン支配が終焉したあとに残されたネコなのだろう。ロシアとアメリカの貿易会社の母港、ウラジオストクのネコについては、説明のつかないことが発見された。貿易船は現在の中国の港から、中国生まれのネコを乗せてやって来たはずなのに、ブルーメンバーグはカリフォルニアのネコからは、中国のネコの遺伝子の痕跡を発見できなかった。

多指症と呼ばれる珍しい突然変異が起きると、ネコはそれぞれの足に余分な指ができる。ボストンが設立された当時、やって来たばかりのネコが多指の子ネコを産んだにちがいない。その子ネコを祖先として、一八四八年にはさらに多くの多指症のネコが生まれていた。現在ボストンでは多指のネコはありふれていて、個体群の一五パーセントも占めている。ボストンからの移民が築いた港町、カナダのノヴァスコシア州ヤーマスでも多指症のネコがよく見られる。一方、南北戦争末期にニューヨークのアメリカ連邦主義者が設立した近くのディグビーという町では、多指症は他の土地と同じようにめったに目にしない。[15]

スペインとポルトガルから南アメリカに移住したイエネコには、めったに大虎斑のネコは見られない。そこで科学者は歴史をたどるために別の外見のネコに目を向けなくてはならなかった。ここでもまた、いったん個体群が確立すると、遺伝子は何世紀という単位でもあまり変化しないように思える。最初の植民者がネコを連れてきたときに、ネコの個体群は確立し、そのあとの移民者は地元の個体群からネコを手に入れのだろう。たとえば、一九世紀にバルセロナのカタルーニャ人はアマゾン川流域にいくつかの町を設立した。そして一世紀のちにも、少なくともそのうちふたつの町（レティシア＝タバティンガとマナウス）のネコはバルセロナのネコとそっくりなままだった。[16]

ヒスパニックが移住した合衆国の町やスペインと同じように、南アメリカではとびぬけて赤茶色と三毛のネコが多い。こうした色がさらに多く見られるのはエジプトである——おそらく、この突然変異の起源のひとつなのだろう（76ページのコラム『赤茶色のネコはいつも雄なのか？』を参照）。あとはスコットランドの北沿岸と西沿岸の沖にある島々とアイスランドだ。研究者はこの例外を、ヴァイキングが赤茶色のネコを好んだという仮説で説明してきた。ヴァイキングは九世紀ぐらいにそれらの場所を植民地にしたが、彼らが最初に赤茶色のネコを東地中海から手に入れたのか、ノルウェーのどこかで赤茶色のネコが自然に現れ、ヴァイキングの船でノルウェー海を移動したのかははっきりしていない。

現在、ネコにはさまざまな色と被毛のタイプがあり、その多様性はまちがいなく人間の嗜好の結果である。人間の厳しい管理のもとで繁殖される純血種のネコを別にしてもだ。ネコの基本的な色——黒、タビー（しま模様か大虎斑）、赤茶色——は割合が多少ちがっても、世界じゅうの個体群で確立されている。野良ネコになったネコにも、その色は受け継がれているので、それらの色はネコにとって有利、不利がさほどないように思える。しかし、他の多くの外見における多様性は、人間がそれらを好んだからだ。前脚や体のさまざまな部分が白いネコは、白いところがないネコよりもカムフラージュしにくく、狩りのときに不利益をこうむる。しかし、多くの人間は飼いネコが白いぶちがあるのを好む。特に白と黒の〝タキシード〟ネコは人気だ。被毛の色が薄くなる遺伝子を持っているネコを好む人もいる。たとえば、黒ネコが魅力的な灰色になったり（しばしば〝ブルー〟と表現される）、他の毛色でも通常よりも数段階薄くなったりする場合だ。

長毛のネコを好む人もいる。すべてのネコは皮膚呼吸ができないので、こうしたネコは暖かい気候では生まれつき不利だということはあきらかだが、ラテンアメリカのネコについての最近の研究では、人間の嗜好の方が天候よりも強力な要素だということを示している。[17] メイン・クーンやノルウェージャン・フォレストのような厚い被毛は、まちがいなく寒い気候で戸外で暮らすネコにこそ役に立つはずなのだが。温和な気候の場合、長毛のいちばんの不利な点は、ネコが暑すぎることではなく、被毛がすぐにもつれてしまうことだ。もつれた毛の手入れをしないでおくと、感染や皮膚の荒れを起こしやすい。長毛のネコは野良ネコの集団にはめったに見られない。それは人間に世話してもらえない暮らしには、長毛が不向きだという証拠である。

ヤマネコにもっとも向いているのはしま模様だ。狩りの際に、もっとも効果的なカムフラージュになるからだ。おそらく外見に影響を与える突然変異はときどき起きてきたが、変異により他とちがう模様に生まれついたヤマネコは通常の仲間ほどうまく暮らしていけず、突然変異種はすぐに死に絶えたのだろう。イエネコにとって、カムフラージュはさほど重要ではないので、他の被毛の色も個体群のあいだに広がることができたのだ。

もちろん、色と被毛のタイプの変種は、他の多くの家畜化された動物の特徴にもなっている――イヌ、ウマ、ウシなど。ネコの場合、外見はふたつのはっきりした要因を反映している。まず、それがネコの狩りの能力を邪魔しないこと。現代ではさほど重視されないかもしれないが、過去にはまちがいなく重要な要因だった。二番目はそのネコが飼い主にどのぐらい魅力的に見えるかということ。人間の好みは人によって、文化によってちがうので、第二の要因は多くの変種をもたらした。

この被毛についての傾向で欠けているように思えるのは、それぞれのネコ自身の好みの痕跡だ。はっきり研究されたことはないが、ネコのあいだの〝色の偏見〟に対しては確証が何もない。しま模様の雌はしま模様の雄の方を好み、黒の雄を追い払っているようには見えない。白い胸と前脚のネコでも、相手を見つけるときに利益も不利益もないように思える。ただし、体が目立つことで獲物を少ししかつかまえられず、もっとカムフラージュが上手な仲間よりも不健康そうに見えるなら、間接的には不利になるのかもしれない。標準的なネコが相手を選ぶときに何を利用するにしても、被毛の色はさほど重視されないようだ。

現代でも、イエネコの大部分は自分の生活に大きな裁量の余地が与えられている。イヌなどの他の家畜化された動物に比べて、それははるかに大きい。純血種は別にして、たいていのネコは好きな場所に行って、自分自身で相手を見つけるだろう（去勢されていたら別だ――それが最近の風潮だが）。この理由のために、ネコは完全に家畜化されたとみなすことはできない。[18] 完全な家畜化とは、動物が何を食べ、どこに行くか、さらにもっとも重要なのはどれを繁殖させ、どれを繁殖させないか、人間が完全に支配していることだ。

たしかにイエネコはほぼ食べ物を与えられているが、この点でもネコは例外的だ。科学では、ネコは真性肉食動物に分類されている。つまり繁殖するなら、おもに肉を主体にした食事をしなくてはならない動物なのだ（111ページのコラム『ネコは真性肉食動物である』を参照）。雌ネコが繁殖を成功させるためには、高タンパク質の肉を食べなくてはならない。とりわけ発情期の準備をする冬の終わりと、その後の妊娠期間中には。ほとんどの家畜化された動物は、人間が食べられないものを食べて繁殖し、人間がそのままでは利用できなかっただろう栄養素をもたらしてくれる。たとえば雌ウシは人間が消化できない草を、食べられるミルクや肉に変える（肉食動物に分類されているが、イヌは雑食動物だ。肉の方が好きだが、穀類を基本とした食べ物でも必要とする栄養を摂取できる）。

ネコは真性肉食動物である

ネコは好んで肉食なのではなく、必要から肉食になっているのだ。動物王国におけるネコの親戚の多くが、肉食と言われていても実際には雑食だ――飼われているイヌ、キツネ、クマなどもそうだし、パンダのような動物は菜食だと判明した。ライオンから南アフリカの黒い脚の小さなネコにいたるまで、ネコ科の動物は栄養的にも肉をとらなくてはならない。何百年も前、祖先のネコが徹底的な肉食になったので、植物をえさにする能力を失ってしまったのだ。やがてネコは〝完全な肉食動物〟になった。いったん失った能力はめったに再進化しない。イヌのようにイエネコも残飯で生きていければ、もう少しうまく生きられたのかもしれないが、祖先が与えた栄養の袋小路にしっかりはまってしまっているのだ。

イヌや人間よりも、ネコははるかに多くのタンパク質を必要とする。なぜならエネルギーの大部分を炭水化物ではなく、タンパク質から得ているからだ。他の動物は食べ物にタンパク質が不足すると、ありったけのタンパク質を体を維持し修復することに振り替えることができる。しかし、ネコにはそれができない。しかも、ネコは特別なタイプのタンパク質を必要とする。とりわけタウリンを含んでいるものだ。人間の体ではタウリンは自然に合成されるが、ネコはそれができない。

ネコは脂肪を消化し、代謝するが、その一部は動物性のものでなくてはならない。それを使ってプロスタグランジンを作るためだ。それは生殖を成功させるのに必須のホルモンである。他の哺乳動物はプロスタグランジンを植物性脂肪から作ることができるが、ネコにはできない。雌ネコは冬の終わりに交尾し、春に出産するという通常の繁殖期に備え、冬のあいだに充分な動物性脂肪をとらなくてはならない。

ネコは人間よりも厳格にビタミンを必要とする。食べ物にはビタミンAが必須だ(必要なら、人間は植物性の素材から作ることができる)。人間とちがい、日光はネコの皮膚を刺激してビタミンDを作らないし、ネコはビタミンBのナイアシン、チアミンを大量に必要とする。[19]

ネコがたくさんの肉を摂取すれば、これらはまったく問題にならない——しかし、生魚はチアミンを破壊する酵素を含んでいるので、過剰に食べると欠乏症を引き起こしかねない。ネコに菜食主義の食事をさせることは不可能ではないが、ネコの栄養的特異性はひとつ残らず慎重に埋め合わさねばならないだろう。ネコの味覚は人間とは大きくちがい、肉ばかりの食べ物を充分に味わえるように進化してきた。ネコは甘みを感じられないが、ある種の肉がとても〝甘い〟ことには人間よりもはるかに敏感だ。その他のものは苦いと感じる。

ネコは人間に比べ、ふたつの点で栄養学的にまさっている。ひとつは腎臓がとても優秀だということ。祖先が砂漠のはずれで生活していた動物はたいていそうだ。したがって多くのネコはほとんど水を飲まず、必要な水分は肉から摂取する。第二に、ネコはビタミンCを必要としない。このふたつのおかげで、ネコは船の生活にとても適合した。貴重な飲料水を水夫と争うこともなく、つかまえるネズミで必要なすべての栄養をとり、壊血病に悩まされることもなかった。一八世紀半ば、壊血病は水夫のあいだではありふれた病気だったが、柑橘《かんきつ》類をとることで防げることが発見されていたのだ。

人間との共存において、ネコはハンターとしての技術を第一に評価された。ネズミはネコが必要とするすべての栄養を備えていたので、腕のいいハンターは自動的にバランスのいい食生活をすることになった。未熟だったり不運だったりするネコが飢える可能性は常にあったが、特定の栄養素の不足による病気はありえなかった。しかし、歴史的にも、狩りだけで生きていたイエネコはめったにいなかった。たいていはなんらかの食べ物を飼い主に与えられていたり、残飯をあさって食生活を補っていたのだ。食べ物の一部が自分で殺した獲物の生肉である限り、残飯をあさっても栄養バランスはくずれなかっただろう。とはいえ、完全に狩りをやめてしまうことは危険だった。

ネコはやたらに残飯をあさることはしない。情報を得て選択する能力を持っているのだ。したがって、深刻な病気になるような食べ物は避ける。自分で殺したのではない食べ物を口にするときは、意識的に何種類もの食べ物を探す。それによって、すぐには具合が悪くならないと判断して口にしたが、長期的に食べ続けると病気になりかねないものだった場合、それが体内に大量に蓄積されるのを防ぐことができるのだ。

この行動を証明するために、わたしは地面にます目を描いてドライキャットフードを並べた。ます目ごとに二種類のブランドのどちらかを並べ、一度に一匹ずつ野良ネコに食べさせた。このようにして、それぞれのネコがどの順番で二種類のキャットフードを食べていくかを正確に記録した。それぞれのキャットフードが同じ数だけ置かれているときは、ネコは方眼を横切って歩き回り、両方を食べたが、気に入った方を多く食べた。しかし、片方のキャットフードが全体の九〇パーセントを占めているときは、どのネコも好みにかかわらず、二分以内に無節操に食べることをやめ、より少ない食べ

マス目でえさを食べるネコたち

物を探しに行った。このように、本能的な〝栄養学的知恵〟が実際の行動で示されたのだ。さまざまな食べ物をとる方が、簡単に見つかる食べ物を食べるよりも、バランスのとれた食事をすることになるとネコはわかっているのだ。[20]常にバランスのとれた食事をしていたペットのネコに同じ選択肢を与えたときは、こういう反応はほとんど示さなかった。ほとんどのネコがより好きなフードか、たんに簡単に見つかるフードをずっと食べ続けていた。つまり、すべてのネコは意識的に食べ物を多様化する能力があるものの、その能力は生きるために残飯あさりをするような経験によって〝目覚め〟させられねばならないのだ。[21]

他の動物はネコよりも変化に富んだ食生活をしている。ネズミはきわめて広い嗜好を持つ肉食動物で、それは残飯あさりのライフスタイルにうってつけだ。ネズミには幅広い選択肢の中から正しい食べ物を選ぶための戦略がある。新しい食べ物は毒ではないと確信できるまで、ほんの少ししかかじらないのだ。食べ物の消化が始まると、ネズミの内臓はそのエネルギー、タンパク質、脂肪の含有量についての情報を脳に送り、必要とあらば、異なる栄養成分を持つ別の食べ物に乗り換える。この点、ネコはそれほど洗練されておらず、おもに生きた獲物を食べるという進化の道を歩んできた。もっとも、そのおかげで栄養的にバランスがとれているのだ。

残飯あさりだけで生きていく能力には限りがあるので、一九八〇年代までネコは狩りをせざるをえなかった。科学によってネコの栄養的特性がすっかりあきらかにされると、狩りのできないネコは、飼い主が喜んで生の肉や魚を毎日与えない限り栄養的にバランスのとれた食べ物を口にすることはめったにないとわかった。一世紀以上前から、市販のキャットフードが手に入れられるが、はじめはネコに必要な栄養素がイヌとは大きく異なることがほとんどわかっておらず、こうしたフードの多くは栄養的にバランスがとれていなかったにちがいない。栄養的に完全だと保証されている市販のキャットフードが広く出回るようになったのは、わずかこの三五年ほどだ――家畜化が始まってからの年月のわずか一パーセントの期間なのだ。

それは進化論的にはほんのまばたきするあいだのことで、ネコのライフスタイルにおけるこの栄養改善の影響については、これから観察していかねばならないだろう。つい数世代前まで、熟練した腕のいいハンターだったネコは、最高の繁殖チャンスを与えられるネコでもあった。食べ物を人間に頼っているネコは日々を過ごすのに充分なカロリーを得るものの、多くは繁殖がうまくいかなかった。なぜならネコに必要とされる特異な栄養は、生殖に不可欠だからだ。近年、ネコの飼い主はスーパーマーケットに行けば、繁殖に最適な状態にしてくれるキャットフードを買うことができる。もちろん、ネコが避妊手術をほどこされていなければだ――これもまた、ネコの性質にどういう影響を与えるか、まだ充分にわかっていない風潮である。

というわけで、現在のネコは歴史的な混乱と誤解の申し子である。何世紀にもわたる迫害を受けなかったら、現在のネコはどうなっていただろう? 影響は長く続かなかった可能性もある。なにしろ、魔術と関係していると思われて、ヨーロッパ大陸では黒ネコが徹底的に迫害されたのだから、本来なら現在、黒ネコはあまりいないはずだ――しかし、そうではない。まちがいなく多くのネコはひどい目にあわされたが、全体的な種としては長期のダメージをほとんど受けなかったように思える。これはおそらく、ネコを飼うことが楽しいと同時に実用的な利益があるせいだからだろう。とりわけ田舎では、その利益が大きい。

古代エジプトでのパートナーシップの起源をたどっていくと、ネコと人間は二〇〇〇年以上ものあいだ近くで暮らし続けてきた。ネコが完全に家畜化されていないときもそうだった。そして、一九七〇年代の栄養学的な発見のおかげで、安楽な暮らしをしているペットばかりか、すべてのネコは生きるために狩りをする必要から解放された。しかし、生き延びるために不可欠だった捕食者としての過去は、一朝一夕には消し去れない。現代のネコ愛好家に突きつけられているもっとも重要な課題は、ネコが狩りの本能を表現するのをどう許すかだ。しかも、反ネコ派が厳しく批判している野生動物への損害を引き起こさずに。

第4章　すべてのネコは飼いならされることを学ばなくてはならない

ネコは生まれつき人間と親密なわけではない。生まれてすぐに人間と親密になることを学ぶのだ。人間と関わることを拒絶する子ネコは祖先の野生の状態に逆戻りし、野良ネコになるだろう。進化の過程で、子ネコのときの短い期間に、イエネコは人間を信頼する性向を与えられた。このささやかな強みが、少数のヤマネコを群れから離れさせ、人間によって創られた環境に居場所を見つけさせた。それをイエネコ以上にうまくやれたのは、イエイヌしかいない。[1] 子ネコは無力で世の中に出てくる。そして、周囲の動物について学ぶには数週間しかない――イヌ以上に短い期間だ――それから、一匹で世の中を渡っていかねばならない。何年も親に依存している人間の子どもと比較して、これはきわめて短い期間だ。

子ネコと子イヌは、他の動物よりも密接に人間社会に入りこんだ。しかし、ふたつの種がそれを成し遂げたやり方は異なっている。一九五〇年代のイヌについての研究は、最初の社会化期間という概念を確立した。すなわち子イヌが人間との交際の仕方を学ぶことに、とても敏感な数週間についてのことだ。生後七週目から一四週目まで毎日人間の手で触られた子イヌは、人間に友好的になり、それ

野良の子ネコに触れる

よりも四週間早くから触られた子イヌとほとんど区別できない。その後の二五年間にわたって、科学者は子ネコも同じにちがいない、七週目より前に子ネコに触ることは必須ではないと思いこんでいた。一九八〇年代になると、ついに研究者はネコに対してテストをして、そうした提言を改めざるをえなくなった。

実験によって、社会化期間の概念はネコにもあてはまるが、その期間は子ネコの場合、もっと短いことが確認された。研究者は生後三週目から手で触る子ネコ、七週目から触る子ネコを分け、残りは一四週目になってようやく触りはじめた。子ネコは子イヌよりもずっと早くから人間について学びはじめた。予想どおり、三週目から触られた子ネコは生後一四週目になるとうれしげに人間の膝にすわった。しかし、人間との接触が生後七週目まで遅れた子ネコは三〇秒で膝から飛び下りた——もっとも一四週目まで触られなかった子ネコほどすぐにではなかったが。彼らは一五秒も膝の上にいなかったのだ。

この事実から、生後三週目から触られた子ネコよりも、七週目から触られた子ネコの方が活動的だと解釈できるだろうか？——言い換えると、人間の膝にいるよりも、周囲をもっと探検したがるせいなのだろうか？　すぐに、そうではないことが判明した。それぞれの子ネコが部屋の向こうにいる飼い主のところに行く機会を与えられると、三週目から触られた子ネコだけが確実にそうした——しかもただちに行動に移し、その時点ですっかり親密になっていたその人間に惹かれているという印象を与えた。七週目から触れられた子ネコと一四週まで触れられなかった子ネコは、人間をわけもなく怖がってはいないようだったし、そばまで近づいていくこともあった。抱き上げてもらいたがる子ネコもいたが、このふたつのグループは行動にさほど差異はなかった。

七週目から触られた子ネコは、その後テストをするまでの期間も触られていたが、そのことは人間に対する強力な愛着を築くまでには至らなかったようだ。かたや三週間目から触れられていた子ネコは、強い愛着がはっきりと見てとれた。参加した科学者にとって、そのテストは、すでに子ネコの行動からあきらかだったことをたんに確認したにすぎなかった。研究チームのリーダーはこう述べた。「テストのあいだやそれぞれの家庭での部屋で、このネコたちを観察した結果、七週間目になってから触るようになったネコは、ずっと触らなかったネコと同じようにふるまうことが誰の目にもあきらかでした」[2]

その結果、ネコはイヌよりもはるかに早く人間について学びはじめる必要があると、科学者は結論づけた。イヌのブリーダーは生後八週目までに子イヌに触れる必要があるが、それまで触らなくても、正しい救済措置を講ずれば、まったく問題のないペットになれる。かたや生後九週目になって初めて人間と触れあった子ネコは、その後ずっと、人間がそばにいると落ち着かなくなる可能性がある。愛情深いペットの道を歩むか、残飯をあさる野良ネコの道を歩むかは、ネコの一生の早い時期に分かれるのだ。ただし、あまり早いと、ほとんどのネコが人間との関係を築くことはできないだろう。

もっとも重要な変化は三週目に始まるが、子ネコの最初の二週間にもさまざまなできごとが起きる。この時期、子ネコにとってもっとも重要な存在は母親だ。子ネコは生まれたときは目が見えず、耳も聞こえず、一人では数センチ程度しか動けない。体温を一定に保つこともできない。ひと腹の子ネコが平均よりも多いと、子ネコはそのぶん小柄になり、エネルギーをほとんど蓄えることができない。わずかな体重減少でも体が弱り、外部からの手助けがないと死に至る。となると、子ネコが生き延びられるかどうかは母親の能力にかかっているのだ。雄ネコは子どもを育てることにまったく参加しないので、家庭以外で出産した多くの母ネコは子ネコを援助なしで育てる。屋内で出産できない場合、ねぐらの場所の選択はきわめて重要だ。子ネコを天候や捕食者からきちんと守らねばならない。出産後二四時間は、どの母ネコも授乳し子ネコの毛づくろいをして過ごすが、そのあとで食べ物を見つけるために子ネコのそばを離れざるをえない。もしそれに狩りが含まれるなら、時間がかかるだろう。

出産後数日たち、最初のねぐらは居心地が悪いと本能的に感じると、母ネコは別のねぐらに子ネコを移すかもしれない。母ネコがそれをすばやく静かに行なえるように、子ネコはうなじをくわえられると体の力を抜く術を身につけている。母ネコが子ネコのうなじのたるんだ皮膚をくわえると、子ネコはたちまちだらんとなり、新しいねぐらまで運ばれていくのだ（121ページのコラム『クリップノーシス』を参照)。

「クリップノーシス」

母ネコにうなじをくわえられて運ばれていくときに全身の力を抜く方法は、ネコによっては大人になっても身についている。そうしたネコの場合、怯えているときに落ち着かせる穏やかな方法として、うなじをはさむことが活用できる。ネコは首の後ろの皮膚をしっかりつかまれるだけで、反射作用によって恍惚とおぼしき状態になり、抱きあげて運んでいくことができる。ただし、体は人間が支えなくてはならない。動物病院の看護師はときおりこれを利用し、頭頂部と肩のあいだの皮膚をいくつかの洗濯ばさみではさむ。そうすることで、あまりネコにストレスを与えずに検査を終えることができるのだ。[3]

乳離れする前に、多くの母ネコが最低一度は子ネコを移動させようとする。しかし、その理由はまだ解明されていない。野生では母ネコには必然的にノミがついている。ねぐらで長時間過ごすうちに、ノミの卵がねぐらにたまっていく。三、四週間後、大人のノミになると、ひと飛びで子ネコにノミがたかることになる。そうしたあきらかな感染源から子ネコを引き離すのはいい作戦だし、ねぐらの移動のひとつの説明になるかもしれない。しかし、今のところ、それが子ネコのノミを減らす結果になるという証拠は見つかっていない。ねぐらを移動するのは、たんに母ネコを不安にする障害があっただけなのかもしれない。あるいは、離乳するつもりで、子ネコを食べ物にもっと近い場所に運ぼうとしたのかもしれない。あまり小さいときに移動したり、不適切なねぐらを選んだりしたら、子ネコは苦しむことになるだろう。子ネコは冷えに弱い。呼吸器系ウィルスに感染しやすい湿っぽい天候のときは、特にそうだ。したがって野良の子ネコ、とりわけ秋生まれの子ネコはネコインフルエンザのために死ぬことが多い。

わたし自身の経験から言っても、すべてのネコが子育て上手とは限らない。わが家のネコ、リビーは神経質で、最高の母親とは言えなかった。出産が近づいてきたとき、リビー自身が生まれたのと同じ部屋にできるだけ入れておくようにした。その部屋ならリビーも安心できると思ったからだ。しかし彼女は落ち着かず、家じゅうをうろつき回り、あらゆる食器棚や引き出しをのぞいていた。まるでいちばん安全な場所を決めかねているかのように。戸外で出産する気配は見せなかったのが、せめてもの救いだった。結局、自分がこの世に生まれてきた場所からほんの数メートルの場所で、リビーは子ネコを産んだ。

わたしたちはほっとしていられなかった。数日後、子ネコが家じゅうに散らばっているのを発見したのだ。出産後数時間ほどは、リビーも三匹の子ネコといっしょに横になって授乳していた。しかしその後、わが子に興味を失ったらしく、しょっちゅう子ネコから離れるようになった。リビーの母親のルーシーは子ネコに好奇心をそそられていたが、その時点では子ネコの面倒を見ようとはしなかった。子ネコの体重を計ってみると、成長しているようだったので、われわれは過度に心配しないことにした。しかしリビーは子ネコを口にくわえては、用意したねぐらから運びだしはじめた。しかも初めて母親になった未熟さを露呈して、リビーは子ネコの頭をかなり乱暴にくわえてしまい、うなじの正しい場所を何度かくわえられたのは偶然でしかなかった。それでも子ネコを運ぶコツを会得すると、今度は隠す場所を探しはじめた。

われわれが介入しなかったら、リビーの子ネコたちは確実に死んでいただろう。彼女は最初の子ネコを隠すのにうってつけの場所を見つけた。それから残りの二匹のところに引き返すと、もう一匹をくわえ、最初の子ネコの鳴き声を無視して別の場所に連れていった。三匹目をさらにちがう場所に連れていったあと、リビーはどうしたらいいか途方に暮れたように、ふらふらとどこかに行ってしまった。こういうことが起きるたびに、わたしたちは子ネコ全員を探しだし、最初のねぐらに戻しておいた。一、二度、新しいねぐらを用意しようと試みた――同じ部屋だが、最初のねぐらのにおいがしないようにまったく新しい寝床を作り、すべての子ネコをちゃんと自力で運んだとリビーに思いこませようとしたのだ。それでも、リビーの引っ越しは続いた。とうとう祖母のルーシーの母性本能が目覚め、子ネコをとり戻しに行くようになった。リビーはおそらく母親の指導に従うべきだと感じたようで、じょじょに子ネコたちを移動させることをあきらめるようになった。授乳は続けていたので、子ネコたちは大きくなっていったが、その頃から子ネコの毛づくろいをしたり、乳離れするまで一カ所にまとめておくのはルーシーの役目になった。

ルーシーの場合は、外見とにおいで子ネコだとわかっているようだった。しかし、最初は子ネコが何者かわからないまま、母ネコが行動することもある。それでも、母ネコはある強力な刺激に反応し、生まれたての子ネコの世話をする。それは子ネコの遭難呼びだしの甲高い鳴き声だ。寒かったり、空腹だったり、きょうだいがいなくなったときに発する声である。ねぐらの外からこの声がしたら、子ネコが外に迷い出てしまったということなので、母ネコはただちに捜索にかかり、子ネコを見つけるとうなじをくわえて連れ戻す。子ネコが全員ねぐらにいていっしょに鳴いているときは、母ネコは本

リビーの子ネコはルーシーといっしょに丸くなるのを好んだ

能的に横になり、前脚で子ネコをおなかの方に抱き寄せて授乳をする。最初の二週間が過ぎる頃、じょじょに母ネコは子ネコを別個の生き物だと認識するようになるが、いつからそれぞれを区別するようになるのかは、はっきりわからない。

生まれてから数週間、子ネコはとても無力なので、生き延びられるかどうかは母ネコの技術にほぼすべてがかかっている。リビーは母性本能の構成要素がいくつか欠けていたようだったが、ひとつでも欠陥があると、子ネコの命は危険にさらされる。しかしネコがほぼ野生で暮らしている場合は、最初の出産のときから母ネコはきちんと子ネコを育てられる能力をすべて身につけていると、研究者は考えている。放し飼いのネコを調査した結果、二度目の母ネコに比べ、初めて出産した母ネコは育児が下手だという証拠はなかった。[4] しかしリビーのように子ネコのうなじを見つけることができない例は、未熟な母ネコに多く報告されている。もちろん、家畜化はセイフティネットを提供した。人間の飼い主の手助けだ。

この世に生まれてから二週間ほど、子ネコは世界を嗅覚と触覚で定義する。生まれたとき、子ネコの目と耳はまだふさがっていて、役に立つ外界の情報をほとんど与えてくれない。子ネコはおもにその温もりと感触によって、母ネコをすぐに識別する。そしてすぐに母ネコの特徴的なにおいを学ぶ。おそらく母ネコが〝本来は〟どういうにおいかということは知らないだろう。親を亡くした子ネコはネコとはほど遠いにおいの人工的な〝母〟に授乳されると、そのにおいをすぐに覚える――いわゆる〝刷り込み〟だ。ある古典的な実験で、研究者は人造毛皮から代理母を作成し、そこにラテックスの乳首をとりつけ、そのうちいくつかだけからミルクが出るようにした。どの乳首にも別のにおいをつけた。たとえば、コロンや冬緑油などで。子ネコはどのにおいがミルクを出す乳首なのかをすぐに学んだ。[5]

しだいに、どの子ネコにも乳首の好みができる。ただし乳首のにおいではなく、場所からだ。母ネコがどういう向きで寝そべっていても、どの乳首を吸いたいか、どの子ネコも正確にわかっている。子ネコは自分の唾液と顎の下にある臭腺の分泌液で母ネコの毛につけたにおいをたどって、お気に入りの乳首を見つけるのだろう。[6]

子ネコは母ネコとの結びつきに関して、非常に柔軟性があるが、これは母ネコがある社会的グループの一員だと有利に働く。しばしばそうしたグループは近い親戚で構成されている。たとえば、一匹の雌ネコとその大人の娘ネコたちだ。彼らはいっしょに大きくなり、互いをよく知っている。そうしたネコたちは自発的にねぐらを共有し、いっしょに子ネコを育てる。

あるときわたしは、とり壊す予定の建物の下で暮らしているネコの集団に、どう対処したらいいかと地元警察に相談されたことがある。毒殺するという選択肢を示したうえで、わたしはネコをつかまえて引っ越しさせるために、動物保護団体を見つけた。[7] 季節は春だったので、雌の三匹は妊娠して大きなおなかをしていた。そして数日のうちに次々に出産した。三つの別々の箱を与えられたにもかかわらず、母ネコたちはすぐにすべての子ネコをいっしょにして、分け隔てなく授乳するようになった。三匹の母ネコから、一〇匹の子ネコがお互いにくっつきあうようにして乳を与えられていた。その喉を鳴らす音のコーラスは、これまで聞いたこともないほど大きかった。

この例が示しているように、母ネコは自分の子ネコと他の子ネコを分け隔てせずに育てることができる。ネコにとって、子ネコが自分のねぐらにいれば、それは自分の子だという一般的なルールがあるようだ。保護団体のネコはその特性を利用して、孤児になった子ネコを育てている。自分の子ネコのあいだにそっと加えられた子ネコでも、月齢がちがっても、喜んで受け入れる母ネコもいるのだ。自分の子ネコが離乳したあとでも、連れてこられた子ネコたちに授乳する母ネコもいる。母ネコが充分に食べ物を与えられていれば、これはなんら害にはならないようだ。

出産後、最初の数週間は母ネコと子ネコは疑うことを知らない。母ネコの場合、それはオキシトシンというホルモンのせいだ。それによって母ネコは子ネコをいちばん大切だと感じるのだ。子ネコの方は、オキシトシンのようなホルモンのせいではなく、アドレナリンのようなストレスホルモンを作りだせないせいだ。たとえば母ネコが出ていった拍子にねぐらからひきずりだされてしまった子ネコは、当然怯えるだろう。生まれてからの短い日々で、それはもっともトラウマになるできごとになるはずだ。そういう状況では、命に関わる危険が起きかねない。しかし、そうした子ネコは母ネコのにおいと、ねぐらの外に落ちたショックを決して結びつけることはない。ふたつを結びつけたら、母ネコが戻ってきたときにすぐに乳を求めず、彼女を避けるかもしれない。しかし、子ネコはストレスホルモンを作れないおかげで、そうしたできごとはあとあとまで尾を引かないのだ。

子ネコが生後二週間になると、目と耳が開き、ねぐらの周囲をよちよちと歩くようになる（128ページの図を参照）。するとストレス機構が働きはじめ、世界について何がよくて何が悪いかを学びはじめるのだ。この時点から、子ネコが学ぶことは、母ネコがその場にいるかどうかで変わってくる。母ネコがいれば彼女を手本にするので、ストレスは感じない。したがって、たとえ嫌なことが起きても、あまり覚えていないだろう。母ネコがいないと、どう反応するべきか自分の判断に頼らねばならない。するとストレスレベルは急上昇し、トラウマになったり、ちゃんとやれたか否か記憶にしっかり焼きつけられたりしてしまう。

この〝社会的バファリング（一時的なデータ保存）〟は野生のネコにもたぶんあてはまるだろう。長いあいだ留守をする母ネコは、子ネコたちに食べさせたり授乳したりするための充分なえさを見つけるのに苦労しているはずだ。したがって生き延びるチャンスを手に入れたいなら、子ネコたちは世の中について早く学びはじめねばならない。かたや、ねぐらにいつも母ネコがいる子ネコたちは、自

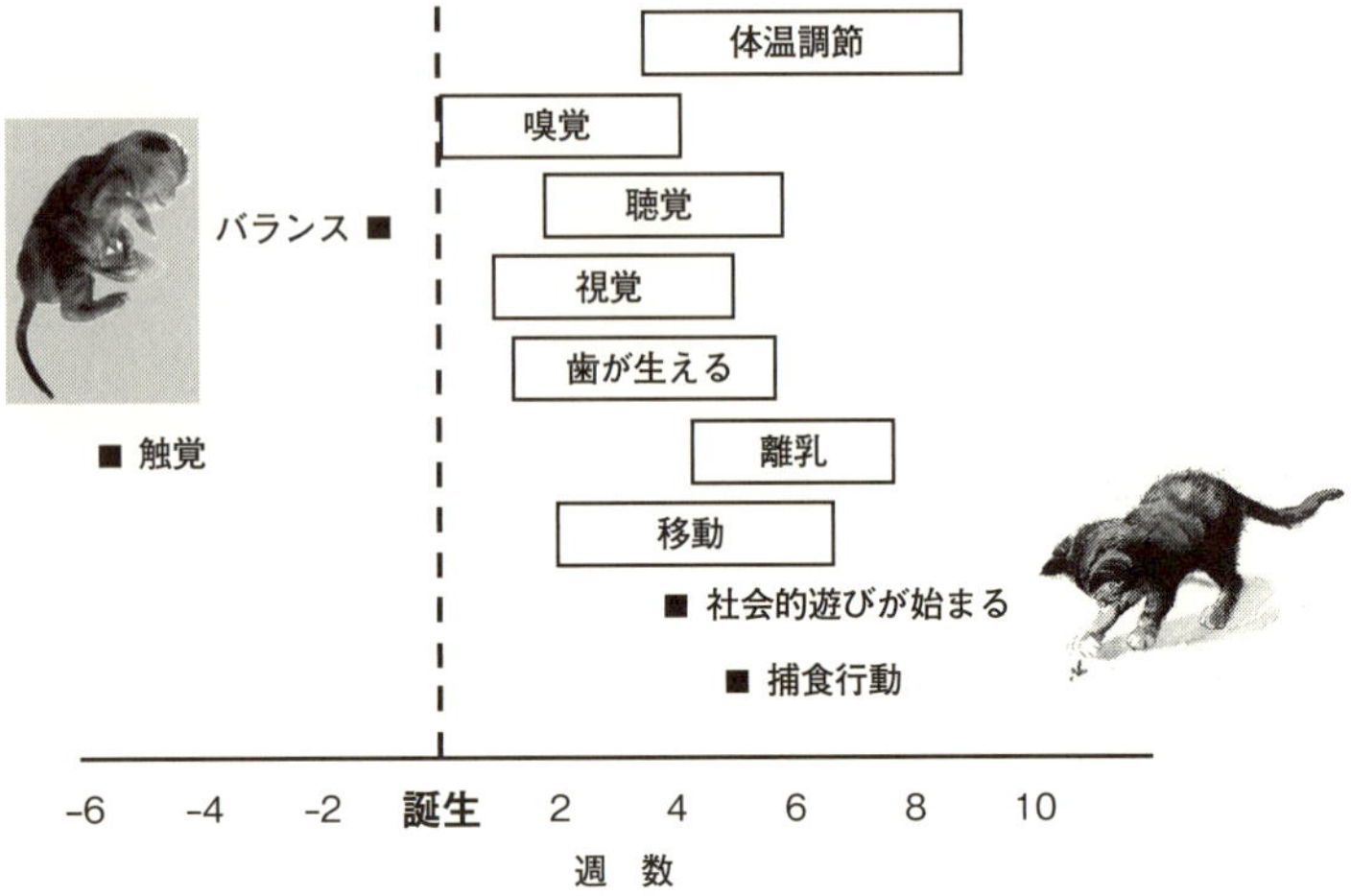

子ネコの生涯における感覚の発達や他の重要なできごと

分たちを待っている危険について知るのが遅れても大丈夫だ。いざというときに守ってくれると、母ネコをあてにできるからだ。

ネコの性格は、子ネコだったときに何を学んだかによって大きな影響を受ける。家で生まれたほとんどの子ネコは母ネコと飼い主の両方から世話をされるだろうが、生まれて最初の数週間に継続したストレスを受けた不運なネコたちは、成長して感情と認識能力に永続的な問題を抱えることになるだろう。たとえば、母ネコに捨てられ、人間に育てられた子ネコは、最初の飼い主の関心を異常なほど求めるようになる。ただし、その傾向がのちになくなるネコもいる。同じような状況に置かれた他のほ乳動物についてわかっていることから推測して、母がいなくなったあと、子ネコの脳は高レベルのストレスホルモンにさらされる。そうした高レベル状態が続くと、脳の発達とストレスホルモンのシステムに永久的な変化が起き、のちの生活における不安なできごとに過剰反応を見せるようになる可能性がある。

そうしたネコはペットとしてうってつけとは言えないかもしれない。しかし、精神的に障害を負っているわけではない。むしろ、一見異常な行動は進化したことによる適応なのだ。子ネコを育てるのに苦労した母ネコは、おそらく食べ物をなかなか見つけられないという苦難にぶつかっただろう。そういう母ネコに育てられた子ネコは、不安定な世の中に出ていくことになる。そこでは知恵を働かせ、きょうだいや近隣で生まれた子ネコをだしぬいて生きていかなくてはならない。逆にリラックスして食べ物がたっぷりあった母ネコの子ネコは、もっと安定した世の中を期待できる。そこでは時間をかけて社交技術を身につけることができ、何度か繁殖もできるだろう。もちろん、そうした子ネコは初期にストレスを与えられた子ネコよりも、いいペットになるはずだ。

発達の段階

ネコが周囲の世界へ反応する能力は、少なくとも生後一年は発達していく。しかし、もっとも重要な変化は最初の三、四カ月に起きる。生物学者はそれを四つの時期に分けていて、それぞれが成長期の子ネコにとって、ちがった意味を持っている。

〝出産前の時期〟、特に母ネコの妊娠ふた月目には、子ネコはほぼ――完全にではないが――外界から遮断されている。羊水と胎盤の中の血液からなるものは、母親の環境を反映している。たとえば、母ネコがこの時期ににおいの強い物を食べると、子ネコは同じにおいのする食べ物を好むようになるかもしれない。それは子ネコがこの世に生まれてくる前に、学習する能力を備えていることを示している。子宮の中で雄の子ネコの隣にいる雌の子ネコは、テストステロンをいくらか吸収し、全員雌ネコの中で生まれた雌ネコよりも、社会的遊びで短期間だが攻撃的になる。そうした傾向はしばらくするとなくなるが、もっと根深い変化が起きる可能性もある。他のほ乳類についてわかっていることに基づくと、母親が妊娠中に強いストレスを感じると、ストレスホルモンが胎盤を通じて子ネコの脳や内分泌系の発達を阻害する可能性があるのだ。

〝新生児期〟、生まれてからおよそ二週間半の時期は、子ネコは目が見えず、耳も聞こえず、嗅覚と触覚に頼って母ネコに結びつけられている。

〝社会的時期〟は生後三週目で目と耳が開き、機能しはじめるときだ。子ネコは、自分と母親を世話をする人間も含め、周囲の世界について学習しはじめる。同時に歩くこと、やがて走ることを学ぶ。眠っていないとき、子ネコはこの時期を遊びに費やす。最初はきょうだい同士で、やがて物を相手に遊ぶようになる。

生後八週での〝幼齢期〟の始まりは、習慣的に子ネコが里親にもらわれていく時期でもある（ただし、純血種の子ネコは伝統的に生後一三週で新しい家に行く）。このときまでに、社会化に敏感な時期はほぼ終わっている。幼齢期は七カ月から一歳までのどこかで、性的成熟によって終わりを告げる。もちろん、一歳になるまでに多くのペットのネコが避妊手術を受けるだろう。

生後三週で、子ネコは発達において生涯でもっとも重要な六週目に入る（129ページのコラム『発達の段階』を参照）。その時点から目、耳、足がきちんと機能しはじめ、ホルモンに導かれて、誰と何とは積極的に関わりを持ち、誰と何には距離を置くべきかを判断するようになる。同時に、脳が急速に発達して、毎日新しい神経細胞が何千もでき、細胞間に新たな結合が何百万もでき、入ってくる新しい知識をすべて蓄えておく構造が作られていく。この時期にも、母ネコが相変わらず大きな影響力を持っているが、子ネコはじょじょにきょうだいを区別できるようになり、人間を含め周囲にいる他の動物について学習しはじめる。野生で生まれた子ネコも狩りの仕方を学びはじめる。数週間以内に、自分でえさをとる必要が出てくるからだ。

子ネコ同士の交流のほとんどは遊びの延長で、社会化の期間の前半は、ほとんどの遊びは別の子ネコとのものだ。しかし、最初のうちは自分が遊んでいるのは別の子ネコだと認識しているかどうかはわからない。行為のほとんどが、その後、物を相手に行なわれる行為と同じだからだ。ひとつひとつの遊びは短く、組織化されておらず、他の子ネコの行動に誘発されて遊んでいる。しかし六週間になるまでには、周囲の物を使って一人で遊ぶようになる。突いたり、パンチをしたり、追いかけたり、前脚ではたいたり、宙に投げあげたり。これはすべて大人のネコが獲物をつかまえるときにする行動なので、生物学者は、子ネコがする遊びの量と狩りの能力のあいだに関連性がないか調べてきた。物との遊びは子ネコの身体的協調性に磨きをかけるが、ネコが成長したあと、生きていくのに充分な獲物をとれるかどうかを決める重要な要因にはならないだろう。

野良ネコの場合、母ネコは子ネコに身の守り方を教える。子ネコが充分に大きくなると、母ネコは殺したばかりの獲物をねぐらに持ち帰ってくる。うまく手加減すると、獲物はまだ生きている。これによって子ネコは獲物を扱う方法と、それがどんな味がするかを知ることができる。ただし母ネコは積極的に獲物の扱い方を教えているようには見えない。ただ子ネコの前に獲物を置き、捕食者としての本能のままにさせているようだ。子ネコがまったく興味を示さないと、自分で食べることで子ネコの関心を獲物に向けようとする。そして子ネコが加わると、食べるのを中断する。もちろん、こうしたプロセスは飼いネコではめったに見られない。ただし、母ネコがたまたま熟練したハンターで習慣的に狩りを行なっていれば別だ。その場合だと、小さな血まみれの〝プレゼント〟がねぐらに持ち帰られることもあるだろう。

子ネコがハンターになる運命かどうかは、子ネコの一生においてもっとも重要なできごとである離乳を母ネコがいつにするか決めることにかかっている。たいていは生後四週か五週で離乳するが、きょうだいが多いと――六匹以上だと――もう少し早まるかもしれない。あるいは母ネコが具合が悪かったりストレスが強かったりする場合も早まる。いずれにせよ母ネコに決定権があり、子ネコ自身が決めることはまずない。離乳を決めると、母ネコは子ネコから離れて過ごすようになったり、おなかをぎゅっと床に押しつけて、子ネコが乳に近づけないようにしたりする。当然、子ネコは空腹になり、誕生後ずっと増え続けていた体重が数日間増えなくなる。空腹のせいで、子ネコは食べ物を手に入れられないか、前よりも熱心に探そうとする。

家庭だと、人間の飼い主が特別な子ネコの食べ物を新たに与えてくれる。野生だと、母ネコはねぐらに獲物を持ち帰り、子ネコの口でも嚙みやすように小さく食いちぎってやる。子ネコは乳をねだり続けるが、母ネコはそれから二週間ぐらいは乳を飲ませるのを制限し、肉を食べ――そして消化する――能力を開発させようとする。子ネコの食習慣は変わり、肉体も変わっていく。肉は乳よりも消化に時間がかかるので、ネコの腸には絨毛ができてくる。それは小さな指の形をした突起で、吸収される栄養素の量を増やす。乳糖を分解する酵素ラクターゼは、筋肉の糖を分解するスクラーゼに置き換わる。そのせいで大人のネコはミルクを消化できないのだ。母ネコは子ネコが生後八週ぐらいになり、完全に離乳が終わると、一時的に乳を吸わせることがある。おそらく家族の絆を強めるためだろう。もっとも、家庭では子ネコはもう母ネコといっしょにいないかもしれない。

科学者は離乳のプロセスを母と子どもの対立として説明することがある。ある理論では、生涯で何度か子どもを産むネコのような動物は、子どもそれぞれの生存のバランスをとるように行動するはずだと主張している。たとえば、特別にきょうだいが多いときは子ネコの要求が過大になり、母ネコ自身の健康や、さらに出産する可能性が危険にさらされかねない。ほ乳類の中には、たくさんの子どもを産んだ母親はいちばん弱い子を一、二匹殺す場合がある。おそらく残りの子が確実に生き延びるようにするためだろう。しかし、この作戦はネコでは記録されていない。ただし病気の子ネコは母ネコに無視されることもあるだろう。その子ネコが、世話をしなくてはと母ネコに思わせる信号を発していないせいだ。

とはいえ、母ネコは子どもにあまり冷たくすることは許されない。再び繁殖するチャンスがあるかどうかわからないからだ。そこで、健康を大きくそこねない程度に子ネコを空腹状態にしておいて、肉を食べるように仕向ける。子ネコの方も、母ネコに母乳を求めすぎない。野生では、あと数週間は母ネコにそばにいてもらって、狩りに必須の技術を教えてもらう必要があるからだ。それに授乳が早くからとどこおりはじめたら、子ネコは遊ぶ時間が増えていき、狩りの準備をすることができる。ほとんどの幼い動物――たとえばネズミ――はおそらくエネルギーを蓄えるために、空腹のときはあまり遊ばない。ただ、子ネコの遊びは狩りの行動の準備になっている。母ネコの苦境に対応することで、子ネコは早くも自立の準備をしていることになるのだ。

子ネコの遊びは狩りだけではなく、他のネコとのつきあいの準備にもなる。イエネコが祖先と同じように孤立していたら、社交上の儀礼は必要ないだろう。個としての接触は短期間の求愛と交尾だけに限定され、母親が子どもを育てる動物の場合、社会的遊びは洗練されず短い。イエネコの子ネコの場合、きょうだいとの遊びは成長するにつれしだいに洗練されていき、たんに狩りの行動をするだけではなくなる。

生後六週間から八週間で、子ネコはいっしょに遊ぼうときょうだいを誘う特別な合図を使いはじめる。たとえば仰向けになってころがるとか（135ページのイラストを参照）、別のネコの首に口をあてがうとか（「スタンドアップ」）、後ろ脚で立ち上がる（「垂直の姿勢」）などだ。一〇週までには――多くの子ネコは八週間でもらわれるので、まだきょうだいがいっしょだと仮定してだが――どの子ネコも「正しい」反応を学ぶようになる――「スタンドアップ」に対して「おなかを上にする」（あるいは逆）と「垂直の姿勢」に「おなかを上にする」とか。子ネコが大きくなると、乱暴な遊びをするようになり、けがをする子ネコも出てくる。遊びと本物のけんかを混同しないように、子ネコは「遊びの顔」を友好的な意図を示すために使う。とりわけ、無防備な「おなかを上にする」姿勢のときに。遊び心を示すために、尻尾で独特の仕草をすることもある。しかし、今のところ、そうした仕草を解読した科学者はいない。遊びをやめたいときにも、やはり特別な信号を発する。背中を丸くし、尻尾を上向きにカールして、地面から飛び上がるのだ。

もらわれていくのに適切な月齢を過ぎてもきょうだいがいっしょにいると、社会的遊びはますます多くなっていき、九週から一四週のあいだに頂点に達する。こうして洗練されたイエネコの子ネコは、社会的な大人のネコになっていく。このプロセスは生後二、三週間から始まり、数カ月続くのである。

「遊びの顔」をした「おなかを上にする」ネコ（左）と「スタンドアップ」（右）

意外にも、ネコが他のネコとのつきあい方を学ぶのに最適な時期はよくわかっていない。人間との交流にもっとも敏感になる時期を特定した実験が、ネコとの交流においても繰り返されなくてはならないが、敏感な時期は何度かあると推測できる。それぞれの時期は、子ネコのいる社会的環境に調整されている。最初の時期は子ネコが生まれてから二週間を中心としている。子ネコが嗅覚を主体にして母ネコと親密な関係を築く時期だ。

生後四週間ぐらいのあいだに、子ネコはきょうだいとどう交流するかを学ぶ。その時期には、きょうだいを個別に認識する必要はほとんどない。それはもう少しあとのことだ。生まれつき子ネコは、他の子ネコがどんなふうに見えるかテンプレートを与えられているようだ。しかし、他の子ネコがいなければ、それはすぐに上書きされる。したがって、子ネコは、子イヌのきょうだいのあいだで育った子ネコは、子イヌをきょうだいと

「垂直の姿勢」で遊びに誘っている子ネコ

して受け入れ、自分自身が子ネコだということがわからないようだ。しかし、子イヌが子ネコのきょうだいのあいだに連れてこられると、子ネコたちは子イヌにとても友好的にふるまったとしても、子ネコ同士でいる方を好む。ネコの脳は、他の四つ足動物よりもネコに強くひきつけられるようにできているのだ。

生後五週間を過ぎると、ネコはきょうだいから多くのことを学ぶ。とりわけ遊ぶためのもっとも効果的な方法を。一匹だけで育った子ネコが、複数のきょうだいと育った子ネコと出会うと、通常よりも乱暴に遊ぶだろう。人間に育てられた子ネコはさらに不器用だ。あまりにも攻撃的で、他の子ネコに避けられてしまうネコもいる。人間の飼い主にあまりにもべったりで、自分がそもそもネコであることを認識していない子ネコもいる。[8]おそらくネコに対する社会化と人に対する社会化の相互作用は、新しい状況に過剰反応しないネコ――バランスのとれた個体――を作るのに役立つだろう。人間に育てられた子ネコは極端な性格に育つ可能性がある。なぜなら他のネコと接触しなかったせいで、こうした相互作用を経験していないからだ。

いっしょに飼われているきょうだいは、通常、無関係な二匹のネコよりもずっと強い絆を形成する。一九九八年の八月と九月に、学生とわたしはネコ預かり所のペアのネコの行動を記録して、それについて研究した（家で二匹のネコを飼っている人は、預けるときにたいてい二匹をいっしょの部屋にしてほしいと頼む）。生まれたときからいっしょに暮らしている一四組のきょうだいネコと、片方が少なくとも一歳になるまで会ったことのなかった血縁関係のない一一組のネコを比較した。暑い気候にもかかわらず、きょうだいのペアは全員がくっつきあって眠った。しかし、血縁関係のないペアは五組しかくっつきあって寝なかったし、その五組もときどきそうするだけだった。きょうだいペアの多くが互いを毛づくろいした。血縁関係のないペアはまったくしなかった。ほぼすべてのきょうだいが、並んで同じボウルでえさを食べた。血縁関係のないペアには別々のボウルを与えるか、順番に食べさせなくてはならなかった。[9]

この研究では、きょうだいであることだけでネコが互いに友好的になるのかどうか明確にしていないが、おそらくそうなのだろうと推測できる。たんに年齢の差ということだけでは、血縁関係のないペアがよそよそしいことの説明にならない。子ネコがもらわれていかず母ネコといっしょに暮らしていたら、母ネコと子ネコは生涯親密でいるだろう。しかし、きょうだいがばらばらにされ、数カ月後にまた対面させられたときに、お互いをきょうだいと認識できるかどうかは、今後の研究の結果を待たねばならない。あるいは生後二カ月目から——つまり社会化の時期からずっといっしょに暮らしていた相手となら、血縁のあるなしにかかわらず誰とでも親密なままなのかについてもだ。

家庭で生まれたネコとはちがい、野良ネコはきょうだいや、そばにいた別腹の子ネコとずっと交流することができる。少なくとも生後半年になるまでは。外で暮らすネコのほとんどが春に生まれる。秋までに、母ネコは雄の子ネコとの絆を断ち切り、実際、ねぐらから追いだすだろう——近親交配の危険を避けるための分別ある用心なのだ。その時点まで、子ネコたちはネコであることを学ぶ機会をたくさん持てるだろう。通常、ペットのネコには経験できない機会だ。かたや雌の子ネコは、二、三歳になるまでめったに生まれたグループから出ていかない。したがって、さらにネコの社交術を身につける機会があるわけだ。

子ネコが友人を選ぶとき、性別によってちがいがあるのをしばしば目にする。成長するにつれ、雄の野良ネコは男きょうだいとますますいっしょに過ごすようになる。きょうだい以外の子ネコたちとはたとえ血がつながっていても、めったに交流しない。野良のコロニーで生まれた子ネコたちは、たいていいとこか、またいとこなのだ。去勢されていない雄ネコは孤立した暮らしを送る傾向がある。成熟すると、雌ネコの関心を得るためにお互いに争わなくてはならないからだ。野良の雌ネコはずっと姉妹たちと過ごしているが、生後数カ月になると、おじ、おばの子ネコ、他の親戚の子ネコたちと交流するようになる。

子ネコが生まれてから三、四カ月のあいだは、雄でも雌でも遊びにふけっている。この時期に他の子ネコと遊ぶ機会を奪うことで、重大な結果がもたらされるかどうかはわからない。ネコは孤高の生き物だから、社会生活は贅沢であって必要ではないと考えられているせいで、この話題について科学的に調べたことがなかったのだ。しかし、思春期になってもきょうだいと継続的な交流があると、ネコが社会的動物として発達することに大きく寄与できるのではないかと思う。

ネコがペットになるのにもっとも重要な社会的能力は、ネコとの交流の仕方ではなく（役には立つが）、人間との交流の仕方だ。この点で、ネコはイヌの次に位置づけされている。イヌのように、ネコは仲間と人間にどうふるまうかを学習することができる。しかも、そのふたつを同時に学習するばかりか、混同せずに学習する。ほぼすべての他の家畜化された動物は、それほど柔軟性がない。たとえば、人間に育てられねばならない子ヒツジは、えさをくれる人間にとてもなつき、その人間があたかも母親であるかのようにふるまう。

イヌと同じくネコは多様な交流ができる。人間と他のネコだけではなく、数種類の動物にもひきつけられるのだ。ネコに親切なイヌがいる家庭で育った子ネコは、そのイヌに対してずっと友好的で、同じような他のイヌにも友好的にふるまうだろう。それができるのは、ネコ（あるいはイヌ）が別の種とは脳の別の部分で交流するという〝ルール〟を守っているからだろう。

生後四週から八週のあいだに、子ネコは人間に対する視点を作りあげる。少なくとも会った人間に対しては。その時期に女性にしか会っていない子ネコは、もらわれていった先で男性や子どもを怖がるかもしれない。一人の人間だけに世話をされた子ネコは、その人間にとても強い愛着を覚え、抱かれると喉をゴロゴロ鳴らし、その人間の関心を得ようと必死になる。その子ネコの頭の中では、その

子ネコとイヌ

人間は母親の位置を占めているのだ[10]。

生後八週になるまでにさまざまな人に子ネコを会わせると、愛想のいい子ネコになるようだ。それによって一人の人間への過度な愛着を防ぎ、ネコの頭に人間の全体像を作りあげる。するとネコは人間を怖がらなくなるのだ。

子ネコが人間と友好的につきあうようになるには、頻繁に子ネコを人間と触れあわせる必要がある。以前にも紹介した研究では、毎日一五分触れられた子ネコは、人間に近づいてくるようになる。しかし毎日四〇分触れられた子ネコほどうれしげにではない。また、一五分触れられた子ネコは四〇分の子ネコほど膝の上に長くすわっていない。[11]幸いなことに、ほとんどの子ネコはその愛らしさゆえに、特別な努力なしにそれだけの関心を手に入れている。

動物保護施設で生まれた子ネコは、同様な贅沢を享受することができない。そもそも、別腹の子ネコから子ネコへと病気が伝染することを恐れ、ネコ同士の交流は制限されている。子ネコのいる母ネコの場合、えさやりと清掃の世話をされるときにもっとも人間と触れあう。子ネコは当然やさしく接してもらえるが、家庭で生まれた子ネコほど人間との触れあいはない。しかし、獣医のレイチェル・ケイシーとわたしは、生後三週から九週にかけて、一人だけではなく複数の人間がいつもより長く子ネコに触れて遊ぶことで――たとえ毎日余分に数分だけでも――その子ネコたちが非常に友好的になることを発見した。これによって人間との意思疎通が深まり、里親になった人間との関係にも影響を与えた。ただし、里親には子ネコが余分に触れられたことは知らせていない。一歳になったとき、標準的な方法で育てられた子ネコに比べ、余分に触れられた子ネコは見るからにリラックスしていた。同様に、飼い主も前よりも子ネコと親密になっていると報告してきた。余分に触れることで、ネコと飼い主のあいだの絆を長期的に強くする効果があったのだ。[12]

イギリスでは、生後八週――離乳が終わったとき――が伝統的にネコがもらわれていく時期だ。しかし、われわれの研究も、他の活字になった研究も、八週は子ネコが新しい家に移るのにふさわしい時期かどうかを調べていない。とりわけ、新しい飼い主とどのぐらいいい関係が築けるかという観点からは。新しい飼い主の視点に立つと、この週数はよく理解できる。生後八週だと、子ネコはかわいい盛りなのだ。しかし、純血種のネコは一般的に一三週になるまで家にもらわれていかない。イギリスでネコの繁殖を管理している団体のひとつ、育猫管理評議会は、これよりも早く子ネコを新しい家に行かせることを許可すべきではないと強く主張している。なぜならそれより前には最初の予防注射を終えていないので、病気に感染しやすいからだ。残念ながら、新しい家にもらわれていく週数の差が新しい飼い主との関係に影響を与えるかどうかは、はっきりしていない。おもな純血種の個性——ペルシャとシャム——は非常にちがうし、イエネコの大半ともちがうので、四週間の差が与えるちがいも払拭してしまうだろう。

どの週数の子ネコも、当然、新しい家に移ることで影響を受けるはずだ。それまで学んだことは消えてしまい、新しい家のすべてが目新しい。母ネコの保護ももう得られない。母ネコはおそらく最近離乳を終え、子ネコに固形食を食べるようにうながしていただろう。個別に認識できるようになっていた遊びのパートナーであるきょうだいたちからも、引き離される。熟知している環境から得る安心感や、母ネコ、きょうだいネコのほっとするにおいはもう存在しないのだ。見知らぬ人間が善意から関心を注いでも、この変化の時期には子ネコを慰めることはできない[13]。

そうした移動が八週か一三週、あるいはそのあいだに起きるとしても、本来、子ネコが自発的に家族の群れから去る年齢よりもはるかに早い。にもかかわらず、このプロセスがうまくいくのは、ネコの行動が柔軟だという証《あかし》だ。母ネコの飼い主から充分に触れられているなら、たいていの子ネコは新しい環境に適応し、新しい飼い主に愛着を持つ。新しい飼い主のもとにすでにいる他のネコとの生活にも適応するかもしれない——ただし、これは確実ではないが。

生後四週から八週までに人間が子ネコに触れることは、子ネコが満ち足りたペットになるには不可欠のようだ。しかし、触れることが六、七、八週、あるいはそれ以上遅れると、どうなるだろう?

野良ネコか迷いネコの場合、多くの子ネコは人間を恐れる母ネコのもとに生まれる。そして世の中におぼつかない足で出ていくまで人間に発見されない。一九九〇年代に、わたしはイギリスの慈善ネコ保護団体といっしょにこの問題について研究した。そうした子ネコが見つかるたびに、里親探しの慈善活動が必要となり、当然こうした組織は役に立とうとする。どういう行動がいちばんいいのだろう？

最初に人間に触れられたときが遅くなればなるほど、子ネコは友好的ではなくなるとわかった――少なくとも最初のうちは。六週目までまったく人間と接触がなかった子ネコは、ふつうの子ネコとまったくちがう行動をとる。里親センターの新しい環境に落ち着いたあとでもそうだ。六週目になってから助けられると、扱うのが簡単ではない。なでられても、めったに喉をゴロゴロ鳴らさない。[14]八週目まで保護されなかった子ネコは扱うのがむずかしく、一〇週目まで発見されなかった子ネコだと、最初のうちはまさにヤマネコのようだ。例外は一一週目で初めて保護されたものの、ねぐらにいるときに数週間前から人間になでられていた子ネコたちだ。この子ネコたちは七週目に保護された子ネコのようにふるまった。こうした観察から、人間との交流は遅くても生後六、七週間のうちに始めなくてはならないことが裏づけられた。いったん交流が始まっても、最初の触れあいが短い場合は、さらにこの状態が数週間は続くだろう。

子ネコが救出されたときにどう扱われたかは、どのぐらい早く友好的になれるかに影響を与える。二、三人以上の人間に触れられたのなら、一人だけに触れられた子ネコに比べ、知らない人々に会ってもリラックスして遊ぶ。一人の人間に愛着を覚えることと、一般的な人間との交流は、この時期では並行して進んでいくように思える。一人しか人間を知らない子ネコはその特定の人間にはなつくが、多くは他の人間を怖がったままだ。かたや数人の人間とほぼ同時期に出会った子ネコは、特別に誰かになつくことはないが、のちに人間全般をもっと受け入れるようになる。

保護されたこれらの野良の子ネコは、大半が申し分のないペットになった。同じ保護センターで生まれて最初から人間に触れられた子ネコと同じように。それどころか、野良の子ネコはそれまで得られなかった社会性を補うために余分に関心を注がれたので、一歳になったときは保護センター生まれの仲間よりも友好的になっていた。ただし、少数の子ネコは社会化がむずかしく、同じ年になっても人を寄せつけなかった。[15]

生後一〇週ぐらいまで人間と会ったことのない子ネコは、ペットになるのは不可能だ。その代わり彼らは〝迷い〟ネコや〝野良〟ネコとして人間の活動の周辺で生きていく。ただし、決してその一部にはならない。大半のネコが、ある程度狩りをする。しかし、どのネコも偶然にしろ、意図的にしろ、人間が提供する食べ物やねぐらに依存している。ただ、人間を受け入れ、愛着を覚える機会はもう過ぎてしまったのだ。ネコの社会脳は生後八週でいきなり変化し、通常その後は基本的な社会化傾向が変わることは不可能になるのだ。

基本的に、いったん野良ネコになったら、一生、野良ネコだ。厳しい肉体的精神的トラウマ、たとえば自動車にはねられるというようなことを経験しない限りは。ときどき、親切な人が事故の犠牲になった野良ネコを動物病院に運びこんでくる。そうした多くのネコは命を救えないが、運よく死をまぬがれ、ゆっくりと健康をとり戻したネコは、性格が劇的に変化する。人間に育てられた子ネコのように、世話してくれた人間にとてもなつくのだ。研究者は、長いあいだ高熱に苦しんだネコにも同じ変化を認めている。どうやら、残っていたストレスホルモンが死に近づいたネコの中で放出され、社会化のプロセスをたどるように改めて脳に働きかけるようだ。

子ネコの将来の幸福にとって、社会化期間の重要性は軽視できない。生後二週目から始め、たった六週間で、この期間はのちの社会生活の基礎を築くのだ。子ネコが不運にもきょうだいがいなくて、近くに他の子ネコもいないと、ネコはいかなるものかという理解が不完全になる。母ネコが人間から距離を置いていると、その子ネコがペットになれる可能性は低い。子ネコがたった一人の人間としか接していないと、その人間にはなつくが、人間がどういうものかについて視野が狭くなり、見知らぬ人を警戒するようになる。子ネコが人間によって育てられると、ネコであることを学べず、社会的発達と認識能力の発達が阻害されるかもしれない。

ネコは生後八週を過ぎたとたんに、人間や他の動物について学習することをやめるわけではない。この時点で、全般的な愛着の発達は終わるが、どういう生涯を歩むかはまだ予測がつかない。ネコは最初の一年で、人間との交流の仕方について多くを学ぶし、他のネコと接触するときにどう対応するかも学ぶ。ただ、この分野についてはほとんど研究がされていない。子ネコの性格が一年間にどう形成されていくかは、経験だけではなく、遺伝子によっても決まる。他の動物と同じように、同じできごとに遭遇してもネコによって異なる作戦を使うが、このちがいは、しばしば遺伝子がもたらすものなのである。

第5章　ネコから見た世界

わたしたちは単純な事実を見逃しているのかもしれない。すなわち、ネコは人間とはまったくちがう世界に生きているということだ。お互いにうまくやっていくために、人間とネコは異なる世界観の重なる部分だけを分かちあっているのだ。人間もネコも、ライフスタイルにあうように五感を進化させてきた。したがって人間と比較し、ネコの能力を劣っている――あるいはすぐれている――とみなすのは不合理だ。生物学者はかなり前に、ある種が別の種と比べて〝すぐれている〟という考え方を捨てた。もっとも、ネコの飼い主は自分のネコは特別だと思っているかもしれないが。どの種も、ある特定の生活様式にあうように進化したと考えられる。したがってネコの祖先は、感覚器官と脳をその役割にふさわしいように発達させたのだ。

ネコの家畜化はいまだ不完全なので、その役割は流動的な状態だ。たとえば、ネコは都会の暮らしに適応しつつあるのに、感覚器官はまだそれほど変化していない。ネコと人間のあいだの大きなちがいは、ネコはヤマネコからイエネコへと遺伝子的に進化したのに対し、同じ歳月に、人間は狩猟採集民族から都会の住人へと文化的に進化したことだ。文化的進化よりも遺伝子的進化の方が歩みがのろく、ネコが人間のかたわらで暮らすことに適応していった四〇〇〇年間には、感覚能力や知能に劇的な変化は起きなかった。つまり、現在のネコはヤマネコと基本的に同じ感覚、同じ知能、同じ感情のレパートリーを持っている。ハンターとしての起源から解放されるほどの時間はまだ経過していないのだ。われわれの知る限り、ネコの脳内で変化したのは、人間に社会的愛着を抱く能力だけである。ただし感覚はまったく変化していない。

ときにネコの行動は不可解だが、人間には気づかない周囲の物事を感じる能力のせいかもしれない。あるいは逆の場合もあるだろう。ネコを完全に理解するには、ネコが生きている世界を視覚化してみなくてはならない。それはわたしたちが直感で考えている世界とは、まったく異なるのだ。〝視覚化〟という言葉を使うのは、想像力はそういう働き方をするからだ。過去のできごと、あるいは将来に起こるかもしれないできごとの映像を頭に呼び起こすのだ。ただ、科学者はネコの脳がそういう働き方をすることを疑問視している。ネコの脳はそうした〝タイムトラベル〟ができないばかりか、ネコの世界は外見で構成されていないからだ。嗅覚が視覚に劣らず重要なので、ネコはたとえ想像することができても、どう見えるかよりも、どういうにおいがするかを思いだすだろう。人間でもそれができる人もいる――調香師やソムリエなどだ――しかし、ふつうは厳しい訓練ののちに可能になるものだ。

こんなふうに基本的に別の感覚に重点が置かれることだけが、ネコと人間が世界を理解するときのちがいではない。人間とネコの感覚は異なる作用をする。たとえば、ネコと人間が同じ窓から外を眺めていても、ふたつの異なる風景を見ているのだ。

人間の目とネコの目には共通点もいくつかある――どちらもほ乳類だからだ。しかし、ネコの目は獲物を狩るのにとても役に立つように進化してきた。野生で暮らしていたネコの祖先は、狩りに最大限の時間を費やす必要があった。そこで彼らの目はごくわずかな光でも見えるようになった。それはネコの目の構造にいくつかの影響を与えた。まず、頭の大きさに比して目が大きくなった。たしかに、ネコの目は人間の目と同じぐらいの大きさだ。暗闇で、ネコの瞳孔は人間の三倍ぐらいに広がる。ネコの目が光をとらえる効率は、輝板と呼ばれる網膜の裏にある反射層によってさらに高まっている。網膜の受容細胞にとらえられなかった光は、輝板で跳ね返され、また網膜を通過する。そのとき後方から受容細胞を刺激して、感受性を四〇パーセントもアップできるのだ。二度目でもとらえられなかった光は瞳孔から出ていく。それで暗闇でネコの目に光が当たると、独特の緑の目は光るのだ。

網膜の受容細胞も、人間とはちがう配列になっている。ふたつの基本タイプは同じだ——淡い光の中で白黒に見える桿体視細胞《かんたいしさいぼう》と、明るいときにカラーで見える錐体視細胞《すいたいしさいぼう》。人間はひとつの桿体視細胞がひとつの神経につながっているが、ネコの桿体視細胞はすべてが束になってつながっている。その結果、ネコの目と脳のあいだには、人間の一〇分の一の神経しかない。この配列の利点は、人間の目が役に立たないようなほぼ真っ暗なところでも、ネコは目が利くということだ。不利な点はもっと明るい光の中だと、ネコはより細かい部分を見逃してしまうことだ。脳は光が照らしている網膜のおおざっぱな場所を伝えられるだけで、どの桿体視細胞が興奮しているのかを正確に指摘できないからだ。

この不利のせいで、真っ昼間だと、ネコは人間ほど物がよく見えない。桿体視細胞の負荷が大きすぎて、スイッチを切らなくてはならないのだ。ネコの持っている少数の錐体視細胞は人間のように網膜の中心部分、網膜中心窩ではなく、網膜じゅうに広がっているので、昼間のあいだは周囲の映像が漠然としか見えず、詳細に見極めることができない。瞳孔は開くととても大きいので、まぶしい光でも点にまで収縮することができない。しかし、ネコは瞳孔を幅が七ミリほどの細長いスリットに縮める能力を進化させた。それによって、大量の光から敏感な網膜を守れるのだ。半ば目を閉じることでも、入ってくる光の量を減らすことができる。そうやってスリットの上下部分を覆い、中心部だけを露出するのだ。

またネコは色にはほとんど関心を示さない。ほ乳類の中で、とりわけ霊長類、人間は色に熱心なようだ。[1] イヌと同じく、ネコには二種類の錐体視細胞しかないので、青と黄色の二色しか見えない。人間では、これを赤緑色覚異常と呼んでいる。ネコには赤も緑も、おそらく灰色がかって見えるだろう。[2] さらに、ネコが区別できる色さえ、あまりネコとは関連性がないように思える。ネコの脳には色を比較する神経はほんの少ししかない。したがって、ネコに青と黄色の物を区別するように訓練するのは困難だ。物体の他のちがい――明るさ、模様、形、大きさ――の方が、色よりもネコにとっては重要なのだろう。

とても大きな目を持っていることのもうひとつの難点は、焦点をあわせるのがむずかしいということだ。人間の目には近距離を見るためにレンズを曲げる筋肉がある。かたやネコはレンズ全体を前後に動かしている。カメラではよく行なわれるずっとやっかいなプロセスだ。おそらくあまり大変なので、ネコはしばしば焦点をあわせようとしないのかもしれない。たとえば鳥がすぐそばを飛んでいったとか、興奮するようなことに注意を向けない限りは。三〇センチ以上近い物には、そんな大きな目ではとても焦点があわせられない。さらに、レンズの焦点をあわせる筋肉は、ネコが育つ環境に応じて決められているように思える。つまり外ネコはいくぶん遠視で、ずっと室内にいるネコは近視になりがちだ。目が大きいにもかかわらず、ネコはすばやく動く獲物をすぐさま目で追うことができる。映像がぼやけるのを防ぐために、目はなめらかには動かず、サッカードと呼ばれる眼球運動をして、四分の一秒ごとに小刻みに動く。それによって、ネコの脳は別々の映像をはっきりと理解できるのだ。

人間と同じように、ネコには両眼視力がある。前を向いている目それぞれからの信号が脳内で調和し、三次元の映像となる。ほとんどのほ乳類の肉食動物は、両眼視力を与えてくれる前方に向いた目を持っている。だから獲物までの距離を正確に判断し、飛びかかる力を調整できるのだ。おそらく鼻先から三〇センチ以内には焦点があわせられないので、ネコはそれよりも近い物体には目を向けようとしない[3]。その代わり、ネコはヒゲを前に動かし、触覚によって、鼻先にある物体の立体画像を手に入れることができる。

両眼視力は、ある物との距離を測るには最高の手段だ。しかし、その方法しか利用できないわけではない。片目を失ったネコは頭を上下に揺らし、さまざまな物体の映像が相対的にどう動くかを観察して、それを補うことができる。ウサギのように獲物にされる動物も、しばしばこの行為をする。ウサギの目は最大限に見張れるように頭の横についているので、両眼視力はほとんど、あるいはまったく持っていない。したがって距離を測るには、あまりスマートではないが、こちらの方法を利用するしかないのだ。

小さな動きを感知するネコの能力は、捕食者としての過去のもうひとつの遺産だ。目からの信号を受けとる脳の領域、視覚野は、たんに目がふたつの静止カメラであるかのように映像を作るわけではない。ひとつの映像と次の映像のあいだの変化をも分析している。ネコの視覚野は毎秒六〇回、こうした映像を比較する――人間の視覚野がするよりも少し頻繁だ。つまり、ネコには蛍光灯や古いテレビ画面がちらついているように見えている。働き者の脳細胞はさまざまな方向の動き——上下、左右、斜め——と、その映像の特定の部分が明るくなったり暗くなったりするのを分析する。こうして、映像のもっとも重要な特徴——すばやく変化する部分——がただちに選びだされ、注意が向けられるのだ。

ネコは子ネコのときに、このようにすべての情報をまとめる方法を学ぶ。それに比べ両生類は、オタマジャクシから大人に変態するときに、獲物を感知する特別な回路が脳内にすでに作られている。ネコは狩りをするときに動作の感知機能を柔軟に利用し、逃げようとしているネズミと、ネズミの位置を知らせる草の動きの両方に注意を向ける。どちらも狩りをするネコが食べ物を手に入れるのに役立つのだ。

ネコはすばらしい聴覚を持っているので、小さな齧歯類の捕食者だったのは当然に思える。なにしろ聞こえる音の範囲も、音源を突き止める能力も傑出しているのだ。ネコが聞こえる範囲は人間よりも二オクターブ高く、超音波と呼ばれる領域に達する。この広範囲の聴力のおかげで、ネコはコウモリが暗闇を飛びながら自分の位置を確認するために発する超音波パルスも聞きとることができる。さらに、ネズミや他の小さな齧歯類の超音波の甲高い鳴き声も。また、鳴き声によって齧歯類の種類を区別することもできる。

この超音波の感度に加え、ネコはいちばん低いベース音から高音域まで、人間と同じ周波数を聞くことができる。他の大半のほ乳類は、全部で一一オクターブというネコほど広い範囲はカバーできない。ネコの頭は人間よりも小さいので、聞こえる範囲は高音域に移動するはずだ。それなら、超音波を聞く能力もさほど驚くことではない。いや、むしろ、低い音域を聞ける能力が予想外なのだ。ネコが頭の大きさから推測した以上に低い音を聞きとれるのは、鼓膜の奥に例外的に大きな反響室があるおかげだ。そのうえ超音波まで聞きとれるのは、この反響室の構造が他のほ乳類には見られないものだからだ。それは内部でつながったふたつの部分に分かれていて、鼓膜が震動する周波数帯域を広げている。

よく動く立った耳は、ネコの方向探知器だ。とりわけ茂みでごそごそ動くネズミを追うときに役立つ。ネコの脳は右と左の耳に届く音のちがいを分析し、音源を特定する。人間の聞こえる範囲に入ってくるもっと低い周波数の音の場合——たとえばネコに話しかけているようなとき——音は左右の耳に少しずれて届く。さらにもっと高い周波数だと、音源からいちばん遠い耳に届くときには弱まっているので、音がどこから発しているのかについて手がかりを与えてくれる。これは人間が音がどこから聞こえてくるかを判断するときとおおむね同じだが、ネコにはさらにコツがある。耳の外側の部分が独立して動き、音の方へ向けたり遠ざけたりして、方向を確定することができるのだ。そのおかげで、ネコは音が右から聞こえるのか左から聞こえるのか、やすやすと判断できる。

それに加え、外側の耳の構造部分——耳の見える部分、専門用語では耳介《じかい》と呼ばれる部分——も、音源がどのぐらいの高さにあるかネコに手がかりを与えてくれる。なによりも、耳介の内部の波形が固いおかげで、耳はまっすぐ立つことができる。しかし、同時にそれは外耳道を通って入ってくるあらゆる音を複雑に変えてしまう。こうした変化は、音がネコのどのぐらい上から、あるいは下から来るかによって変わってくる。耳介が動いていることを考えると、ネコの脳はその変化を解読しているのだろう。耳介は指向性の増幅器でもある。しかし、ネコはネズミの鳴き声を拾うよりもむしろ、他のネコの鳴き声の周波帯にとりわけ敏感だ。おかげで雄ネコは発情した雌ネコの鳴き声を聞きつけることができるし、またその逆もありうる。ネコの耳のこの特徴だけは、獲物を感知するためだけに改良されたのではないのだろう。

ネコの聴覚は多くの点で人間よりもまさっているが、ひとつだけ劣っている。高さでも強さでも、音の些細なちがいを区別することだ。ネコを訓練して歌わせることができても、音程をはずしてしまうにちがいない。人間の耳は似たような音を区別することにかけては傑出している。おそらく言葉でコミュニケーションをとることに適応したのだろう。人間には、耳にしている言葉に含まれている感情を反映した複雑で微妙な抑揚を認識する能力があるのだ。話し手が口調をごまかそうとしても聞きとれるほどだ。ネコはそうした微妙なちがいを聞きとれない。しかし、ネコはまちがいなく高い声で話しかけられるのが好きなようだ。おそらく、低い声は腹を立てた雄ネコのうなり声を思いださせるからかもしれない。

聴覚とともに、狩りによってネコの触覚も洗練されていった。ネコの前脚はとびきり敏感で、そのため多くのネコは手をつかまれるのが好きではない。ネコの肉球には受容器官がびっしりあって前脚の下や指のあいだに何があるかを伝えてくれるばかりか、かぎ爪にも神経終末がたくさんあり、かぎ爪をどのぐらい伸ばしたときに、どのぐらいの抵抗があるかを知ることができる。ヤマネコは通常、獲物を前脚でとらえてから噛みつくので、前脚とかぎ爪で、獲物が逃げようとする努力をきちんと把握しておかねばならない。ネコの長い犬歯も触覚に対してとても敏感で、獲物の息の根を止めるように正確に噛みつくことができる。狩りをするネコは獲物の首の脊椎のあいだに歯を立て、即座に、ほとんど痛みもなく殺すことができるのだ。噛む行動自体は、鼻面と唇の特別な受容器によって引き起こされる。受容器からはいつ口を開け、いつ口を閉じるかが正確に伝達される。

ネコのヒゲは基本的に変化した被毛だが、鼻面の周囲の皮膚に生えているヒゲには、それぞれのヒゲがどのぐらい逆立っているかを伝える受容器が備わっている。ネコのヒゲは耳ほど自在に動かないが、飛びかかるときに遠視を補うために前に倒したり、けんかでヒゲが傷つかないように後ろに倒したりできる。さらに目のすぐ上に固い毛の房が生えていて、目が危うくなると反射的にまばたきさせる。また頭の横と足首の近くにも固い毛が生えている。頬ヒゲとこれらのヒゲのおかげで、ネコは開口部を通り抜けられるかどうかを判断できるのだ。

こうした毛から集める情報はネコがまっすぐ立つのに役立つが、内耳にある前庭器官は、おもにネコのすばらしい平衡感覚に役立っている。他の感覚とちがい、平衡感覚はほとんど無意識に発揮され、たとえば乗り物酔いなどで正常な機能が失われない限り、ほとんど意識されることがない。前庭器官が発信する情報の方がもっと有効に使われるが、それはほぼ人間と同じである。

前庭器官は液体で満たされた五本の管からできている。それぞれの管の内側にある感覚毛が、液体の動きを感知する。たとえば頭がふいに回されたときなどだ。慣性のせいで、液体は管の側面ほどすばやく動かず、毛を片側にひきずっていく（目の前にコーヒーカップを置いて、この文章を読んでいるなら、そっとカップを回してみてほしい。カップの真ん中の液体はそのまま動かずにいる）管の三本は半円形にカーブしていて、三方向すべての動きを感知するように互いに直角に並んでいる。残りの二本の管では、毛は小さなクリスタルにつながっている。クリスタルは毛を重力で下向きにさせ、そのおかげでネコはどちらが上なのか、そしてどのぐらい早く前進しているのかがわかる。

ネコが敏捷な理由のひとつは、二本脚ではなく四本脚で歩くからだ。四本の脚は、ひとつのチームとして一体となって動くことが必要だ。ネコにはそれをこなす二組の神経がある。ひとつ目の神経グループは、それぞれの足の位置について、別の三本の脚に脳を介さずに情報を伝える。ふたつ目の神経グループは内耳の平衡器官がネコの位置について伝えてくることとの比較のために、脳に情報を送る。首に反射神経がたくさんあるせいで、ネコはでこぼこの地面をすばやく移動していくときでも、頭を安定させておける――これは獲物から目を離さないために必要なことだ。

場所を移動するとき、ネコは行き先をじっくりと観察する。ネコは近くがよく見えないので、足下に視線を向けることはなく、三、四歩先を見て前方の状況を記憶に刻みながら、通り道の障害物を乗りこえていく。ネコは歩いているときにおいしい食べ物の皿で気をそらされたら、進んでいく道の状態を忘れてしまい、もう一度歩きだす前にあたりを調べなくてはならない、という理論が最近発表された。その実験では、ネコが片側に気をそらされているあいだに、研究者は頭上の電気を消した。すると、ネコはそろそろと慎重に進んでいった。それは道の光景がネコの短期間の記憶から消えてしまった証拠だ。しかしネコが障害物を前脚でまたいだあとに気をそらされ、障害物がまだおなかの下にあるなら、再び歩きはじめると、たとえ一〇分遅れでも後ろ脚を持ち上げることを思いだした――さらに、障害物がネコに知られないように片付けられても同じ行動をとった。障害物の視覚的な記憶は、前脚でまたぐという動作によって、一時的なものから長期的なものへと変化したのである。[4]

自らジャンプするときでも、まちがえて足を滑らせて落ちるときでも、ネコが重力を感知するシステムは実に印象的に作動する。四本の脚が表面から離れてから〇・一秒もしないうちに、平衡器官がどちらに頭を向けるかを判断し、反射神経によって首を回転させるので、ネコは着地する方向を見下

ふいに落下したあと、ネコはどのように正しい姿勢に戻るのか

ろすことができる。このすべてをやすやすとやってのけられるのだ。前脚は回転しているあいだ、角運動量を減らすために縮こまっている。一方後ろ脚は伸ばしたままになっている。それから前脚が伸ばされ、後ろ脚が一瞬だけ縮こまる（156ページのイラストを参照）。アイススケーターもスピンの速度を上げたり下げたりするときに、同じ理論を用い、両腕ともう片方の足をひっこめたり突きだしたりする。ネコは回転しながら、しなやかな背中を一瞬だけ曲げる。それによってさらに後部がよじれて、前部のよじれが相殺されないようにだ。[5] 最後に四本すべての脚を伸ばし、着地に備える。と同時に、衝撃を緩和するために背中を山なりにカーブさせる。

この複雑な空中バレエが行なわれているあいだ、ネコはすでに三メートルぐらい落下しているかもしれない。となると、ネコが着地の準備をする時間が充分にとれないと、短い落下でもけがをする可能性はあるし、長い落下ならなおさらだ。ネコが高層ビルや高い木から落ちると、もうひとつの技を利用する。四本の脚を横に大きく広げて〝パラシュート〟の形を作り、ぎりぎりのところで着地姿勢をとるのだ。実験室でのシミュレーションでは、これによって落下速度を最大時速八五キロに制限できることがわかった。この作戦によって、高層ビルから落ちても、ネコはほんのかすり傷だけで生き延びることができるのだろう。

イヌと同じく、ネコは嗅覚にかなり頼っている。ネコのバランス感覚、聴覚、暗視能力すべてが人間よりもまさっている。しかし、突出してネコがすぐれているのは嗅覚なのだ。誰もがイヌはすばらしく鼻が利くことを知っている。それを何千年も人間は利用してきた。この卓越した能力は大きな嗅球、すなわち、においが最初に分析される脳の部分に存在している。体の大きさに比例して、ネコはイヌよりも小さい嗅球しかないが、それでも人間と比べるとかなり大きい。

ネコの鼻の内側は、人間に比べ、においをとらえるための表面積がはるかに広い――人間のほぼ五倍ほどだ。ホモサピエンスはこの点において、かなり能力が劣っているように思える。霊長類の祖先は、進化の過程で嗅覚の大半を三色の視覚と交換してしまったようだ。進化論者はそれによって赤く熟れた果物ややわらかいピンクの葉と、一般的に栄養価の低い緑のものとを区別することができるようになったと推論している。ネコの嗅覚はおおむねほ乳類の典型で、イヌの嗅覚は平均よりも鋭い。ほとんどのほ乳類の場合、鼻に入った空気はまず清浄にされ、湿り気を与えられ、必要なら温められ、繊細な蜂の巣のような骨、下鼻甲介で支えられた皮膚に広がっていく。そしてその空気を抽出して解読する部分、嗅膜に到達する。それはまた骨の迷路、篩骨《しこつ》甲介に支えられている。イヌとちがい、ネコは長い距離を追いかけて獲物をとらえられない。下鼻甲介がとびぬけて大きくないからだ。イヌはにおいを嗅ぐと同時に走っているにちがいないが、そうすることで、嗅膜がほこり、乾燥、冷気によってそこなわれる危険に瀕している。すわって獲物を待つネコの習慣は、鼻のエアコンシステムにとってはずっと負担が少ない。

嗅膜の神経終末は、においを構成している分子をとらえる。神経の先端はとても繊細なので、空気そのものに触れることはできず、粘液の保護膜に覆われている。そこを分子は通過していく。この膜はとても薄いにちがいない。というのも、厚かったら、分子が気流から神経終末に行き着くまでに数秒かかってしまうからだ。そうなると、においによって運ばれた情報は、ネコがそれを知るときには古すぎるものになっている。スピーディーな反応をするために、粘液はとても薄く広がっているので、神経終末はときどきダメージを受ける――たとえば、一時的に空気にさらされて乾燥することで――

というわけで、月に一度は再生している。

嗅神経の反対側の先端は一〇から一〇〇の束になってつながっていて、脳に情報を送っている。ネコは数百種類の嗅覚受容体を持っており、においが鼻を通過することが刺激になって、これらのうちのどれかから情報が発せられる。それぞれの束には、データを混同せずに信号を増幅できるように、同じ種類の受容体だけが入っている。脳内では、問題のにおいの中身を突き止めるために、異なる受容体からの情報が比較される。

このシステムは、網膜のそれぞれの領域が直接脳に情報を発信することでイメージが作りあげられる目のシステムとは異なる。鼻は目とちがい、〝二次元〟のイメージは作らない。ネコが空気を吸いこむと、その空気は鼻孔の中で激しく回転するので、それぞれのにおい分子がどの受容体にぶつかるかは、まったくの偶然なのだ。視覚や聴覚とちがい、ネコが左と右の鼻孔から入ってくるにおいのわずかな量のちがいを感知できるかどうかすら、よくわかっていない。

ネコはおそらく何千もの異なるにおいを区別できるだろう。したがって、ひとつの受容体がひとつのにおい専用というわけではないのだ。むしろ、どのタイプの受容体が刺激されたか、そして他のタイプと比較して、どのぐらい刺激されたかによって、遭遇するそれぞれのにおいの特質を推測する。ほ乳類では得られた情報がどのように結びつくか、科学者はいまだに正確に理解していないが、そうしたシステムの潜在能力は驚くべきものだろう。人間の脳はたった三タイプの錐体視細胞から、一〇〇万以上の異なる色を生みだせることを考えてみてほしい。となると、数百の嗅覚受容体は、一〇億の異なるにおいを区別する能力があるにちがいない。もっともネコがそれを実現しているかどうかは不明だ。自分自身の鼻がいくつの異なるにおいを区別できるかすら、正確にわからないのだから。おまけに、われわれ人間には、ネコに比べ三分の一から半分の数の受容体しかないのだ。これらの事実から推測して、ほ乳類の嗅覚受容体はシステムはいささかオーバースペック気味なようだ。科学はまだその理由を解明していない。理論的に、ネコは生涯で出会う以上の数のにおいを区別できるはずだと言えるだろう。

ネコがもっとも激しく反応するのはキャットニップに対してだろう。ただし、これは例外的な状況に思える（左のコラム『キャットニップと他の興奮誘発剤』を参照）。イヌの嗅覚能力についてはかなりわかっている。なぜなら人間はさまざまな目的でイヌの鼻を利用しているからだ。たとえば獲物を見つけたり、逃亡犯人を追ったり、禁制品を嗅ぎつけたり、他にもさまざまな利用法がある。ネコがイヌのように簡単に訓練できるなら、おそらくイヌと同じぐらい嗅覚器官の性能について知ることができただろう。ネコを数分ほど観察しているだけで、どういうにおいのものを重視するか決めようとしているみたいに、しじゅう周囲のにおいを嗅いでいることがわかる。しかし意外にも、ネコが狩りに嗅覚を利用することを科学的に説明した本が初めて出版されたのは、二〇一〇年になってからだった。[6]

キャットニップと他の興奮誘発剤

どうしてネコがキャットニップに反応するのか、科学者はいまだに理解できずにいる。すべてのネコがそれに反応するわけでもない。そのネコが反応するかどうかは、たったひとつの遺伝子が司《つかさど》っている。そして多くのネコ、おそらく三匹中一匹は、この遺伝子のどちらのコピーにも欠陥

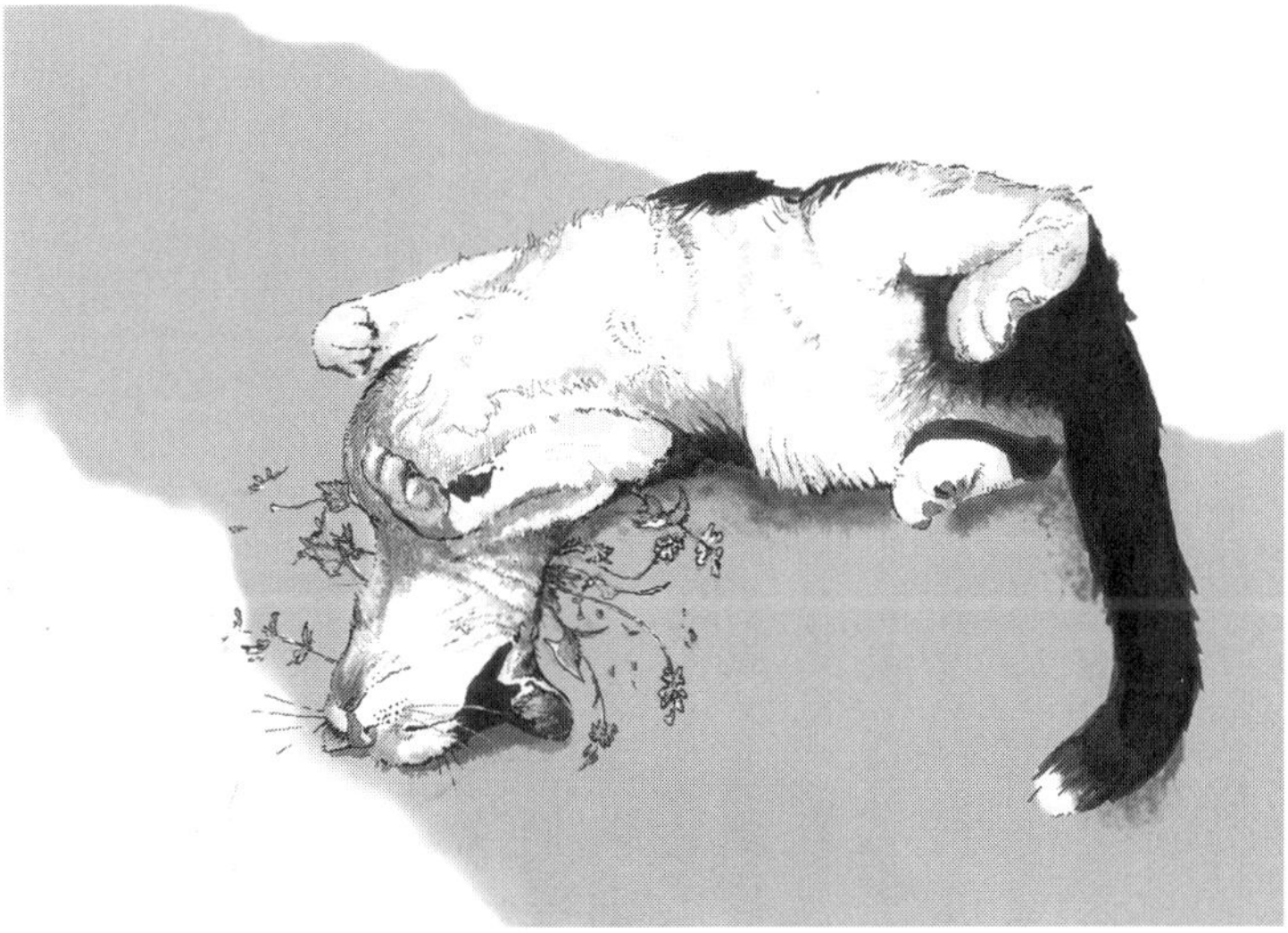

キャットニップの上でころがる

がある。ただし、行動や健康状態についてははっきりとした影響は見られない。

キャットニップが誘発する行動は遊び、摂食、それにネコが雄でも雌でも、雌の性的行動、それらが混じり合ったものだ。まずネコは小さな獲物であるかのようにキャットニップ入りのおもちゃと遊ぶ。しかしすぐに顔をこすりつけたり、体をくねらせたり、という発情期の雌ネコを連想させる行動をとりはじめる。たいていのネコはよだれを垂らし、キャットニップをなめようとする。この行動は数分間続くかもしれない。そして最後にネコは我に返って歩み去る――しかしおもちゃがその場に残してあれば、二、三〇分後にまた同じ行動を繰り返すかもしれないが、熱意は多少薄れているだろう。

キャットニップの他にもいくつかの植物が同じ反応を引き出す。有名なのは日本のマタタビと、キウィフルーツの根。一九七〇年代にフランスで初めてキウィフルーツを栽培した人間は、ネコが苗木を掘り起こしてかじっているのを発見したそうだ。三つの植物は、どれも同じようなにおい物質を含んでいて、それがネコの反応を引き起こすと考えられている。

なんらかの進化の偶然によって、こうした物質がネコの鼻を刺激して、通常なら決して同時に起動することがない脳の回路のスイッチを入れてしまう。そのせいで、ネコが矛盾した行動をすることを防いでいる正常なメカニズムが働かなくなるのだ。キャットニップで誘発された忘我状態のただ中にいるネコは、攻撃に脆弱なように思える。となると、ネコはこの経験から永続的な利益は得られないので、本来なら進化によって、キャットニップに反応する遺伝子は根絶やしにされたはずだ。だがライオンからイエネコまで、ネコ科動物のほとんどの種がこうした植物に同じように反応する。したがってこの遺伝子は何百万年も前に出現したにちがいない。どうしてそれがいまだに残っているのかは謎である。

この研究は、ネコが嗅覚標識を利用して獲物を見つけることを示した。ネコが狩る多くの齧歯類、とりわけネズミは尿の嗅覚標識を使って仲間とコミュニケーションをとる。ほ乳類として、ネコとネズミの鼻はまったく同じ働きをするので、ネズミがネコに見つからないように嗅覚標識をごまかすことはまず不可能だ。オーストラリア人の生物学者がネズミのケージから砂を集め、それを道の路肩に置くことで、それを証明した。ほぼすべての砂の区画に捕食者がやって来たのだ――キツネがほとんどだが、野良ネコの痕跡もあった――かたや、きれいな砂にはやって来なかった。そのネコたちがどのぐらいの距離をやって来たのかは収集されたデータではわからないが、かなりの距離である可能性はある――つまり、おそらくネコたちは異常に見えたのでばらまかれた砂を調べたのではなく、風上へとにおいの源をたどっていったのだ。多くのイヌが嗅覚を使って狩りをし、何百メートルも先からにおいを嗅ぎつけて獲物の居場所を突き止めることは知られている。ネコは昼間の狩りのときは視覚を用いるが、おそらく狩りが夜の場合は嗅覚に頼るのだろう。視覚となると、すぐれた暗視能力でも嗅覚ほど頼りにならないからだ。

獲物の発するにおいを頼りに居場所を発見するのは、むずかしいかもしれない。嗅覚標識は、それを残した動物の現在地はほとんど示してくれないからだ。ただそれをつけたときの居場所と、それが何時間前だったかという情報しかわからない。砂の実験では、尿のサンプルは少なくとも二日間、ネコをひきつけた。じっと獲物を待つハンターであるネコは、嗅覚標識が同類の動物を引き寄せるかどうか見張っていた可能性がある。ネズミは他のネズミに信号を送るために尿を利用する。尿を残したネズミについて、その嗅覚標識は役に立つ膨大な情報を含んでいるからだ。このように、嗅覚標識は同じ種の仲間が調べに来ている限りは、残した本人を危険にさらさない。

また、嗅覚標識のにおいがどういうふうに広がるかは予想できない。光はまっすぐ進み障害物を迂回しないが、音は障害物の周囲も含めてあらゆる方向に伝わる。しかし、においは方向についての情報をほとんど与えないので、においがどこから発しているのか判断するときに、動物がどんな問題に直面しているのかすぐにつかめない。もちろん戸外のにおいは空気で運ばれていく――風下へ――しかし、ネコが活動している地面に近い空気の動きはきわめて複雑だ。風は地面から数メートルほど上を一定の方向に吹いているかもしれないが、地面や植物にぶつかる衝撃で、さまざまなサイズの渦に分割される。これらがにおいの〝ポケット〟を源から遠い場所に運んでいくので、ネズミの巣の風下にいるネコは、断続的にネズミのにおいを感じることになる。

こうしたにおいを発生源まで姿を見られずに追っていくには、丹念な捜索が求められるし、ときにはあと戻りする必要も生じてくるだろう。ネコはネズミのにおいの発生源を突き止めると、においは風上には移動しないという事実を利用して、においの風下に位置して自分のにおいがネズミに嗅ぎつけられないようにする。それからネズミが現れるのを待つのだ。じっとすわって待つというのは、確立されたネコの狩りの手法だが、ネコが自分自身のにおいを嗅ぎつけられないために、たとえば生け垣の風下側を選んで歩いているかどうかははっきりしていない。しかし、ネコのように利口な捕食者なら、本能的でなくても、この作戦をすぐに学習する可能性がある。

ネコは人間には欠けている第二の嗅覚器官を持っている。鋤鼻《じょび》器官（ＶＮＯ、ヤコブソン器官とも呼ばれる）だ。[7] 一組の管、鼻口蓋の管は、ネコの口蓋から上の門歯のすぐ裏側を通り鼻孔まで続いている。この管それぞれのほぼ真ん中に接続しているのが、化学受容体に満たされた袋、ＶＮＯそのものである。鼻とはちがい、ＶＮＯ全体が液体でいっぱいになっているので、においは感知される前に唾液で消えてしまう。さらにＶＮＯを鼻口蓋に接続している管は幅が〇・二五ミリほどしかなく、とても細いので、小さな筋肉でにおいを袋に送りこんだり送りだしたりしなくてはならない。[8] このせいで、ネコはＶＮＯを使うときを正確にコントロールできる。ここが鼻とちがう点だ。鼻はネコが息をするたびに自動的ににおいを受けとっているからだ。このように、ＶＮＯの機能は嗅覚と味覚の中間に位置している。この機能がネコをどう利用しているかを理解するには、想像力を羽ばたかせねばならない。

イヌとちがい、ネコはＶＮＯを働かせるときに顔をはっきりとゆがめる。上唇をかすかに上につりあげ、前歯をむきだし、口は半開きになる。この顔つきは通常、数秒間続く。〝ぽかん〟とした顔つきと表現されることもあるが、たいていドイツ語の用語〝フレーメン反応〟と呼ばれている。研究者はこの顔つきのあいだ、舌で鼻口蓋の管に唾液を押しこんでいると推測している。そこから、筋肉でそれをＶＮＯに送りこんでいるのだ。

ネコはもっぱら社交の場でフレーメン反応を行なうので、別のネコのにおいを嗅ぐためにＶＮＯを利用しているにちがいない。[9] 雄ネコは雌ネコが残した尿の跡を嗅いだあとで、求愛行動の最中でもフレーメン反応をする。雌ネコは雄ネコが残した尿の跡に反応するが、ほぼ雄ネコがいないときに限られる。

ネコのＶＮＯは幅広いにおいを嗅ぎ、分析することができる。なぜなら少なくとも三〇種類の受容体を持っているからだ。九つしかないイヌに比べて、はるかに多い。この受容体は鼻の受容体とはちがい、脳の敏感な部分、副嗅球と呼ばれる部分につながっている。

なぜネコは——霊長類を別にしてほとんどのほ乳類が——ふたつの嗅覚器官を必要とするのか？答えは種によってちがうようだ。ネズミはきわめて発達したＶＮＯを持っていて、数百種類の受容器があり、二本の別々の副嗅球とのつながりがある。ネコは一本だけだ。ネズミが嗅ぎとるにおい物質はコピーができないので、その独特のにおいの〝指紋〟によって、周囲にいる他のネズミの識別ができる。多くの種が、においのコミュニケーションをとるときに、ＶＮＯと鼻の両方を使い分けている。たとえばウサギでは、大人のあいだの化学コミュニケーションはＶＮＯを含むが、子どもに乳を飲む

“フレーメン反応”をしているネコ――枝に頬をこすりつけた別のネコが残したにおいを嗅ぐために、鋤鼻器官を利用している

気にさせようとしている母親が発散しているにおいは、鼻で嗅ぎとるものだ。動物が成熟するにつれ、ふたつのバランスは変化していく。ギニアピッグの初潮の時期には、ＶＮＯと鼻がいっしょに利用されている。しかし、翌年には鼻だけで充分だ。ネコについては詳細が詳しく研究されていないが、ネコもまた嗅覚の情報をどちらの方法でも解釈しているだろう。

ＶＮＯは同じ種の仲間が発するにおいを分

析するためにあるのだとすると、イヌの方がネコよりも一般的に社交的であることと、イヌのＶＮＯの方が識別力に劣るというふたつの事実が嚙みあわないように思えるかもしれない。しかし社交的な祖先の血を引くイヌは、他のイヌと面と向かって関係を築く。したがって、相手のイヌが何者で、どういう行動をとるつもりなのか、視覚的手がかりも利用できる。となると、イヌのＶＮＯはさほど頻繁に必要とされないのかもしれない。

イエネコの孤立した祖先は、互いに顔をあわせる機会がめったになかった。例外は雌に求愛行動をする雄と、数カ月間子ネコの世話をする雌だけだ。ヤマネコの社交生活は、もっぱら嗅覚標識を通じてだったにちがいない。それは別のネコに数日、ときには何週間もあとに嗅がせるために残されたのだろう。ヤマネコはめったに同じ種の仲間に会わなかったので、嗅覚標識から得る情報は、互いに出会ったときにどう行動するかを決める重要な手がかりだった。子孫を残すために、雌ネコはさまざまな雄の求婚者を評価することが欠かせない。雌ネコは発情するとにおいが変化し、それに惹かれて雄ネコが集まってくる。雄ネコが雌ネコのテリトリーをうろついているあいだにつけた嗅覚標識によって、すでに雌ネコはそれぞれの雄について必要な情報を手に入れているかもしれない。それは実際に雄ネコに出会ったときに、相手の状態や行動から見てとったものを補足してくれる情報だ。さらに血のつながりがない相手とつながりのある相手――遠くに行ったが、たまたま数年後に同じ地区に戻ってきた息子など――を区別し、近親交配を避けることもできるだろう。科学者はまだネコについてそうした可能性を研究していないが、別の種ではそういう事実のあることが判明している。

ネコの嗅覚が進化したのは、狩りのためだけではなく、社会的目的のためでもある。家畜化されるまで、狩りを成功させることは、あらゆるネコにとって生き残りのために不可欠だった。しかし、そのこと自体は、個々のネコの遺伝子が存続することを保証するものではない。遺伝子の存続のためには効果的な交配の作戦が必要なのだ。どの雌ネコも、自分の遺伝子が次の世代に確実に伝えられるように、交尾するときに、その目的にいちばんふさわしい雄を選ぼうとする。理想的には、雌ネコは長期的な視点を持ち、自分の子どもが生き延びられるだけではなく、成長して繁殖できるようになったときに子孫を残せそうかどうかを判断しなくてはならない。交尾の相手にもっとも強くて健康な雄を選んだら、その雄の子ネコはおそらく強く健康に成長し、繁殖もちゃんとするだろう。もちろん、雌ネコは求婚者の外見に基づいてそういった判断を下せる。しかし、どのぐらい健康かは、相手のにおいからより明確にわかる。というわけで、雌ネコの嗅覚は、交尾の重要な決定をする際に追加情報を与えてくれるものなのだ。

ネコはおそらく鼻に加えＶＮＯも利用すれば、社会的意味のあるにおいの大半を嗅ぎとることができるだろう。初めて特別なにおいと出会ったときは、両方の方法が必要とされるかもしれない――たとえば、若い雄が初めて発情期の雌のにおいを嗅ぎつけたときなどだ――しかし、その後はどちらかが作動し、脳は過去の遭遇の記憶を利用して足りない情報を〝補う〟のだろう。

イヌと同じく、ネコは他のネコが残した嗅覚標識に細心の注意を払う。尿に含まれているものでも、目立つ物に口の周囲の分泌腺をこすりつけたものでも。人間やネコ仲間にこすりつける、おもにスキンシップとしての仕草と区別するために、においを残すための行動は〝バンティング〟と呼ばれることもある。ネコの顔には数多くのにおいを出す分泌腺がある。顎の下にひとつ、口の両端にひとつずつ、目と耳のあいだの毛が薄くなっている場所の下にひとつ。一方耳介からも独特のにおいを発散させている。ネコがこうした嗅覚標識をどのように使うかはあまりわかっていないが、まちがいなく他のネコがつけたにおいには興味を示している。たとえば、雄ネコは雌ネコの顔の腺分泌物だけで、さまざまな発情周期の段階にある雌を区別できる。どの分泌腺も独自の化学物質の混合物を出し、そのうちいくつかは、不安になっているネコのストレスを減らす効果がある製品にも使われている。[10]

ＶＮＯと鼻の社会的役割を別にすると、すべてのネコの他の感覚は、祖先の狩りのライフスタイルにあわせたものだ。ネコは多くの武器を自由に使える。たとえば夜明けのほの暗い光でも、黄昏後の薄闇でも目が利き、獲物を視覚的にとらえることができる。聴覚では、甲高い鳴き声やざわざわした気配を聞きとることができる。嗅覚では、齧歯類が臭覚標識に残したにおいを嗅ぎつける。獲物に迫るときは、精妙な平衡感覚と頬と肘の感覚毛のせいで、音もなくこっそりと近づいていける。飛びかかるとき、顔のヒゲは短距離レーダーのように前に倒れ、殺したえさを運ぶのにうってつけの場所に口と歯を正確に導く。ネコはハンターとして進化したのであって、家畜化は変化にほとんど寄与していない。

活躍するのは感覚だけではない。目、耳、平衡器官、鼻、ヒゲの送る莫大な情報を、脳が理解しなくてはならない。そして、その情報を行動に変換する。フェンスの上を忍び足で歩いているネコのバランスを正すことであれ、ネズミに飛びかかる瞬間を決定することであれ、夜間にやって来たネコのにおいがないか裏庭を調べることであれ。それぞれの感覚器官が発する大容量のデータは、毎秒ごとにふるいにかけられなくてはならない。いわばスペースシャトル打ち上げのあいだにＮＡＳＡ本部にずらっと並ぶ、テレビ画面やモニターの列にたとえられるかもしれない。表示されているものが重要であるとわかった瞬間に、高度に訓練された観察者はどれを見張るべきで、どれを無視しても安全かを判断する。

ネコの脳の大きさと組織から、生活におけるネコの優先順位が推測できる。頭蓋骨の形によって示されているように、ネコ科の脳の基本的な形は、少なくとも五〇〇万年前に進化した。脳のある部分、とりわけ小脳は平衡感覚と動作に関連した情報を処理するようになっており、ネコの運動選手としての能力を反映している。ときどきネコが木の上で身動きがとれなくなることと、それは矛盾するようだが、問題なのはネコの知性や平衡感覚ではなく、かぎ爪がすべて前向きなので、下りるときにブレーキとして利用できないせいなのである。聴覚を司る大脳皮質の一部、それに、これまで検討してきたように、嗅球も非常に発達している。

ネコの場合、社会的交流を調整するのに不可欠な脳のいくつかの領域が、オオカミやアフリカの猟犬など肉食獣のきわめて社交的なメンバーに比べ、あまり発達していない。ネコの祖先の孤立したライフスタイルを考えれば、これは驚くにはあたらない。それでも、イエネコは社会的仕組みに非常によく適応できる。人間と深い絆を築くネコもいれば、生涯、他のネコとともにコロニーで過ごすネコもいる。後者のネコの場合、唯一の人間との関わりは、逃げることと隠れることだけだ。いったんどちらかが選択されると、それはひっくり返すことはできない。なぜなら社会化の期間にそれが組み込まれてしまうからだ。種としてのネコは多くの社会的環境に適応できるが、個々のネコは一般的に適応できない。柔軟性に欠けていることは、つきつめれば、彼らの脳の構造に関わっている。とりわけ社会的情報を処理する脳の領域に。こうした制約の裏に潜む要素は科学ではまだ解き明かされていないので、社会的環境の変化に直面したとき、現代のネコには限られた選択肢しかないのだ。

第6章　思考と感情

動物について話すとき、歴史的に科学者は〝思考〟と〝感情〟という言葉を避けてきた。〝思考〟はあまりにも不正確になる危険がある。何かにたんに関心を向けること（「ネコについて考えている」）から、記憶と将来の展望についての複雑な比較（「ネコを夜に家に入れるいちばんいい方法を考えている」）や、意見の表明（「ネコはとても食べ物の好みがうるさいと思う。栄養的にとても特別なものをとらなくてはならないからね」）にいたるまで、いろいろなことを意味する可能性があるからだ。ネコのような動物が人間と同じ意識を持っていると思われないように、生物学者は情報の精神的な処理を指して〝認識〟という用語を使う傾向がある。

〝感情〟については、人間が自分自身の気持ちを直感的に理解することは、意識と関連している。つまり、人間はある程度まで自分の感情を理解しているが、ネコはそうでないのだ。[1] しかし、脳画像化のような新しい科学技術が、ネコも人間と同じような感情を生みだすのに必要な精神的機構を持っていることをあきらかにした。もっとも、おそらくネコは、人間よりももっと瞬間的に感じているのだろうが。言うまでもなく、ネコは決定を下すことのできる意識のある動物である――受けとっている情報や同じできごとの記憶だけではなく、その情報に対する自分の感情的な反応に基づいて決定を下せる。言い換えれば、ネコの思考プロセスと感情的な側面がどちらも人間とは大きくちがうということを忘れさえしなければ、いまやネコの〝考える〟ことと〝感じる〟ことによって、その行動を説明することが科学的に可能なのである。

ただ、それを忘れずにいることは難問だ。人はネコの行動を自分の視点で考えることに慣れているからだ。ペットを飼うことの楽しみのひとつは、動物をまるで人間のように扱って、自分の思考や感情をペットに向けることだ。飼い主はネコがすべての言葉を理解できるかのように話しかける。もっとも、そうではないことは百も承知なのだが。われわれは〝超然としている〟とか〝いたずらな〟とか〝抜け目ない〟という形容詞をネコを描写するのに使う――まあ、他人の飼いネコについてだが。しかし実のところネコがそういう生き物だと推測しているにすぎないのか、実際にネコがそういう資質を持っている（そしてひそかに誇りに感じている）のかははっきりわからない。

ほぼ一世紀前、草分け的な心理学者、レナード・トレローニー・ホブハウスはこう記した。「わたしはかつて外にあるマットを持ち上げてから落とすことで〝ドアをノックする〟ネコを飼っていた。これを一般的に説明するなら、ネコは中に入るためにそういう行動をしたということになる。それだと、ネコの行動は、その目的によって決まることになる。この一般的な説明はまちがっていないだろうか？」[2] この事例であきらかなように、科学者はネコの行動を理論的かつ客観的に解釈する筋の通った方法を模索してきた。どの程度まで、ネコや他のほ乳類は人間と同じように前もって考えて問題を解決できるのか。それについて、いまだに科学者は議論をしている。ネコが意図を秘めているかのように、その行動を解釈することは簡単だが、それはただの擬人化ではないのか？　人間が人間なりの方法で問題を解決するなら、ネコも同じような思考プロセスを踏むにちがいない、と推測しているのか？　しばしば、ネコはもっとずっと簡単な学習プロセスを使って、むずかしいと思われた問題を解いている。

認知過程――〝思考〟――は感覚器官で始まり、記憶で終わる。あらゆる段階で、情報はフィルターにかけられる。ただネコの脳には、感覚器官によって拾いあげられたすべてのデータを保管しておく充分なスペースがない（人間の脳も同じだが）。感覚器官が情報を脳に送るときに、フィルターにかけられる作業が行なわれることもある。たとえばネコの視覚野にある動作感知装置が、視野で変化しているものに注意を向けると、一瞬、他のものをすべて無視することが可能になる。脳内では起きていることが表示され、数秒間、作業記憶に保存されてから、ほとんどすべてが捨てられる。こうして表示されたものの小さなかけら、とりわけ感情に変化を起こすきっかけとなるものが、長期記憶に変化して、あとで思いだすことができるのだ。短期記憶と長期記憶と感情はすべて、ネコがどういう行動をとるべきか決断を下すときに必要とされる。

ペットのネコの毎日の行動は、大半が単純な精神的プロセスで説明できる。まず最初に、感覚器官で集められる情報は分類されなくてはならない。「あそこにいる動物はクマネズミなのか、それともハツカネズミなのか？」それから、少し前の状況と比較されなくてはならない。「あのネズミは動いたのか、それともまだ同じ場所にいるのか？」ほぼ同時に、同じような状況がないかと、ネコの長期記憶がくまなく探られる。「最後にクマネズミを見たときには何が起きただろう？」

判明している限りでは、そうした記憶の回想は、ふたつの働きを通してネコの決定に影響を及ぼす。

ひとつ目の働きは感情的反応だ。過去にクマネズミに噛まれたネコはすぐに恐怖と（または）不安を感じるだろう。かたや、クマネズミを殺して食べることに熟練しているネコは、興奮に似たものを感じるだろう。ふたつ目の働きは、その状況にもっともふさわしい行動を選ぶようにネコを導く――感情的反応に基づきクマネズミから逃げるか、かつてクマネズミで成功した狩りの作戦をとるか、どちらがいい方法か。

わたしたちの心は意識せずに常に対象を分類している。これは発達した精神的プロセスを必要とする働きだ。科学者はネコの心が人間と同じプロセスを使っているか、脳が情報の穴を埋めることができるかどうかを研究している。たとえば、ネズミの鼻と尻尾は見えているが、胴体は植物の陰に隠れているとしよう。ネコはネズミの体を鼻と尻尾のあいだに想像できるだろうか、それとも鼻と尻尾は別々の動物のものだと考えるだろうか？　ネコは視覚的錯覚を作りだす絵とそうでないものを、区別するように訓練できる。したがって〝点を結ぶ〟ことはでき、頭と尻尾のあいだに胴体を想像できるはずだ。また、とびきり興味のある形を把握するために、質感のちがいを利用することもできる――コントラストが逆になったトリのネガ画像は、やはりトリとして認識される[3]（175ページの図を参照）。しかし、カエルが虫に似たものには何にでも飛びかかるような、生まれつきのネズミ探知器は備えていない。

おそらくネコは最初に母ネコから離れて独力で狩りを始めたときは、どういうタイプの獲物が手に入るかを知らないのだろう。だから機械的にネズミや他の獲物に飛びかかるのではなく、子ネコのときに学習したことに頼っているのだ。

さらにネコはどのぐらい大きいか、あるいは小さいかについての判断力が発達している。三つのも

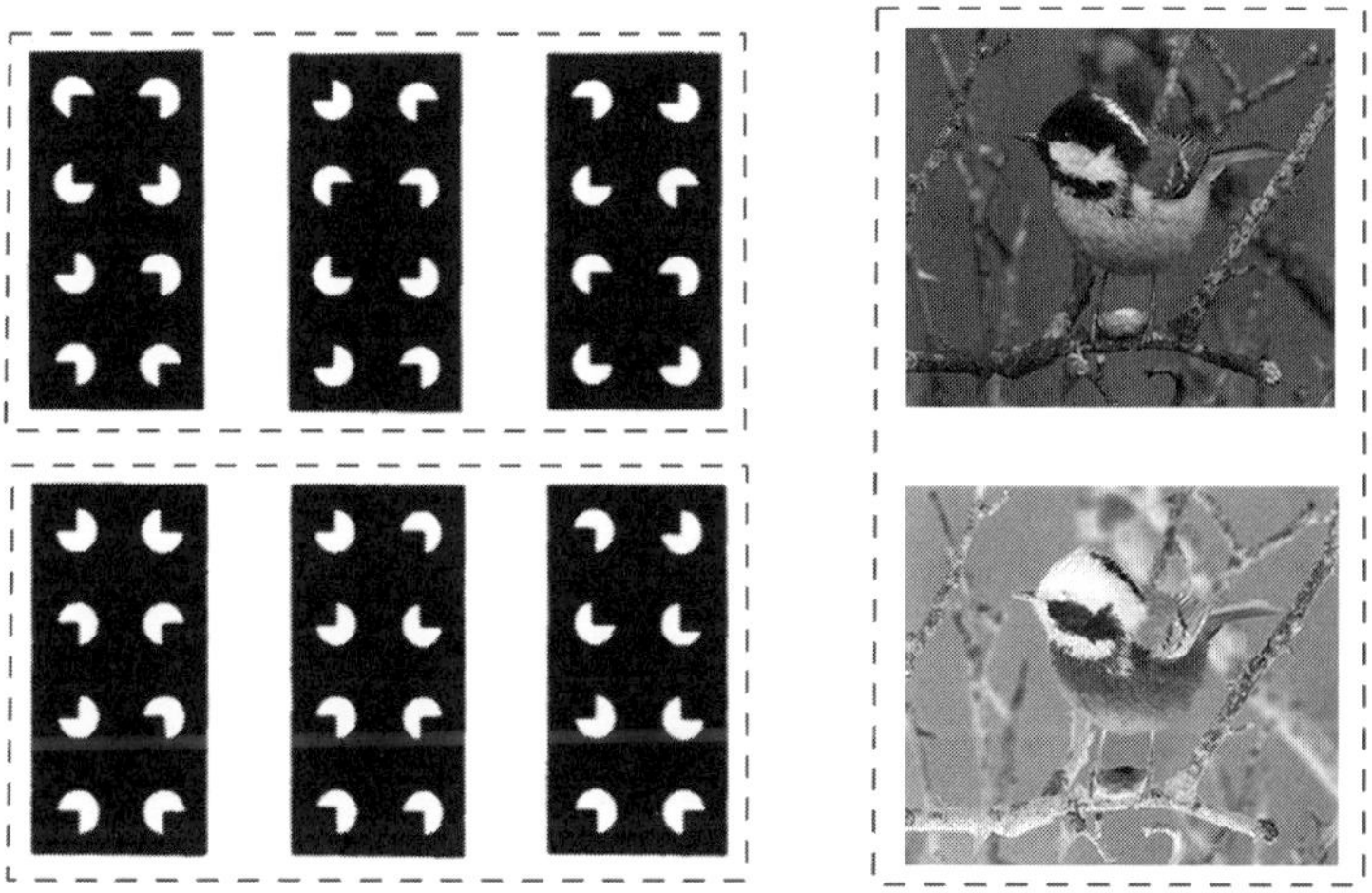

輪郭が途切れていたり他とは異なっていてもネコは認識できる。錯覚を起こす絵のちがいを見分けられるのだ。たとえば左上にある3枚の“落下する四角形”の絵と、左下の3枚とを区別できる。またネガ画像でもトリだと認識できる（右）

のからもっとも小さいものを選ぶように訓練されれば、三つすべてがさらに小さくなり、最初はいちばん小さかったものが、もはやいちばん小さいものではなくなっても、最初にいちばん小さかったものを選び続けるだろう。獲物は距離によってより大きく見えたり、より小さく見えたりする。したがって、逃げるか攻撃するかを決めるときに、相対的な大きさを判断することが重要だ。不思議なことに、ネコは閉じているか——たとえば黒丸とか四角形——開いているか——たとえばIあるいはU——で形を分類するようだ。これがネコの生存に貢献しているかどうかは不明なので、どうしてこの技術が進化したのかはわからない。

こうした視覚に関する例はすべて、わたしたち自身の偏見の結果だ。人間は視覚的な種なので、科学者は脳の働きについて知ろうとすると、動物の視覚的能力に注目しがちだ。

ネコは聞こえてくるものも分類しているにちがいない。おそらくネコの狩りの行動からして、獲物の立てる音によって分類しているのだろう。さらに鼻と鋤鼻器官でとらえるにおいも分類しているだろうが、人間の劣った嗅覚では、そのシステムがどのぐらい働いているのか想像するのはむずかしい。

人間はあることがいつ起きたかによっても分類するが、ネコはおそらくそうではない。ネコはまちがいなく長い期間よりも短い期間を判断するのが得意だ。ネコは五秒続いた音と四秒続いた音を区別するように訓練できたし、合図に反応することを数秒間遅らせることもできた（それだけ待てばごほうびをもらえるからだが）[4]。しかし、ネコはもっと長い時間を識別することは苦手だし、知覚は作業記憶によって提供される数秒間に限られている。ネコが自発的に記憶を甦らせ、そのできごとを数日前に起きたものとして認識できるかは証明されていない。人間には簡単にできることだが。

ネコは一日のリズムをおおよそ感じている。ネコの日々の自由継続周期は、日の出とともに毎日リセットされているのだ。また周囲の状況から、今が何時かという手がかりも得ている。太陽が昇ったり沈んだりという自然によって感じる場合もあるし、学習したものもある。たとえば、飼い主が毎日ほぼ決まった時間にえさを与えるということから。それでも、人間のように時間の経過について考えることはないようだ。

視覚、におい、聴覚を通じて観察しているものがわかると、ネコは次に何をするべきか決めなくてはならない。命が脅かされているなら、すぐに行動に移り、考えるのはあと回しにする。ネコが突然の大きな音などで驚くと、前もってプログラムされ調整されていた反射神経で、ただちに行動に移る準備をする。ネコはかがみこみ、必要なら走りだそうとするのだ。焦点をあわせるものがあろうとなかろうと、目はできるだけ近くにすばやく焦点をあわせ、瞳孔は広がる。もし脅威がすぐ近くにある場合、その正体を突き止めるチャンスを最大にするためだろう。脅威がまだ離れているなら、その正体を知る緊急性は低い。

ネコがするほぼすべての反応は、経験によって変化する。つまり、時間の経過によって反応は変わるのだ。驚愕反射ですら、同じ大きな音が繰り返されるうちに、しだいに弱くなり、そのうち消えてしまうかもしれない。この慣れというプロセスで、最初はネコを興奮させたものも、やがて興味をかきたてなくなり、最終的には一切の反応を引き起こさなくなる。

たとえば、ネコはすぐにおもちゃに〝飽きる〟ことで有名だ。これがどうして起きるのか、一九九二年にわたしはサウサンプトン大学で研究プロジェクトを立ち上げ、ネコが物と遊ぶ動機を調べた。子どものように、ネコは純粋に楽しみのために〝遊ぶ〟のか、もっと〝真面目な〟意図があるのか？　ネコがおもちゃで遊んでいる様子は、獲物を襲う様子を彷彿とさせる。そこでネコの頭の中で何が起きているにしろ、おそらく狩りの本能と結びついているのだろうという仮定で実験を計画した。大学院生のサラ・ホールとわたしは、〝飽きる〟ことの潜在理由は慣れだということを発見した。わたしたちはネコにおもちゃ——ネズミの大きさで、ひもを結びつけて毛皮でくるんだ〝ピロー〟——を与えた。ネコは最初のうちは熱心に遊んでいて、まるで本物のネズミであるかのように扱っていた。しかし二分ほどで多くのネコが遊ぶのを止めた。しばらくおもちゃをとりあげて、また与えると、大半のネコがまた遊びはじめたが、最初のときよりも熱意に欠け、時間も短かった。三度目に与えたときには、多くのネコがほとんど遊ぼうとしなかった。あきらかにそのおもちゃに〝飽きて〟しまったのだ。

もしそのおもちゃを少しちがうもの――ちがう色（黒から白へ。ネコは人間と色の識別力がちがうからだ）、手触り、におい――に変えると、ほぼすべてのネコがまた遊びはじめた。このようにネコは遊びではなく、おもちゃそのものに〝飽きて〟しまうのだ。それどころか、同じおもちゃを繰り返し与えられる欲求不満で、遊びたいという気持ちがいっそう高まった。最初のおもちゃでの最後の遊びと、新しいおもちゃでの最初の遊びの間隔が五分ぐらいになると、ネコは最初のおもちゃのときよりもさらに熱心に、二番目のおもちゃに飛びかかっていった。[5]

おもちゃで遊ぶことがなぜネコを欲求不満にするのかを理解するために、わたしたちはそもそも何がネコの遊ぶ動機になっているのかを考えた。子ネコは仲間の子ネコを相手にしているかのように、おもちゃと遊ぶことがある。しかし、大人のネコは必ずおもちゃを獲物のように扱う。おもちゃがネズミであるかのように追いかけ、噛みつき、ひっかき、ひっぱたく。ネコはおもちゃを獲物と同じように考えているのかどうかを確認するために、わたしたちはさまざまな種類のおもちゃで、ネコがどれを好むかを調べた。予想どおり、ネコはネズミの大きさで、毛や羽根がついていて、脚が複数あるおもちゃを好んだ――たとえばクモのおもちゃだ。一度も狩りをしたことのない室内飼いのネコですら、こうした好みを示した。つまり、ネコの脳にその習得回路が存在するのだろう。ネコはクマネズミの大きさの偽の毛で覆われたおもちゃと、ハツカネズミの大きさのおもちゃでは遊び方がちがった。クマネズミのおもちゃだと、両の前脚でつかんで噛む代わりに、ほとんどのネコは前脚を伸ばしてクマネズミのおもちゃをつかみ、後ろ脚のかぎ爪で蹴りつけた――狩りをするネコが本物のクマネズミに対してするように。ネコはおもちゃが本物の動物であるかのように考えていた。大きさ、手触り、似た動き（わたしたちがひもをひっぱったので）によって、狩りの本能がかきたてられたのだった。

次に、ネコの食欲が、狩りの方法やおもちゃでの遊び方に同じような影響を与えるかについて調べた。ネコが楽しみのためだけにおもちゃで遊ぶなら、空腹のときはあまり遊びたくないだろう。なぜなら頭は遊びのことよりも食べ物を手に入れることでいっぱいのはずだからだ。逆に、狩りをしているネコがもっと空腹になれば、もっと熱心に狩りをして、いつもよりも大きな獲物を手に入れようとするだろう。実験をしてみると、まさに後者であることを発見した。その日の最初のえさが遅れると、いつも以上に熱心に――もっと何度も嚙みついたりして――ネズミの大きさのおもちゃと遊んだ。さらに、ふだんはクマネズミの大きさのおもちゃと遊ぼうとしない多くのネコさえも攻撃を仕掛けた。[6]このことから、大人のネコはおもちゃと遊んでいるときに、狩りをしていると考えていることが確認できた。

ネコは狩りにはそう簡単に〝飽きる〟ことはない。したがって、どうしてネコはこんなにすぐおもちゃと遊ぶのを止めてしまうのかと、わたしたちは首を傾げた。たしかにネコは市販のおもちゃにも、最初の実験のために手作りしたおもちゃにもほぼ〝飽きて〟しまったようだった。ネコの興味をつなぎとめている数少ないおもちゃには、ひとつの共通した特徴があった。ネコが遊んでいるときにばらばらになったのだ。[7]そのため、このおもちゃを使う実験は中止しなくてはならなかった。しかし、ネコのうち何匹かはそれをとりあげられるのをとても嫌がった。そして、おもちゃを交換した最初の実験は、ネコがおもちゃをばらばらにしてしまうことの一面を模倣していたのだと気づいた。わたしたちが少しちがうおもちゃに交換すると、ネコの感覚はおもちゃが変わったことを伝えた。ネコは自分から変えたのではないことを気にしていないようだった。重要なのは、変わったということなのだ。おもちゃと遊んでいるとき、ネコは狩りをしていると考えているだけではなく、その行動は四つの作用によってコントロールされている。ひとつ目の作用は空腹で、空腹なときに獲物を殺したがるのと同じように、空腹はおもちゃとより熱心に遊ぶ気にさせる。[8] 二番目は外見によって引き起こされる――ネコが本能的に獲物だと認識するにおい、音、毛、羽根、脚といった特徴によって。三番目の作用はおもちゃや獲物の大きさによって影響を受ける。ハツカネズミを攻撃することは、クマネズミを攻撃するよりもネコにとってずっと危険が少ない。そこでネコはクマネズミだともっと慎重に攻撃を仕掛ける。同様に、より大きなおもちゃは、小さなおもちゃよりももっと注意深く扱う。あたかもおもちゃが反撃してくるかのように。すぐに、おもちゃが応酬してくることはないと学習しそうなものだが、ほとんどのネコは学習しない。四番目の作用は、ネコのあきらかな欲求不満の源《みなもと》だ。噛んだり爪を立てたりすることが相手に影響を与えていないとなると、相手は食べられる物ではないか、もし獲物だとしても、降伏させるのがむずかしい相手ということになる。分解しはじめるおもちゃや、とりあげられ、戻ってくるときにはちがって見える（最初の実験のように）おもちゃは、殺しの最初の段階に似ているので、ネコに遊びを継続しようという気にさせるのだ。

　ネコの狩りの作戦は、たいてい単純な反射作用で説明できる。ただし感情――とりわけ大きな獲物に傷つけられるのではないかという恐怖――と慣れによって多少変わってくる。したがって、ネコは獲物が食べ物になりそうなときは、獲物と戦い続けることができるのだ。しかし、これは狩りの行動の基本的な一部分でしかない。ネコは練習によって狩りの技術を完成させていく。さまざまな要素をもっとも生産的に組み立てる方法を学ぶことによって。

　ネコの行動における短期的変化の多くは、慣れによって説明することができる。しかし、ネコの反応の長期的変化には、異なる説明が必要だ。そこには学習と記憶が関わってくる。

基本的に、ネコはイヌと同じように学習する。ただしイヌの方がはるかに訓練しやすい。このイヌとネコのちがいの裏には、ふたつの要素が存在している。まず、ほとんどのネコは、人間の関心それ自体をほうびとはみなさないことだ。かたや、イヌはほうびだとみなす。そのためネコは愛情ではなく、食べ物をほうびに与えて訓練する。第二に、イヌは本能的に人間にとって役に立つような行動をする。たとえば、牧羊犬のヒツジの番は、イヌの祖先、オオカミが狩りをしたときの行動から成り立っている。ネコの行動には、訓練によって磨きをかけられるような役に立つ特徴はほとんどない。人間自身の楽しみのためなら別だが。もちろん、昔からネコの狩りの能力によって、人間は利益を得てきたが、常にネコの裁量に任せてきた。人間が望んでいようが望んでいまいが、ネコは穀物倉庫に侵入してくるネズミを探すだろう。かたやイヌは協力してもっと大きな獲物を狩ることを得意としている。監督されていないときはいたずらで、訓練を受けて初めて役に立つ。必要なときに特定の獲物にイヌの関心を向けるのは、わたしたちの責任なのである。

ネコが学習する多くのことは、ふたつの基本的心理作用にのっとっている。古典的条件づけと、オペラント条件づけだ。どちらもネコの心に新しい連想を築くものだ。古典的条件づけは、時間的に近接して定期的に起きるふたつのできごとで成り立っている。オペラント条件づけは、ネコが何かをすること、あるいはしないことと、その行動の予想できる結果、すなわちネコにとっていいこと（ごほうび）か悪いこと（罰）かということに関連している。ネコは人間がどう行動するかについて、あるいは人間と交流するのにいちばんいい方法について、本能的に理解することはほとんど（あるいはまったく）ないので、わたしたちとの関わりはすべて、こうした学習によって築かれているのである。

古典的条件づけは、パヴロフ型条件づけとも呼ばれている。イワン・パヴロフが一八九〇年代に、そういう学習がどのように発揮されるかについて、イヌの一連の実験であきらかにしたことにちなんだものだ。実のところ、彼の理論はネコにもぴったりあてはまる。[9]食べ物のにおいを嗅いだ空腹のネコは、本能的にそれを探し当て、それを食べる。ヤマネコにとって、食べ物は狩りが成功した成果だ。ペットのネコの場合、飼い主がスーパーマーケットで食べ物を買ってきて与えてくれるので、狩りは不要になった。イエネコはまず狩りをしなくては食べ物は登場しないということを学習する必要がない。古典的条件づけによってネコが学習するのは、食べ物が登場するという合図――たとえば、缶切りの音とかだ。心理学用語では、この飼い主の行動を条件刺激と言う。ネコの頭の中では、それは無条件（本能的）刺激、すなわち食べ物のにおいと結びつく。進化において、ネコは缶切りの音に自動的に反応するようにはならなかった。その関連性は、どのネコも自分で学習しなくてはならないものだ。もちろん、これはさほどむずかしい学習ではないし、根本的プロセスは複雑でもない。科学者はハチやイモムシにも、そういう行動を発見している。それでも、ネコはおもに古典的条件づけによって、周囲の世界がどういうふうにできているかを知る。

　結果――無条件反応――は食べ物のような〝ほうび〟である必要はない。それどころか、動物は不愉快だったり苦痛だったりするものを避けられると、もっと迅速に学習する。別のもっと大きいネコに攻撃されたネコは、恐怖とおそらく苦痛を味わい、本能的に逃げようとするだろう。おそらく攻撃してきたネコの外見を覚えていて、その外見をそのとき経験した不愉快な気持ちと結びつけるはずだ。[10]次にそのネコを見かけたら、攻撃される前に恐怖を覚えるだろう――そしてただちに逃げるかもしれない。結局、最初に出会ったときと同じ結果になる。しかし、ネコのように発達した動物は柔軟な対応ができる。たんに刺激が同じだからと言って、自動的に最初と同じ反応をする必要はない。そこでそのネコはすぐに逃げる代わりに、見つからないことを期待して〝フリーズ〟するかもしれない。前回、逃げると追いかけられると学習したからだ。

この単純な学習には、大きな制約がひとつある。ネコが関連づけるできごとが、同時に、最低でも一、二秒以内に起きなくてはならないのだ。ネコが飼い主の気に入らないことをしたとする――たとえば床に死んだネズミを放置したとかだ。ネコがそこに置いてから数分して、飼い主はネズミを見つけ、ネコを怒鳴りつける。この場合、古典的動機づけはふたつのできごとを結びつけることができない。むしろ、それは怒鳴られたという不愉快なことを、怒鳴られる直前に起きた何かと結びつけてしまう――おそらく飼い主が部屋に入ってきたことと。

このルールにはひとつだけ例外がある。もしネコが気分が悪くなるものを食べたら、その後、ネコは同じ味の食べ物を避けるだろう。さらに、そのことを関連づけるには、一度の経験しか必要としない。食べ物を忌避する学習は、教訓を学ぶスピードにおいても、刺激（食べ物のにおい）と結果（おなかが痛くなる）の間隔が空いていることにおいても、ふつうの古典的条件づけとは異なる。死にかねない行動を避けることが、ネコの最大の利益になることはあきらかだ。だからこそ、この教訓を忘れることはないのだ。同様に、気分が悪くなったことと、同時に起きた別のことを結びつけることはほとんどない――たとえ問題の食べ物を何分も、何時間も前に食べたとしても。それでも、これは古典的条件づけで、たんに時間枠の〝ルール〟が拡大されると同時に限定され、ネコが具合が悪くなる前に最後に口にした食べ物の味に関連づけられているのだ。ただし、それを食べた部屋の特徴など、他の手がかりは重要ではないとして無視される。もちろん、吐き気は食べ物とは関係のない感染症の症状かもしれない。そのため、この作用はときどき思いがけない結果をもたらす。ウィルスに感染したネコは、回復したあとでもいつもの食べ物を拒絶するのだ。病気とその前に口にした食べ物を、まちがえて結びつけてしまったせいだ。

はっきりしたごほうびや罰がからまなくても、ネコは自発的に学習することができる。近隣の地図を頭の中に作る際には、これは非常に有用である。ネコは毎日通りかかるやぶが、特定のにおいをしていることを学習するだろう。別のどこかで同じやぶを見かけたら、そのやぶも、いつものやぶと同じにおいだと予想する。そうではないとわかったら、ネコは徹底的に調べるだろう。そうした〝行動的に静かな〟学習は古典的条件づけとして説明できる――ただし、ネコが手に入れた情報によって得をすると感じるならだが。言い換えれば、ネコは調査を楽しむようにプログラミングされているのだ。さもなければ、何も学習しようとしないだろう。

こうした学習のおかげで、ネコは人間に提供されるきわめて人工的に思えるにちがいない室内環境でも、リラックスできる。イエネコはいったんその環境の外見、音、においの特徴の関連性を完全に把握すると、幸せに過ごせる。ネコが変化にすぐさま注意を払う理由も、これで説明できる――たとえば室内の家具を移動すると、ネコは関連性が壊れたと感じ、慎重に調べないと落ち着かない。そうした変化に対処するために、ネコはじょじょに関連性を忘れていく。それは消去と呼ばれるプロセスだ。

すべての動物には関連づけの得意な分野がある。ネコの場合、そのひとつが、甲高い音は獲物から発せられている可能性があると考えることだ。ある実験で、二人のハンガリー人科学者は、甲高いカチカチという音が通路の端のスピーカーから流されるたびに、二メートルほど離れた反対の端に食べ物が現れることをネズミに教えこんだ。ネズミはすばやくスピーカーから食べ物容器に走っていかなくてはならなかった。さもないと、食べ物はひっこめられてしまうからだ。ネズミはそれをたちまち確実に学習し、カチカチという音をすわって待ち、それを聞くやいなや、正しい方向に走っていった。実験者にとって意外なことに、ネコは同じ学習をするのに、はるかに時間がかかった。多くのネコが確実に行動できるようになるまで、何百回も繰り返さなくてはならなかった。カチカチという音がすると、通路の反対側に食べ物が現れることはすぐに学習したのだが、ほとんど例外なく、食べ物の方向ではなく、音の方に走りはじめたのだ。学習をしている途中で、あまりに葛藤が強いのか、間に合うように端に到着しても、食べ物を口にしようとしないネコもいた。課題を完全に学習したときですら、ちらっと音の方を見てから食べ物に向かった。これはネズミの場合、初期の頃にしなくなった行動である。[11]

この実験でのネコとネズミの行動のちがいは、ネズミの方がネコよりも利口だということを意味しているのではない。空腹のネコにとって、甲高い音は無視できないほど重要だったのだ。ネズミにとって、カチカチという音はネコにとっての缶切りの音のようなものだった。その音は食べ物の登場と結びついているので、ひとつの意味しかなかった。ネコにとって、カチカチという音は本能的に「食べ物はあそこにありそうだ」という意味だったので、無視することを学習するのはむずかしかったのだ。

他の動物と同じく、ネコは特別な状況が起きるたびに、特別な行動を学ぶことができる。これは動物を訓練するときの基本になっていて、専門的にはオペラント条件づけと呼ばれている。一般に信じられているのとはちがい、ネコは訓練できる。ただし映画やテレビのために演技するネコを提供している専門家以外に、それに興味を持つ人間はほとんどいない。少なくとも三つの理由から、ネコはイヌよりもはるかに訓練するのがむずかしい。まず第一に、ネコの行動にはイヌほど固有の多様性がないので、訓練できる材料が乏しい。ふつうならしないようなことを動物に仕込むのは、むずかしいプロセスだ。ほとんどの訓練は、その動物がこれまで一度もしたことのない行動を創造するのではなく、ありふれた行動をさせる合図を変えていくことから成り立っている。第二に、おそらくもっとも重要なことだが、ネコはイヌほど生まれつき人間に対して注意深くない。イエイヌは人間が望むことにきわめて従順になるように進化してきた。ネコは解決できない問題にぶつかっても、飼い主に助力を求めようとはしない——イヌは自動的にそうするのだが。[12] 第三に、イヌは飼い主との肉体的接触が大きな見返りになるが、ほとんどのネコはそうではない。プロのネコ訓練者は、一般的に食べ物のほうびに頼らねばならない。こうした訓練者は補強物も頻繁に利用する。最初は無関係だが、食べ物の登場と結びつくので、しだいにほうびとみなされていく物だ。ネコの飼い主はこうした教材を真似してもいいだろう（左のコラム『カチリという音での訓練』を参照）。

カチリという音での訓練

ほとんどの動物と同じく（イヌは例外だが）、ネコは食べ物のほうびでしか訓練ができない。しかし、こちらが意図した行動を確実にさせるために、しかるべきときにほうびをネコに与えるには非常に手際を要する。さらに、ネコは訓練者の手に隠された食べ物のにおいで、学習するべきこと

クリッカーで訓練するネコ

から注意がそれてしまいかねない。補強物――食べ物がもうすぐ出されることをネコに知らせるはっきりした合図――を利用すると、ずっと簡単にネコを訓練できる。ネコはその合図にたちまち機嫌がよくなり、求められていることを完全にやろうとする。

　理論的には補強物としてどんな物でも利用できるが、実際には特徴的な音がもっとも便利で実用的だ。とても正確にタイミングを測れるし、ネコが遠くにいて、別の方向を見ていても聞き逃すことがないからだ。かつて動物の訓練者はホイッスルを使っていたが、最近では合図に便利なのはクリッカーだ。これはプラスチックケースに入ったテンションをかけられた金属片で、押したり離したりすると、独特のカチリという音を出す。

まずネコがクリッカーの音を好きになるように、古典的条件づけで教えこむ必要がある。ネコが空腹のときに好物の食べ物を見せて注意を引き、クリッカーを一度鳴らすごとに、ひとつずつ食べ物を与えていく（金属音に異常に神経質なネコもいるので、その場合はクリッカーをネコから遠ざけるか、ノック式のボールペンなどもっと静かな音のものを使用する）。数回練習すると、クリッカーの音はネコの頭でうれしいものとしっかり結びつき、この音自体がしだいに心地よいものになっていくだろう。

いったんそれが確立されたら、クリッカーは別の行動へのほうびとして使える。たとえば、多くのネコは呼ばれたら来るように訓練できる。最初は回れ右をして近づいてきたらクリッカーを鳴らすが、しだいにネコが訓練者の足下に来るまで鳴らすのを遅らせる。いったんカチリという音がごほうびとして確立していれば、毎回食べ物を与える必要はない。ただし食べ物が登場しないのに、ネコがその音を何度も何度も聞いていると、関連性が消えてしまいかねない。したがって呼ばれたら来る訓練（この場合、ネコは遠くにいるから、クリッカーを鳴らしたあとにすぐ食べ物を与えることは不可能だ）に、最初にカチッとしたらすぐに食べ物、という訓練を繰り返しはさみこみ、その関連性を改めて確立しておくと効果的である。

ネコは理由抜きで、ありふれた行動をするように訓練することができる。シェイピング法として知られるプロセスで、最初は訓練者が合図をしたあとで、目標とかけ離れていない行為をしたら常にほうびをもらえる。そのうち、ほぼ目標を達した行為にだけ、ほうびをもらえる。最後に、まさに目標を達したときだけ、ほうびをもらえる。簡単な例をあげると、ほとんどのネコは歩いて回避できるときは、障害物を飛び越えない。ネコが命令でジャンプするように訓練するには、ネコが地面にころがっている棒をまたいだときにまずほうびを与え、次に少し持ち上げ、棒を越えたらほうびを与える。それからさらに棒を高く上げ、実際にジャンプしたときだけほうびを与える。これが確立したら、とても上手にジャンプしたときだけほうびを与え、それ以外のときは与えないようにして、いっそうその習慣を染みこませることができる。信じられないかもしれないが、動物は成果が保証されているときよりも、少し不確実のときの方が必死に集中するものなのだ。

もっと複雑な芸や〝演技〟は通常、ひとつひとつ教えこむが、ネコの頭の中では、どの段階もひと続きのものとして関連づけられている。逆にそれをたどれば、いちばん簡単に訓練できる。たとえば、一度お回りをしてから前脚を差しだして握手することを教えるときは、前脚の握手をまず完成させ、それができたら、お回りを教えこむ。最初の行為を最初に教える方が論理的に思えるかもしれないが、ネコを含むほとんどの動物は、その方がずっとむずかしいと感じる。前もって考える能力が限られていることの証拠だ。

オペラント条件づけは、意図的な訓練に限定されない。ネコが自分のいる環境についてどう対処するかを学ぶひとつの方法なのだ。ネコはマンションに住むようには、まだ進化していない。ネコの本能的行動は戸外で狩りをすることだ。室内での暮らしに適応できるという事実は、ネコの学習能力を立証している。ネコは古典的条件づけによって確立された関連性を利用して、周囲の環境を認識できるばかりか、自分が望むようにどう周囲を操ればいいかも学習できるのだ。

たとえば、多くのネコはジャンプして前脚でつかみ、レバータイプの取っ手のついたドアを開ける方法を学ぶ。こうした一見〝賢い〟技はオペラント条件づけで説明できる。もちろん、取っ手で掛金がはずれ、蝶番《ちょうつがい》で開くドアは、ネコが進化を遂げてきた世界には存在しなかった。したがって、見事に学習されたこの行為は野生には存在しないはずだ。しかし、この行動は、行きたい場所に入れないときに本能的にネコがやったことが始まりなのだろう。レバーは地面からだと固定された台に見えたはずだ。ネコがレバーに飛びつくと、レバーが動き、足がかりを失うばかりか、ドアが開くことを発見する。そこでネコはドアの反対側の部屋を探検するというほうびを手に入れる――縄張り意識の強い動物であるネコにとって、新しい場所を探検することはそれだけでもほうびなのだ。取っ手でさまざまな方法を試みた結果、ネコはもっとも効果的な解決策にたどり着く。すなわち片方の前脚を伸ばし、そっとレバーを押し下げるのだ。

ペットの猫は、飼い主に対して同じような技術を利用する方法を学習する。とても熱心なネコ愛好家ですら、ネコというのは人間を意のままに操るのが巧みだと評するが、ネコのいわゆる相手を操る行動の多くは、オペラント条件づけによって築かれたものなのだ。野良ネコはイエネコに比べてずっと無口で（けんかと求愛を除き）、お互いにニャーニャー鳴いたりしない。かたやペットのネコでは、ニャーはいちばんよく知られた鳴き声だ。ニャーはたいてい人間に向かって発せられる。したがって、それは進化した合図ではなく、ほうびによって形成されたものなのだ。

ネコが鳴くのは、人間はとても不注意だからだ。ネコは常に周囲を観察している。しかし、われわれ人間は新聞や本、テレビ、コンピューター画面に視線を向けていることが多い。だが、いつもとちがうものを耳にすれば、顔を上げる。ネコはニャーと鳴くと人間の関心を引くことをたちまち学習する。ニャーはネコが期待している反応を引きだしてくれるのだ。ボウル一杯の食べ物とか、ドアを開けてもらうとか。リクエストを正確に知らせるために、特別な場所でニャーと鳴くこともある。ドアのそばなら「外に出して」という意味だ。キッチンの真ん中なら「食べ物をちょうだい」だろう。ちがうイントネーションだと、ちがう結果になることを発見するネコもいるので、さまざまなちがうニャーを自ら〝訓練〟する。それはすべてのネコにとって異なるし、ネコの飼い主だけが止めさせることができるので、どのニャーも、ネコと人間の万能の〝言語〟というよりも、個別に学習された関心を求める音声なのだ。[13] このようにニャーの秘密の暗号は、飼い主とのあいだだけでやりとりされる、そのネコ特有のものなので、他の人間にはほとんど意味をなさない。

ネコの行動を適切に説明するのは、古典的条件づけとオペラント条件づけだけではないが、このふたつはもっともシンプルだ。それでも、ネコはただの刺激反応マシンではない。ネコの知性をひもとくのは、大変な挑戦だ。というのも、ネコの行動の多くが合理的な思考によって引き起こされていると、人間は錯覚しがちだからだ。いちばん最初の動物心理学者ですら、この傾向を認識していた。一八九八年、エドワード・L・ソーンダイクは『動物知性』で皮肉たっぷりにこう書いた。

何千匹ものネコが何千もの場面で、なすすべもなくすわりこんで大声で鳴いている。誰もそれについて考えたり、友人の教授に手紙を書いたりしない。しかし、一匹のネコがおそらくは外に出してほしいという合図で、ドアのノブをひっかいたら、たちまち、このネコはあらゆる本のネコの心理の見本となるだろう。[14]

ネコの知性については、科学的研究がされていない。かたや、この一〇年間でイヌの知的能力の研究が爆発的に進んだ。というのも、たんにイヌの方が訓練しやすいせいだ。

最近の研究は、周囲の世界の仕組みについて、ネコがどう理解しているかに焦点をあわせている——物理学と工学に関するネコの理解、と言ってもいいだろう。ネコは周囲に精通しているように見えるかもしれないが、出会った現象をイメージに変換する能力は、ヤマネコだったときに発達した。したがってネコはいまだに人間の介入に気づいていないようだ。わたしの飼いネコ、スプラッジがいつも家の外に駐車している車のフェンダーを調べているのに気づき、そのことを悟った。ときにはにおいを嗅いだあと、スプラッジはあたりを不安そうに見回す。別のネコの嗅覚標識を発見したにちがいなかった。おそらく、車が何キロも離れたところに停められていた数時間前につけられたものだろう。毎日それが繰り返された。スプラッジはそれ以外ではとても頭のいいネコなのだが、車が駐車したときにすでに嗅覚標識がついていたという可能性を、どうしても理解できないようだった。近所にやって来たにちがいない見知らぬネコのものだと推測したのだ。自然界では、嗅覚標識はつけられた場所にずっと残っているので、つけられた物体といっしょに嗅覚標識が移動したかもしれない、という考え方は必要なかったのだろう。

ネコの物理学の認知についての研究はほとんどないが、最近のある実験では、それがきわめて未発達な可能性を示した。科学者はひもでごちそうに結びつけられている取っ手をひっぱって、網の下か

ネコは片方のひもの先に食べ物があり、もう片方にはないことを理解できないようだ

ら食べ物をとってくるようにペットのネコを訓練した（上のイラスト参照）。多くのネコはやすやすとそれを学習し、取っ手が食べ物にひもで結びつけられていることを〝理解している〟印象を与えた。しかし、この行動は単純なオペラント条件づけで説明できる——取っ手をひっぱると、食べ物のごほうびが現れるということ。ネコに関する限り、取っ手をひっぱることは、偶然の行動でしかないのだ。科学者は最初の取っ手の隣に別のひもと取っ手を加えて、ネコがつながりを理解していないことをあきらかにした。大きなちがいは最初の取っ手だけが食べ物につながっているということで、ネコはそれをすぐに見抜けるはずだった。にもかかわらず、ネコは両方の取っ手をひっぱり続け、どちらの取っ手からほうびが出てくるのかを推測できなかった。さらにひもが交差しても、ネコは正しい方をひっぱることができなかった。[15] この実験から推定すると、ネコはカラスやサルとちがっ

て、道具を使うことを学習できないようだ。

ネコは、ひもが物理的に異なるふたつのものにつながっていることを理解できない。それは、ネコの心理が人間とはかけ離れていることを示している。

だが、ネコは三次元空間については非常によく理解している。おそらく室内ではその必要がほとんどなく、自己中心的な合図に依存している――「ここで左に曲がる」「ここで右に曲がる」「ここでジャンプする」。しかし、戸外やなじみのあるテリトリーでは、ネコは近道ができるし、事前の探索で頭の中に地図を作りあげることもできる――「最後にネズミをつかまえたとき、あのオークの木まで行き、生け垣沿いに左に曲がった。だから今回は斜めに畑を突っ切り、生け垣を通り抜けよう。ネズミ穴が生け垣のすぐ先だということはもうわかっている」。ネコはこうした情報を有効に利用することができる。今いる場所からは見えない目的地までのルートを決める場合、ネコはいちばん近い道を選ぶ。たいていの人間と同じように、ネコはまず右の方向に進んでいくことが多い。わずかに短くても、最初に左に進んでいくルートはたいていたい却下される。

ハンターとして、ネコは見えない獲物がどこにいるかを突き止める能力があるはずだ。ネズミが視界から消えたとたん、もういなくなったと錯覚して狩りをあきらめるヤマネコは一匹もいない。ネコは獲物が消えた場所を記憶しているのだろう。ただし、その情報は数秒しか〝作業〟記憶に保存されない。ネコが実際に獲物と接触してはじめて、記憶は持続するようになる。おそらく、きわめて移動しやすい獲物のために特定の場所をそれ以上の時間をかけて探すことは、ネコにとって得るところがないのだろう。そのときには、獲物は逃亡してしまったか、巣穴に逃げ込んでしまっているからだ。

最近、科学者はネコが最後にネズミを目撃した場所を記憶している、ということを例証した。ずっ

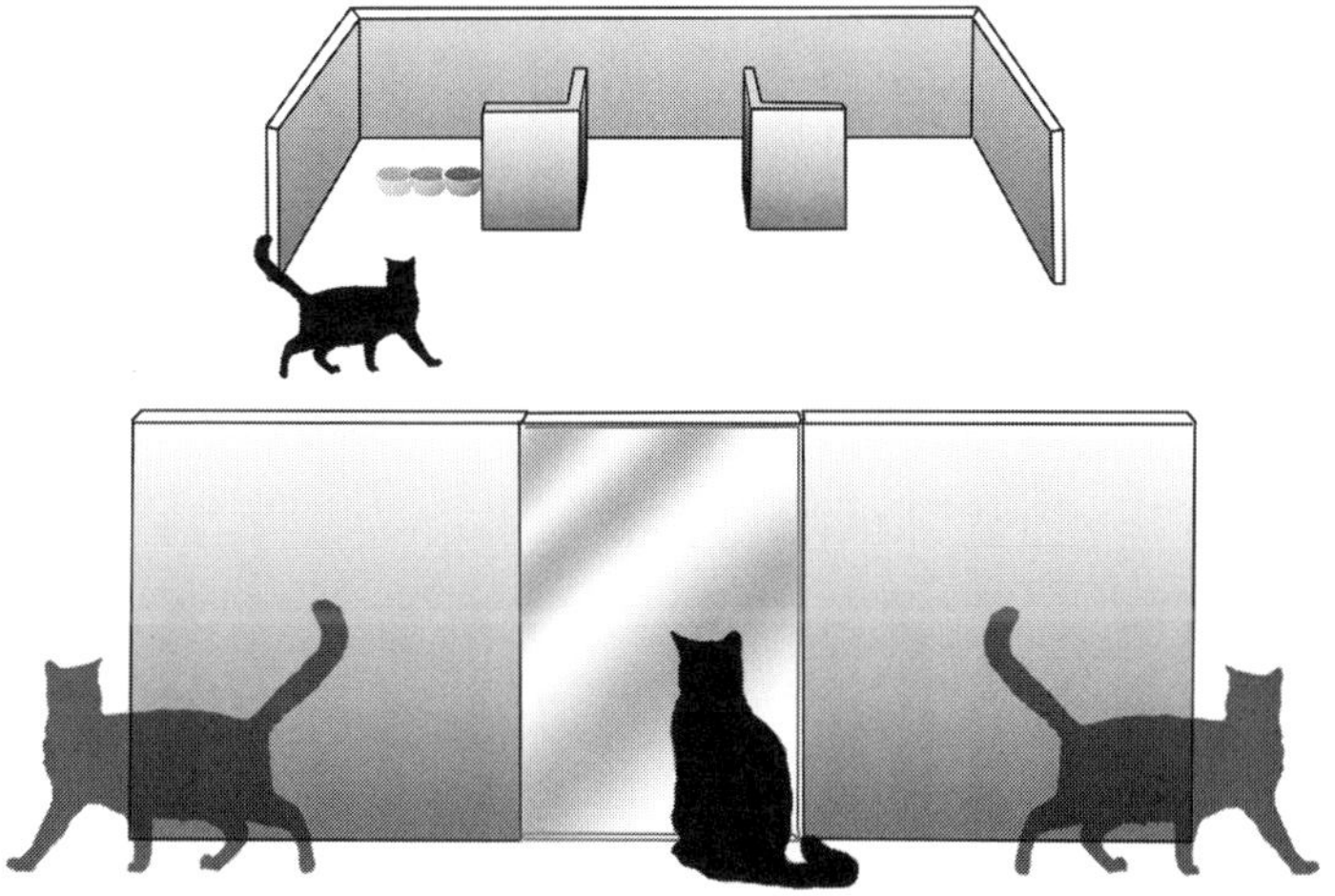

ネコは食べ物が消えてしまった場所にまっすぐ向かうこともある。しかし、あたかも狩りをしていて、獲物を混乱させようとするかのように、わざと遠回りしているように見えることもある。

と目で追っていたり、たんにいい加減な方向に駆けだすのではないのだ。科学者はイラストの装置を使い、小さな仕切りの向こうに食べ物がひもでひっぱりこまれるところを、透明なスクリーンの部分からネコに見せた。それからネコは装置の中に入れられる——他のスクリーンは不透明だ——これによって、一時的に食べ物の場所はネコの視界からさえぎられる。しかし、ネコは常に正しい場所を選んで食べ物を探した。おもしろいことに、多くのネコは遠回りをすることがあった——装置にちがう方向から入ったのだ。しかしすぐに正しい側に移動し、食べ物をとった。これは通常の狩りのときの作戦でも同じだ。ネコがネズミを必死に追跡しているとき、獲物の隠れている場所を勘違いしたと思わせるために、遠回りのルートをとることもしばしばある。[16]

ネコの知能は、狩りのライフスタイルに調整されている。したがって、人間の子どもの知力を測定するためのテストでは、ネコは驚くほど出来が悪い。一八カ月の子どもの多くが、ある物が容器に隠され、それから容器そのものも隠されれば、容器がまた現れたとき、物はその中にあるはずだということを理解できる。もし入っていなければ、容器が消えた場所を探す。目にした物が視界から消えてもまだどこかにあることを理解できるばかりか、想像力を使って、どこにあるかを推測することもできるのだ。ネコはそれがまったくできない。おそらく祖先が狩りをしているときに、そういう状況と出会わなかったせいだろう。もちろんネズミは隠れるが、自分で動かせるような物の中には隠れないからだ。

ネコが論理的に考える能力は限定的のように思える。とりわけ因果関係を判断するときには。条件づけによる単純な関連性に頼り、人間が環境を操作すると簡単にだまされてしまう。ネコの視点では、それは偶然に思えるにちがいない。それでも、ネコの本当の能力を示すような実験を計画することは可能だ。これまでネコはさまざまな状況でテストされてきたが、たまたま長期の記憶ではなく、単純な学習と短期の記憶に依存するようなものだったのかもしれない。謎めいていると言われるネコは、まだその知力の本当の高さを隠しているのかもしれない。

ネコは考えていることを隠す達人で、感情を隠すよりもさらにそれが得意だ。一列になったネコが同じ表情をしている漫画がいくつかある。どれにもちがう感情のキャプションがついている。「快活」「満足」「悲しい」さらに皮肉っぽく「生きている」。わたしのお気に入りは、イギリスの漫画家スティーヴン・アップルビーの三〇匹ものネコの顔が描かれ、二九匹はまったく同じ表情をしているというものだ（キャプションは「まったく何もしない」から「少しいらついているが、それを上手に隠している」までさまざま）。三〇番目の「眠っている」は他の絵と閉じた目だけがちがう。[17]

ほとんどの動物が感情を表に出さない理由は、生物学によって説明できる。イヌの飼い主はそれを馬鹿げていると思うかもしれない。イヌも人間も自発的に感情をあらわにするからだ。たしかに、わたしたちは社会的道徳観に強いられて、しばしば感情を抑えねばならない。それでも、人間は他人のささやかな感情の動きを感知する能力を発達させてきた。それは、次にその人物が何をするかを教えてくれる合図でもある。イヌも、この点では人間と似ている。ボディランゲージから人間の意図を推測する能力を発達させたばかりか、自分の感情をおおっぴらに表現する。たいていそれに報いるように、人間が応じるからでもある――うなればあとずさり、尻尾を振れば頭をなでる。イヌも人間も、固定したグループで暮らす社会的な種なのだ。そうした安定した暮らしでは、感情を正直に出すことが不利益になる可能性はない。

ネコは孤独なライフスタイルを選択した種の子孫で、行動の多くが協力ではなく競争する必要から生じている。野生では、雄ネコは一匹で暮らす。子孫を残せると確信できるのは、まず雌ネコに交尾の相手として受け入れることを承知させ、次にライバルの雄ネコを退散させるときだけだ。したがって、虚勢を張った男っぽいふるまいは、雄ネコの成功に不可欠なのだ。雌のイエネコ同士は子ネコを育てるのに協力しあうが、家畜化のあいだに発達したらしいこの習慣は、感情を表現する能力にはほとんど影響を与えなかったように思える。

歴史的に、動物の行動を議論するときに、その感情を利用するべきかどうかについて、科学者は考えを変えた。一九世紀には、研究者はしばしば人間の感情をネコに投影した。たとえば、一八八一年に『動物知性』で生理学者のジョージ・S・ロマネスはこう書いた。

ネコの感情的側面で注目するべきもうひとつの特徴は、無力な獲物に対する普遍的で有名な扱い方だ。ネコがとらえたネズミをいたぶりたくなる感情は、わたしが思うに、まずまちがいなく、こう表現されるものだ――いたぶることの純粋な喜び[18]。

二〇世紀に入ると、そうした擬人化は却下され、動物心理学の主流はモーガンの唱えた説となった。すなわち「ある行動が精神的レベルでより低い（より単純な）能力がもたらした結果として解釈できるなら、より高い精神的能力がもたらした結果としては、決して解釈してはならない[19]」。しばらくのあいだ科学者は動物をロボットのような刺激応答マシンとして考えていて、感情を考慮することは一切なかった。しかし最近、感情を無視しては説明できない動物の行動があることがわかった。さらに、MRIスキャンによって、人間の脳のどこで感情が作られるかが判明した。それによって、もっと単純な〝直感〟的な感情は、ネコを含む他のほ乳類と共通する脳の領域で生まれることがわかった。

現在では、感情は動物の行動を司る必要な構成要素だと考えられている。感情は、すばやい行動が必要なときに、最善の反応を脳に選ばせることができる。この点で、ネコは人間と変わらない。自分よりも大きくて見慣れないネコが近づいてくるのを見たら、たちまち警戒して、体をかがめ、逃げる用意をする。手強そうな敵を見て感じる不安は、状況を徹底的に考察したり、すべての作戦とその結果を査定することなく、ネコにただちにそういう行動をとらせることが可能なのだ。野生では、遊びは中程度のリスクの活動で、捕食者の注意を引いて子ネコを危険にさらす可能性がある——当然、子ネコはおとなしくねぐらにいて、母親が食べ物を持って戻ってくるのを待っている方が安全だ。さらに、遊んでいるときに、子ネコはお互いに噛みつきあう。しかし、だからといって、同じ子ネコと遊ぶのを避けるようにはならない。もしも単純な刺激応答マシンなら、そうしているはずだ。

子ネコがどうして遊ぶべきだと感じるのか、どうして小さな災難があっても遊び続けるのか、という疑問に対するいちばん単純な説明は、遊びは楽しいからというものだ。神経科学者は、若いネズミは遊ぶときに脳内の神経ホルモンのプロファイルが変わることを発見した。さらに、こうした変化は遊びの結果ではなく、その原因のように思える。というのも、ネズミは遊びの時間だという合図を与えられたとたん、その変化が起きるからだ。同様に、遊びたがっているきょうだいを見ただけで、子ネコはそこに加わりたがる。遊びが始まる前に、脳が〝楽しい〟という信号を発するからだ。

もちろん、ホルモンは感情とは同じではない。しかし、特定のホルモンの変化は、しばしばどういう感情がわきあがっているかを示している。誰もがアドレナリンかエピネフリンに刺激されて鼓動が速くなること、過呼吸、過剰警戒、手のひらが汗ばむことに気づく。〝闘争・逃走〟ホルモンは、恐怖とパニックの感情に関連している。激しい運動のあとで、高揚感を覚えたことのある人もいるだろう。それはエンドルフィンや他のホルモンが脳内に放出されたせいだ。すべてとは言わないが、多くのホルモンが感情と密接に関係している。そして直接的な感情や潜在的な気分の指標となるのだ。

というわけで、動物の感情は、脳と神経システム、それが関連したホルモンの表れと考えることができる。ときには早急に決断を下すことを可能にし、ときには学習を指示する。あるいはネコの五感から脳に入っていった情報が、瞬間的な反応を引きださねばならないときもある。たとえばフェンスの上を歩いていて足を滑らせたネコは、ただちにバランスをとり戻さなくてはならない。感情が行動の引き金となる場合もある。飼い主が帰宅するのを目にすると、ネコは愛情を感じ、尻尾をピンと立てて飼い主に近づいていくだろう。

ネコを好きではない人の中には、人間の飼い主に対する愛情は、ネコの行動範囲には含まれないと主張する者もいる。「イヌには主人がいる、ネコにはしもべがいる」たしかに、平均的なネコは、ラブラドール・レトリヴァーがするようには飼い主に対する愛情をおおっぴらに示さない。それでも、ネコの頭の中で起きていることは、そのことだけではよくわからない。

動物の世界では、感情の赤裸々な表現はたいてい操作されたものだ。たとえば、巣で鳥のひながひっきりなしに鳴いているとしよう。それぞれが基本的に「いちばんにえさをちょうだい！」と言っている。進化はそういう行動を見せると、うまくいくことを保証したのだ。いちばんおとなしいひなは、親鳥に無視される。鳥はちゃんとえさをやれる以上の数のひなを産むので、結果としてそのひなは死ぬだろう。ヤマネコは生まれてからわずか数週間を除いて、孤独な自給自足の動物なので、複雑な合図は必要としない。イエネコはいまや飼い主に食べ物、ねぐら、保護を依存しているが、まだそれほど歴史がないので、感情をあらわにしてあいさつする平均的なイヌのレベルにまでは進化していないのだ。だからといって、ネコが愛せないという意味ではない。たんに、愛情の示し方が限定的なのだ。

ネコは怒ったり恐れたりするときだけは、感情をことさらはっきりと示す。怖がっているネコはうずくまり自分をできるだけ小さく見せようとして、それからこっそり逃げる。あるいは逃げたら追いかけられると判断すると、背中を山なりにして、毛を逆立て、できるだけ大きく見せようとするかもしれない。生々しい感情は、自動的に決まりきった反応を引き起こすわけではない。それどころか、

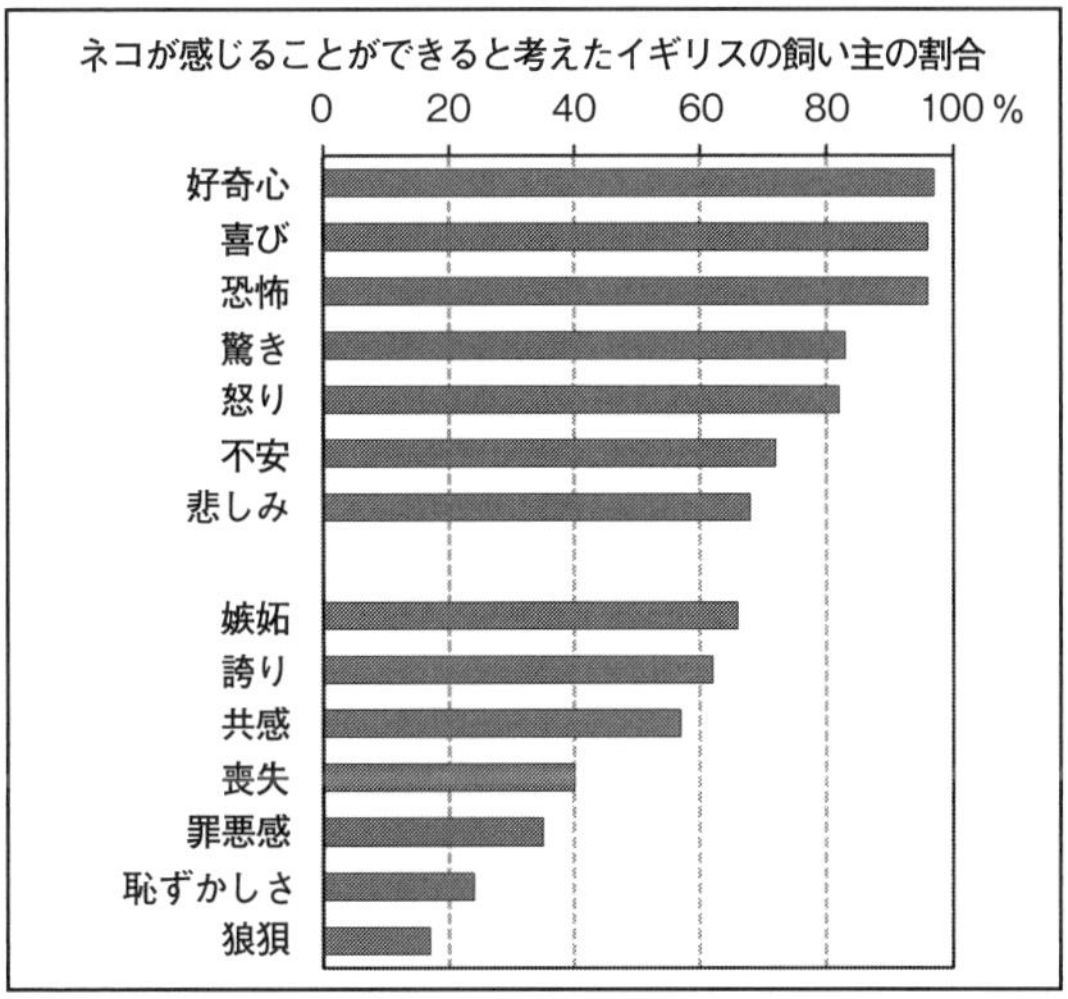

ネコの持つ感情の可能性について飼い主の意見

脳は利用できる限りの情報に基づき、もっともふさわしい反応を選択するのだ。

怒ったネコはできるだけ大きく見せようとするだけではない。脅威（たいていは別のネコ）の真っ正面に立ちはだかり、耳を前に寝かせ、裏声か大声で鳴きながら尻尾を左右に打ち振る。われわれはこの態度を感情表現と解釈しがちだが、基本的には、目の前にいる動物を操ろうとしていると同時に、自分の意思を示そうとしている。

ネコの行動は、その祖先に非常に役に立ったルールを遵守している。つまり過去において、攻撃的に出たことで最高の成果をあげてきたからだ。しかし、虚勢は同等の能力を持つ動物に向けられていることを忘れてはならない。そのため、他者の意図を〝読む〟ことのできる動物に有利な進化が起きてきた。別のネコと対決しているネコは、ふたつのうちどちらかの反応を予想するだろう。相手のネコが怖がって逃げようとする徴候、あるいは怖がってはいなくて、今にもけんかになりそうな徴候。このように、恐怖を示しているにしろ怒りを示しているにしろ、行動は儀式化する。どちらの態度も示していないネコ、あるいは別の態度を示しているネコは、攻撃される可能性がある。

ネコの行動を説明するためには、ネコは喜び、愛、怒り、恐怖を感じることができると認めねばならない。他にはどんな感情をネコは持っているのだろう？　人間と同じあらゆる感情があるのか？　この質問に答えるためには、どの感情が人間の意識が作りだしたもので、動物にとっては未知のものなのかを考えなくてはならない。

飼いネコが感じることのできる感情の範囲について、意見は一致していない。二〇〇八年にイギリスのネコの飼い主を調査した結果、ほとんど全員が飼いネコは愛情、喜び、恐怖を感じられると考えていた。[20]飼い主の五分の一近く——おそらくとても臆病なネコを飼っている人たち——はネコの感情の範囲に怒りが入っているとは思っていなかった。

昔の人々が好奇心はほどほどに、の意味で「好奇心はネコをも殺す」と言ったことは有名だ。たしかにほとんどの飼い主はネコが詮索好きなことを知っている。もともと最初にこのことわざが登場した一六世紀から一九世紀までは、実は「気苦労はネコをも殺す」つまり「病は気から」という意味だった。どうやら、命が九つあると昔から言い伝えられているネコでも、とても不安になると、そのせいで死にかねない、という考えが一般的だったようだ。にもかかわらず、二〇〇八年の調査では、飼い主の四分の一が、飼いネコには心配や悲しみを感じる能力がないと考えていた。

科学者は古い方のことわざには真実が含まれていると言うだろう。不安はまちがいなく多くのネコにとって深刻な苦痛になりうる。不安が現在起きていない何かに対する恐怖と定義されるとしたら、生理学的に苦痛となる根拠がある。人間のために開発された抗不安薬も、ネコが不安を感じている徴候を減らすことが発見されている。人間と同じ不安をネコも感じるかどうかは断言できないが、似た感情を抱くのはまちがいない。

ネコにおけるもっともありふれた不安の原因は、おそらく近所の別のネコ、あるいは同じ家庭内の別のネコにテリトリーが侵害されるということだろう。二〇〇〇年にハンプシャー州郊外とデヴォン州の田舎で、九〇匹のネコの飼い主を調べたとき、およそ半分のネコが定期的に他のネコとけんかをしていて、五匹中二匹がネコ全般を怖がっていた。ネコの行動障害を専門とする獣医である同僚のレイチェル・カーシーは、室内やトイレの外で糞尿をするネコを診て、たいていの場合、不安と恐怖が引き金になっていると診断していた。壁や家具に尿をひっかけるネコもいた。おそらく飼い主の家に他のネコが自由に出入りしていると考え、それを防ぐためにしたのだろう。屋内で、ネコドアからいちばん遠い場所を見つけて、そこに放尿するネコもいた。たぶん他のネコの注意を引くことに怯えていたのだろう。飼い主のベッドのシーツに糞をするネコもいた。自分のにおいと飼い主のにおいを混ぜあわせて、家の中心に〝所有権〟を確立しようとしたのだ。同じ家に住んでいる二匹のネコのあいだに争いが生じると、片方はずっと隠れて過ごすか、被毛がはげてしまうほど過剰に毛づくろいするようになることも起こりうる。[21]

信頼していない別のネコといっしょに暮らすストレスは、ときとしてネコの健康を損なうほど深刻になることもある。精神的ストレスと密接に結びついていると判明している病気のひとつが、膀胱炎だ。他の原因が不明なので、突発性膀胱炎と獣医に呼ばれている病気だ。排尿障害――血尿、排尿困難や痛み、不適切な場所への排尿——で獣医にかかったことがあるネコのうち三分の二が、膀胱の炎症と、それによって膀胱壁から排出される粘液による尿道の間欠的閉鎖以外に、これといった医学的問題がない。したがって、そうした膀胱炎の契機になるのは精神的なものだ。そのうちでももっとも大きいのが、同じ家で暮らしているネコとの争いだということが、調査から判明している。定量化するのは少しむずかしいが、同じぐらい重要なのは、近隣のネコとの争いだろう。当然、膀胱炎になりやすいネコは、自宅の庭で出会ったネコに立ち向かうよりも逃げてしまいがちだ。そういうネコは他のネコとの接触を非常にストレスに感じているだろう。突発性膀胱炎は雄に比べ雌には少ない。膀胱から延びている管、すなわち尿道が雄の方が一般的に細いので、閉塞しやすいというのが医学的な定説である。しかし、雄ネコは雌ネコよりも縄張り意識が強く、あまり社交的ではない。社交的であれば、ストレスに健康をむしばまれる前に、他のネコとの争いを解決するか回避できただろう。

　ブリストル大学獣医学部の同僚は、排尿が非常に困難で、ようやく排尿すると血尿になる五歳の雄ネコのケースを報告した。さらにそのネコは腹部を過剰に毛づくろいしたが、それ以外はいたって健康だった。そのネコは六匹のネコと同居していたが、他のどのネコとも親しくなかった。さらに、近所のネコが最近彼を攻撃していた。だが飼い主がクリニックに薦められた変更をしてから、症状はじょじょにおさまっていった。家の中に彼以外に入れない場所、専用のえさのボウル、他のネコが近づけない専用のトイレを設けたのだ。同時に、飼い主は彼がいる部屋の窓ガラスの下側を覆ったので、庭に入ってくるネコが見えなくなった。半年後、症状がぶり返したが、調べてみると、その直前の二日間、まちがえて他のネコといっしょに閉じこめられたことが判明した。飼い主は二度とそういうことが起きないようにすると誓い、ネコはすぐに回復した。[22] 不安は、数分だけ経験するなら役に立つ感情だが、何週間も何カ月も長引くとネコにとって毒となり、ストレスホルモンが慢性的に上昇し、恐怖にしつこくつきまとわれ、ひいては健康が損なわれかねないのだ。

同じ調査で、ネコの飼い主はさらに複雑なネコの感情について質問された――嫉妬、誇り、恥ずかしさ、罪悪感、喪失。三分の二の飼い主が、ネコは嫉妬や誇りを感じることができると信じていた。ただし恥ずかしさ、罪悪感、喪失は、大半の飼い主によって否定された。

怒りや愛情や喜びや恐怖や不安といった基本的な感情は、自発的に表れる〝直感〟である。ネコの脳のもっとも原始的な領域がそうした感情を生みだす。嫉妬、共感、喪失といったもっと複雑な感情を持つためには、ネコは自分以外の動物の精神的プロセスを理解する必要がある。そのため、心理学者はそれらを〝関係〟感情と呼んでいる。

たとえば、嫉妬を例にとってみよう。嫉妬を経験するとき、わたしたちは嫉妬を覚える相手が誰であろうと、やはり人間であることはわかっているし、その人間がどう感じているかも予測がつく。いわゆる心理学者が〝心の理論〟と呼ぶものを持っているのだ。すなわち、別の人間が自分とはちがう考え方をするかもしれないと想像することだ。また、執拗に嫉妬することも可能だし、ずっとあとになってから、そもそもその感情を引き起こしたできごとを考えることもできる。そのときすでに嫉妬を覚えた人間が存在していなくてもだ。ネコは、そのどちらかができる能力や想像力を持っているようには思えない。

ネコはもちろん、他のネコをネコとして認識している。そして相手がしていることを見て反応することができる。しかし、ネコよりもはるかに社会的に進化しているイヌですら、他のイヌが考えていることは理解していそうには思えないし、ネコも同様である。さらに、ネコは現在に生きているのであって、過去について回想したり、未来について計画を立てたりしているようには見えない。それでも、嫉妬は今ここで感じる感情だ。ネコにとっては、ライバルのネコが考えていることを理解することができなくても、そもそも考えることすらできなくてもかまわない。他のネコが自分よりも与えられていると感じたら、それはネコにとって嫉妬なのだ。したがって、イヌほどわかりやすくないかもしれないが、ネコは嫉妬を感じることができる。実際、数多くの飼い主から、他のネコをなでようとすると邪魔をするネコの話をさんざん聞かされている。

ネコは喪失を感じることもできると、多くの人が考えている。知っているネコがいなくなると、奇妙なふるまいをするからだ。ネコが実際に感じているのは、おそらく一時的な不安だろう。いなくなったネコのすべての痕跡がなくなれば、それは消えてしまうはずだ。子ネコがもらわれていったあと一日か二日、母ネコは子ネコを探すかもしれない。母ネコにはその子ネコの記憶があるからだ。したがって、その子ネコが一時的に行方不明になっても、同じ行動をとるだろう。野生では子ネコが独立する月齢になるまでは、居場所を把握し面倒を見るのは、母ネコの責任なのだ。子ネコがちゃんと世話をしてもらえるいい家庭にもらわれていったことを、母ネコは〝知る〟ことができない。数日間、母ネコは残っているその子ネコのにおいのせいで、子ネコのことを思いだすはずだ。いったん子ネコのにおいが薄れると、母ネコは去っていった子ネコのことをすっかり忘れてしまうだろう。においがするあいだは、不安を感じ、子ネコを探し続けるかもしれない。しかし、それは喪失とはちがうものなのだ。

罪悪感とか誇りといった感情には、さらに高い認識力が必要だ。自分自身の行動を、自分が理解している基準に照らしあわせる能力が必要だからだ。罪悪感を覚えるとき、人間はやってしまったことの記憶と、悪いことだと考えているものを比較する。そうした感情はときには自意識の強い感情と呼ばれる。なぜならそうするためには自己認識を得る必要があるからだ。これまでのところ、ネコの自己認識についてはまだ証明されていない。イヌは禁じられていることをしたのを飼い主に見つかったとき、〝うしろめたそうな表情〟をすることが知られている。しかし、ある巧妙な実験が、これはすべて飼い主の想像だということを証明した。[23] 研究者は飼い主に、飼い主には知られないように、一部のイヌに命令してから部屋を出るようにと指示した。そして、飼い主に、おいしそうなごちそうを食べるなとイヌにごちそうを食べるように仕向けた。部屋に戻ってきた飼い主全員は、飼いイヌがごちそうを盗んだと伝えられる――すると、悪いことをしていても、していなくても、すべてのイヌがたちまちうしろめたそうに見えてくるのだ。〝うしろめたそうな表情〟は飼い主のボディランゲージに対する反応でしかない。実際にイヌが盗んでいるかどうかにかかわらず、飼いイヌの悪さを伝えられたとたん、飼い主のボディランゲージはわずかに変化するのだ。イヌの〝うしろめたそうな表情〟が飼い主の想像力の一部なら、イヌは――さらにはネコは――罪悪感を覚えることはできないということになる。誇りについてもおそらく同じだろう。ただし、まだ研究は行なわれていないが。

ネコの感情的側面は、ネコを中傷する人が主張する以上に複雑だが、熱心なネコ愛好家が信じたいと思うほどには精巧ではない。イヌとちがって、ネコは感情を隠す――人間にというよりも、ネコ同士で。それは孤独で競争の激しい動物として進化してきた歴史の遺産なのだ。ネコが基本的な感情、直感を持っていることは信じるに足る。それによってネコはすばやい決断を下せるのだ。逃げるべきか（恐怖）、毛糸玉で遊ぶべきか（喜び）、飼い主の膝で丸くなるべきか（愛情）。しかし、ネコはイヌほど社会的に発達していない。ただ、まちがいなく知性があるが、その知性はもっぱら食べ物を手に入れ、テリトリーを守ることに活用されている。相手との関係性から生まれる感情、たとえば嫉妬、喪失、罪悪感はおそらくネコの能力を超えているだろう。そのため、ネコは他のネコと親密に暮らす要求に、なかなかうまく応じられない。だが、家畜化が進むにつれ、ネコはそういうことを求められるようになった。

第7章　集団としてのネコ

ネコはとても愛情深くなれるが、愛情の対象については好みがうるさい。この潔癖さはネコが進化してきた過去に起因している。ヤマネコ、特に雄は生まれてからほとんど大人の仲間といっしょに暮らすことはなく、同じヤマネコのメンバーを潜在的な同胞ではなくライバルとみなしていた。やがて家畜化が起きると、ヤマネコの人間に対する本質的な不信はやわらぎ、他のネコに対する警戒もゆるんだ。

ネコと飼い主の絆は、ネコとネコとのあいだの絆に起源があるにちがいない。進化において、他に説明のつきそうな起源がないからだ。

かつて科学者は社会的なネコ科の動物は、ライオンとチーターだけだと考えていた。しかし最近、そのリストにイエネコをつけ加えた。定期的にしかるべき食べ物が与えられれば、野良ネコのグループが形成されるということは、以前からはっきりしていた。しかし、こうしたグループはお互いにいっしょにいることを了承した個体の寄せ集めにすぎない、とみなされている。さまざまな種類の動物が水場でいっしょに水を飲んでいるようなものだ。ネコのブリーダーは雌ネコがお互いの子ネコに授乳することを経験しているが、科学者はこの行為を、純血種のネコが飼われている人工的な条件下のことにすぎないと一蹴した。しかし一九七〇年代の末、イギリスのデヴォン州の農場で暮らすネコについてのデイヴィッド・マクドナルドのドキュメンタリーは、これが自然な行動であることを示していた——自由に生きている雌ネコ、とりわけ血のつながりのある雌ネコは、自発的に子ネコを協力して育てるのだろう[1]。

研究が始まったとき、コロニーには四匹のネコしかいなかった。雌のスマッジ。娘のピックルとドミノ。それに父親のトム。彼らは農場の庭にいないときは、思い思いに過ごしていた——ライオンとちがって、イエネコはいっしょに狩りをしない——しかし、たまたまいっしょになると、見るからに満足そうにいっしょに丸くなっていた。ネコたちはあきらかに庭と、提供されている食べ物と住まいを〝自分たちのもの〟とみなしていた。なぜなら三匹の雌ネコはいつも団結して、近所に住んでいる他の三匹のネコ——雌のホワイトティップ、その息子のシャドー、そして娘のタブ——を追い払っていたからだ。しかしトムはシャドーにだけ攻撃的だった。おそらくライバルになると考えていたのだろう。それに、いつか将来的に自分の群れを失ったら、二匹の雌ネコに求愛する可能性が出てくるかもしれないからだ。

まず最初にピックルとドミノが、雌ネコはお互いに助け合うことを示してくれた。五月の初め、ピックルが三匹の子ネコを積みわらの中のねぐらで産んだ。最初の二週間、どの母ネコもするように、ピックルは一人で子ネコたちの世話をしていた。そこへ突然、妹のドミノがねぐらに現れ、さらに五匹の子ネコを産んだ——ピックルはてきぱきと、妹の出産と子ネコたちをなめてやるのを手伝った。

ラッキーと遊ぶドミノ

それから生まれた時期がちがうのに、八匹の子ネコ全員がいっしょに両方の母ネコから分け隔てなく授乳され、世話をされた。ただ悲しいことに、八匹全員がのちにネコインフルエンザにかかって死んでしまった。イギリスの戸外で生まれたネコにはよくある災厄だ。しかし、祖母のスマッジが数週間後にラッキーと名づけられた雄の子ネコを一匹だけ産んだとき、ドミノもピックルもラッキーの世話を手伝い、いっしょに遊んだり、とらえたネズミを持ち帰ってやったりして、スマッジが狩りに行くあいだラッキーを一人ぼっちで残していかなくてすむようにした。

その後の研究により、血縁関係にある雌ネコのあいだのそうした協力は例外ではなく、ルールだということとがあきらかになった。わたしは飼いネコのリビーが最初の子ネコたちを産んだときに、まさにこういう関係を目のあたりにした。リビー自身の母ネコ、ルーシーも子ネコの世話を分担し、毛づくろいしたり、横になって暖めてやったりしたのだ。それどころか、子ネコは家じゅうを歩き回れるぐらいに大きくなると、母親のリビーといっしょにいるよりも、祖母と過ごす方を好むようになった。

ネコの社会は同じ家族の雌が基本になっている。野良ネコでも農場のネコでも、二世代（姉妹とその子ネコたち）、三世代（母親、その娘とその子どもたち）以上がいっしょにいることはめったにない。しかし、そのグループにいるネコは、意識してお互いに助けあっているのではないように見える。むしろ、多くの雌ネコ、とりわけ子ネコのいる雌ネコは、すでに親しくなっている雌ネコの子ネコと自分の子ネコの区別がつかないようなのだ。野生では、自分の娘や姉妹——生まれたときから知っていて、信頼しているネコたち——の場合がそれにあてはまる。出産したばかりの母ネコは、そばにいる子ネコならすべて受け入れるのだろう。そうしたネコを母のいない子ネコの乳母として利用している慈善団体もある。

野良ネコのもっと大きなコロニーでは、通常一〇家族以上が暮らしている。こうした家族はずっと協力しあうが、お互いに競争もする。ネコのコロニーの大きさは、定期的に手に入る食べ物の量で決まってくる。それが豊富にある場所——たとえば、水揚げがその場で加工される伝統的な漁村とか——では、数百匹のネコが近接して暮らすほどのコロニーがいくつも形成されることもありうる。ネコは多産なので、数はたちまち増えていくが、やがて食べ物が足りなくなる。その時点で、コロニーの端にいるネコは出ていくか、栄養不良による病気で死ぬだろう。

どの家族も子ネコが生まれるときに、ねぐらでいちばんいい場所を手に入れ、食べ物を見つけるのに都合のいい場所にとどまろうとして必死だ。しかし、繁栄している家族でも、規模が大きくなるにつれ、たとえ充分な食べ物があってもメンバーのあいだの緊張は高まっていく。ネコはたとえ隣人全員が近い親戚でも、大所帯の友好的な関係を保つことができないようだ。些細なけんかが起こりはじめ、やがて家族のメンバーのうち、出ていかざるをえない者もいる――新しく加わるコロニーでは、いちばんいい場所はすでに別のネコに占拠されているだろうから、出ていったネコはえさの乏しいコロニーのいちばん端で、新入りの隣に場所を見つけなくてはならないかもしれない。

このように、ネコのコロニーはよく整備された社会とは言いがたい。地元の食べ物が集まる場所に、たまたまネコが集まってきただけなのだ。食べ物の供給が制限されれば、たったひとつの家族がそれを独占するかもしれない。食べ物が非常に豊富なら、いくつかの家族がいちばんいいものをいちばん多く手に入れようと争うだろう。しかし、通常、それぞれの家族の繁栄は脅しや、お互いに慎重に避けることや、ときおりのあからさまな暴力によって成し遂げられる。そうした状況だと、家族に手伝いを求めることは、最上のテリトリーを確保するために必須だ。養わなくてはならない子ネコを抱えていたら、雌ネコは単独では生き延びていけないだろう。

いくつもの家族からなる比較的大きなコロニーでの家族の協力も、ひとつだけの家族で構成される小さなコロニーにおける血縁関係の絆も、同じものだ。ただし、ネコは他の家族同士で協力しあうことはできないようだ。そうした交渉技術はネコの能力を超えているらしい。

こうした家族の絆の正確な起源について、生物学者ははっきりわからずにいる。雌ネコが自分の子ネコと他の子ネコの区別がつかず、たまたまそういうことが起きたのかもしれない。ヤマネコの祖先を振り返ってみると、すべての雌ネコが自分のテリトリーを持ち、他の雌から守っていた。したがって、ふた腹の子ネコが同じ場所で生まれる可能性は実際にはゼロだっただろう。ヤマネコでもイエネコでも、おそらく雌ネコは自分の作ったねぐらにいる子ネコすべての面倒を見る、という単純なルールに従うのだろう。母ネコは横になって授乳する前に、侵入者がいないか、すべての子ネコのにおいを嗅いで調べる必要を感じていないのだ。しかし、大人のネコのあいだの協力態勢を形成したのは、これだけではないはずだ。ヤマネコの祖先からイエネコに進化するまでの何千年ものあいだに、社会的仕組みが発達したのだろう。

人間が豊かな食糧源を手に入れて、食べ物を保管することを発明するとすぐに、ネコの社会的行動は始まった。同じ種のメンバーに対して生来の敵意を持ち続けていたネコは、仲間との関係性を認識して互いに助けあったネコほどは、この新しい供給源を有効に利用できなかったと推測されるからだ。

生物学者は、ふたつの異なる点で、この協力的行動が両者にとって有益であることを突き止めた。ひとつは相互の利他主義にのっとり、自分に恩恵をほどこしてくれた相手だけに恩恵をはかり続ける互恵行動だ。理論的には、血縁関係のあるなしにかかわらず、これは近接して暮らしているどんな動物のあいだにも起こりうるものだ。しかし、もしも血縁関係があるなら、協力した方がいい第二の理由は、血縁選択（自然選択による生物の進化を考えるには、個体が自ら残す子孫の数だけではなく、遺伝子を共有する血縁者の繁殖成功に与える影響も考慮すべきだとする進化生物学の理論）である。姉妹のネコは半分の遺伝子を共有している。その子ネコは、ちがう雄ネコが父親だとしても、それぞれがおばの遺伝子の四分の一を持っている。このように、将来これらの子ネコのどれが自分の子を持つにしても、どの子ネコも母親とおばの両方の遺伝子を共有することになる。[2] 姉妹のどちらにも、どの子が生殖能力を得るまで生き延びられるかわからないので、他の条件が同じなら、両方が産んだ子ネコを育てるべきだろう。こうして、姉妹のあいだですら敵対関係をうながすライバル遺伝子を犠牲にして、血縁関係のあるネコのあいだの協力を好む遺伝子が残っていくのだ。[3]

互恵行動と血縁選択は利己的行動を防ぐ有能なメカニズムだ。しかし、協力的な行動は、利益がその犠牲を上回るときだけ進化していくはずだ。最初のイエネコにとって、家族の中で暮らす利点は、まず豊富な食べ物――食物倉庫を荒らす獲物でも、人間から与えられる余り物でも、その両方でも――が争うことなく分かちあえることだっただろう。しかし、ひとつのねぐらに数腹の子ネコを入れることは、一匹の子ネコが病気になったら、全員が病気になるということだ。ドミノとピックルの経験が示しているように、これは致命的になりうる。一九七八年に、南アフリカの科学者が、インド洋のマリオン島で、地上に巣を作る海鳥に大損害を与えたネコを駆除するためにウィルスを持ちこんだとき、祖先の習慣を守って単独で暮らしていたネコはほとんどが生き延びたが、家族のグループは死に絶えた。他の場合であれば、捕食者から子ネコを守るために母ネコたちが協力しあう利益の方が、単独の暮らしの不利益を上回っただろう。孤立した母ネコは食べ物を見つけるために、子ネコたちをときどき置いていかねばならないし、乳が出なくなる可能性もあるからだ。

子ネコを共同で育てる複数の母ネコは、孤立した母ネコよりもずっと効率よく子ネコを守ることができる。人間のあいだで暮らしているイエネコには、常にふたつの大きな敵がいる。野良イヌと他のネコだ。二〇年前、トルコの村で妻といちばん下の息子と休暇を過ごしたとき、滞在していたアパートメントに大きなおなかをした野良の三毛ネコが訪ねてくるようになり、アリカンと名づけた。二日間、姿を消していたアリカンはぐんとやせ、おなかをすかせて戻ってきた。そこで、近くで子ネコを産んだにちがいないと考えた。わたしたちはキャットフードを売っているスーパーマーケットを見つけて、アリカンの食べ物を買いこんだ。えさを食べ終えたアリカンを追っていくと、道のはずれにある廃屋になった農場に入っていった。その後、わたしたちは朝と晩にえさをやっていたが、ある晩、哀れな鳴き声で目を覚ました。アリカンがドアの外にいて、襲われたらしい子ネコの死骸をくわえていた。アリカンはすぐに走り去り、すぐにまた死んだ子ネコを運んできて、戸口に最初の子ネコと並べて置いた。

イヌが犯人だとも考えられた。夜になると番犬の群れが村をうろつき、戸外のレストランで食事客に残り物をせがんだり、ネコを追いかけたりしていたのだ。イヌの群れがネコのねぐらを見つけたのなら、おそらくねぐらは破壊するだろうが、子ネコを食べることはないだろう。ただし、一度、イヌが死んだ子ネコをおもちゃにしているのを目撃したことがある。もっとも、オーストラリアではディンゴ――もともとは飼いイヌが野生化したイヌ――が野良ネコの数を抑制して、地元の小さな有袋類を繁栄させている。[4]とはいえ、ネコの第一の敵である長い歴史と評判にもかかわらず、この子ネコたちの死をイヌの責任にすることはできなかった。

アリカンの子ネコが夜に殺されたのなら、犯人は別のネコの可能性の方が高かった。イヌたちは日暮れに飼い主の家に帰っていたからだ。子殺しはライオンではよくあることだが、イエネコではわずか数例しか報告されていない。[5]雄ライオンは自分の子ではない子ライオンを殺す。そうすることで母ライオンをすぐに発情期に戻らせるためだ。さもないと、雄は妊娠出産と授乳のための十数カ月を耐えなくてはならない。しかも、そのときまでに雄は雌を支配する権力を失っているかもしれないのだ。

雌ネコは子ネコが離乳するとすぐに、交尾の準備が整う。子ネコが育たなかったら、その時期はさらに早くなる。したがって子殺しを実行しても、雄ネコは残虐な行為からほとんど得るところはないだろう。少なくとも、交尾の機会を増やすという点では。子殺しは農場の小さな一家族だけのネコのコロニーでは、ごくありふれたことのようだ。意外にも、敵意がもっと露骨に示されている数家族からなる大きなコロニーでの方が少ない。そうしたより大きなコロニーでは、雌ネコはしばしば複数の雄と交尾するので、どの子ネコが自分の子か、雄ネコは識別するのがむずかしいのだ。となると、雄は一度もつがったことがないと確信できる雌の子ネコだけを殺しているはずだ。

母ネコがいっしょにいれば子ネコを全力で守るので、雄ネコは放置されている子ネコを狙う。二匹以上の雌ネコが共同で面倒を見ている子ネコたちの方が、個別のねぐらにいる子ネコよりも、襲撃してくる雄に対する守りは堅い。おそらく、不運なアリカンは、力をあわせることのできる姉妹がいなかったのだろう。

家族で暮らしていると、ネコはお互いから多くを学ぶことができる。母ネコは獲物をねぐらに持ち帰ることで、子ネコに獲物の扱い方を教える。もっとも実際に教えるという証拠はない。たんに獲物がどういうものか、安全なねぐらで子ネコが学ぶ機会を与えているだけだ。子ネコは母ネコがすることすべてに非常に注意を払っているが、意図的に母ネコを真似することはありえない。本当の模倣には、複雑な精神的プロセスが必要だからだ。動物はまず、その行動が何を意味しているかを知らなくてはならない。それから目にしたものを自分自身の筋肉の動きに変換していく。人間は真似することが簡単だと知っているので、他の動物も同様だと思いがちだが、本当の模倣——別の動物の行動を意図的に真似ること——は霊長類に限られていることが、研究によってあきらかになっている。

母ネコの行動を直接に真似なくても、子ネコはもっと簡単な方法で母ネコから学ぶ。母ネコが子ネコの関心を適切な対象に向けると、子ネコはそれに対して本能的に行動するのだ。一九六七年の実験で、母ネコは子ネコに食べ物を手に入れようとするのに最適なタイミングを教えることが判明した。実験では、一方の壁にレバーがついている箱を子ネコに自由に探検させる。[6] 子ネコはにおいを嗅ぐ以外、レバーを無視している。しかし母ネコがレバーを前脚ではたき、食べ物を手に入れるのを見ると、レバーに非常に関心を示し、前脚ではたくとほうびが出てくることをたちまち学習した。通常、子ネコは動く物をはたくが、動かなかったり固定されたりしているものは、めったにはたくことがない。子ネコがレバーをはたいたのは模倣のせいではなく、母ネコが操作しているのを見たレバーは箱の中にあるものと同じように見えたので、じっくり調べてみるべきだと認識したせいなのだ。子ネコは新しいものを調べるときは常に前脚を使う。したがって、母ネコの行動を真似る必要はなく、子ネコはたんに自然な行動をとっただけなのだ。同じような実験で、別の子ネコたちは、知らない雌ネコがその動作をしているのを見せられた。この子ネコたちの場合は、レバーを前脚で操作することを学習するまでに長い時間がかかったか、まったく学習しなかったかだった。この結果は、子ネコが観察したいと感じるのは母親だけだということを示している。おそらく見知らぬ大人のネコの存在に怖《お》じ気《け》づいてしまい、何も学習することができなかったのだろう。

大人のネコは、お互いから学ぶことで得るところがあるのだろうか？　この興味深い可能性については、ほとんどわかっていないが、七〇年以上前に行なわれたある実験が、それが可能であることを示唆している。[7] 数匹の生後半年のネコが、ターンテーブルの手の届かない場所にのせた食べ物を見せられた。（219ページのイラスト参照）この装置は一度前脚ではたいただけでは、食べ物を手の届くところまで移動させることはできないようになっている。慎重に前脚を使って食べ物をじょに引き

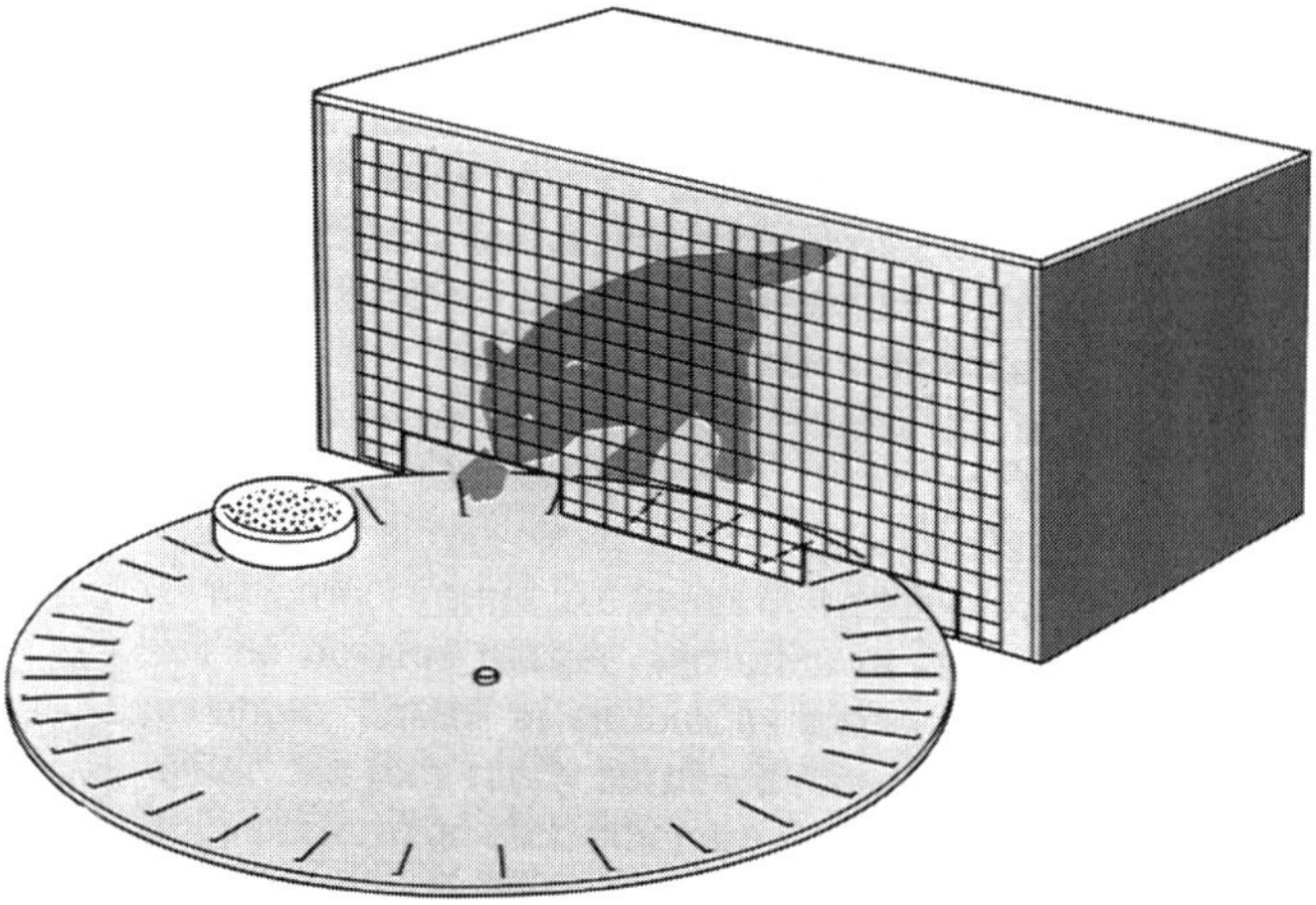

他のネコから学習する能力を試すために使われたターンテーブル。ボウルが隙間を通過するまで、少しずつテーブルを回すことで食べ物を手に入れられる。

寄せなくてはならない、とネコが学ぶまでには、何度も練習が必要だった。しかし、自分ではその装置を使ったことがないが、姉妹がターンテーブルを回して食べ物を食べるのを見ていた二匹のネコは、どちらも一分以内に問題を解決した。お互いのやることからすぐに学習したのが姉妹だったのは、偶然ではないだろう。家族のメンバーのあいだで技術が伝達されることは、お互いに利益になるし、その家族グループを孤立したネコよりも優位に立たせるのだ。

家族ではないネコから、若いネコが多くを学べるかどうかは疑問だ。見知らぬネコに対する潜在的な不信感のせいで、トラブルを避けようとする方に注意が向いてしまい、そのネコがしていることに対する興味がかすんでしまうかもしれない。しかし、親密な家族グループ内なら、幼いメンバーは年上のもっと経験のあるメンバーが日々の問題を解決しているのを見て、学習することができるだろう。ネコは単独で狩りをするので、おそらくこれは共有されたテリトリー内で食べ物をあさっていたり、人間に対処したりするときに利用されるだろう。

二〇世紀に人間が環境を支配するまで、ときどきヤマネコはコロニーで暮らしていたかもしれない。二〇世紀初めにアフリカを探検したヨーロッパ人による記録から、この可能性が垣間見える。ウィロビー・プレスコット・ロウは英国自然史博物館のために動物を集めた一人で、一九二一年にスーダンのダルフールから持ち帰った種についてこう記している。

わたしはエルファシェルの近くで興味深いネコをとらえた。イエネコのようだった——ただし配色がちがった。おもしろいのは、彼らが平原の穴にウサギ飼養所さながら、コロニーを作って暮らしていることだ——すべての穴は近接している。彼らは地元で生まれたという話だった。ともあれ、こういう習慣のネコはまったく初めてだ！　そこらじゅうにいるアレチネズミを食糧にしているので、地面はたくさんの穴だらけだった。[8]

一〇年後、サハラ砂漠の中央にあるアハガラ山地への調査旅行で、ロウは再びフェネックギツネが掘った穴で暮らしているヤマネコのコロニーについて記している。

どちらのネコも典型的なアフリカのヤマネコに思える。しかし、その社会性は必ずしもヤマネコの祖先から受け継いだものではない。アフリカの南と中東にいるあきらかなヤマネコのDNAは、イエネコとヤマネコの長期にわたる交配を示している。ロウが見たのは交配種のコロニーだったのかもしれない。交配種は家族というグループで暮らす能力を持ちながらも、一見ヤマネコのように見える。こうしたリビアヤマネコの社会的なグループがたびたび記録に残されているということは、それまでのイエネコとの交配種から社会的技能を受け継いだのだろう。

孤立した動物から社会的生き物への転換には、コミュニケーション技能において大きな飛躍が求められた。とても警戒心が強く疑い深いネコのような動物にとって、姉妹のあいだのちょっとしたいさかいが、家族崩壊につながりかねなかっただろう。しかし、どうやら進化した意思伝達システムで、互いの気分や意図を推し量ることができるようになったようだ。

イエネコの場合、わたし自身の調査によれば、鍵となるシグナルは尻尾をピンと立てることだ。ネコのコロニーでは、二匹のネコがお互いに近づこうかと考えているとき、片方はたいてい尻尾を立てている。相手も喜んで受け入れるときは、やはり尻尾を立て、二匹はお互いに歩み寄る。[9] 相手が尻尾を立てなくても、最初のネコが大胆なら、それでも近づいていくかもしれないが、斜めに歩み寄る。そのとき二番目のネコが背中を向けたら、最初のネコは注意を引こうとニャーと鳴くかもしれない——もっとも野良ネコが鳴くのはきわめてまれだが。あるいは最初のネコは尻尾を下げ、別の方に頭を向ける。すると、友好的な気分ではないと相手に思われるだろう。躊躇することは危険になりうる。わたしの研究チームは、ネコがまちがった方向に動くと、たとえ尻尾を立てていても、追いかけられた例をいくつか記録している。その場合、相手はたいていもっと体が大きく、干渉しないでもらいたがっている。

以上の観察では、立てた尻尾がシグナルなのかどうか、決定的なことは証明できない。それは二匹の友好的なネコが会ったときにする、たんなる仕草かもしれず、そのこと自体にあまり意味はないのかもしれないからだ。そこでネコが意思を示すためにするすべてのことと、立てた尻尾を切り離すために、わたしたちは実物大のネコのシルエットを黒い紙で切り抜き、ネコの飼い主の家の幅木に貼りつけた。その家のネコは立てた尻尾のシルエットを見ると、たいてい近づいていき、においを嗅いだ。かたやシルエットのネコが尻尾を水平にしていると、ネコはあとずさった。[10]

尻尾を立てることは、子ネコが母ネコにあいさつするときの仕草から生じたのだろう。大人のネコ科動物は、尿をひっかけようとするときだけ尻尾を立てる。たんに衛生のためだ。動物園にいる数匹のリビアヤマネコの個体は、飼育係の脚に体をこすりつけるときに尻尾を立てるが、もちろん、彼らの祖先にはイエネコがいるにちがいない。他の種の大人のヤマネコはあいさつのときに尻尾を立てないが、子ネコは母親に近づいていくときに尻尾をピンと立てる。となると、家畜化のあいだに行動の変化が起きたにちがいない。まず、大人のネコが子ネコの仕草を真似して、別のネコに近づいていくときに尻尾を立てた。そして他のネコは、尻尾を立てているネコは脅威ではないと認識するようになったのだ。[11] いったんこのふたつの変化が起きると、その仕草はシグナルに進化した。隣接して暮らしている大人のネコ同士がけんかする危険を減らす合図となったのだ。[12]

尻尾を立てるあいさつが定着すると、どちらのネコもうれしそうに近づいていき、よって、両方のネコの気分と互いの関係にふたつのうちのどちらかが起こる。ひとつは、体をこすりつけあうことだ。もしネコが他のことをしている最中でも、片方のネコがもう片方よりもあきらかに年上で大きかったりすると、たいてい歩み寄っていく。そして尻尾を立てたまま、頭か胴体か尻尾——あるいはその組み合わせ——をお互いにこすりつけ、また別々に歩み去る。同じ集団に属するネコはこれをときどき行なうが、とりわけ雌が雄にあいさつするとき、若いネコが雌にあいさつするときにしているのがよく見かけられる。

体を相手にこすりつけるこの儀式の正確な意味は、まだはっきりしていない。肉体的接触そのものが、二匹のネコのあいだの友情を強めるのかもしれない。それによってグループを結束させ、自分以外のネコをライバルとみなす生まれつきの傾向を弱めるのだろう。体をこすりつけあうことで、当然、片方のネコからもう片方のネコににおいが移る。そして繰り返しこすりつけることで〝家族のにおい〟になる。ネコの肉食動物の親戚の中には、こすりつけあう儀式によってにおいを交換するものもいる。たとえば、アナグマはお尻をこすりあわせて〝一族のにおい〟を作りだす。そうやって尾の下側の分泌腺のにおいを交換するのだ。[13] ネコは意図的ににおいを交換しているのではないのかもしれない。もしそうなら、もっぱらにおいを発生する体の部分をこすりつけあうだろう。たとえば口のわきの腺などだ。その部分はテリトリーの目立つものにこすりつけ、嗅覚標識をつけている。となると、こすりつける儀式はおもにスキンシップであり、二匹の動物のあいだの信頼の再確認だと考えられる。それによって、コロニーがばらばらになる可能性を減らしているのだ。

尻尾を立てるシグナルのあとに起きるもうひとつのあいさつは、互いをなめる、すなわち毛づくろいだ。ネコは被毛をなめて長時間過ごす。したがって二匹のネコが並んで寝そべり、しじゅう相手をなめているのも不思議ではない。とりわけ相手の頭と両肩のあいだの毛づくろいをよくしている。ここはネコが自分で毛づくろいするのがいちばんむずかしい場所だが、毛づくろいが不可能なわけではない。ネコは手首をなめてから、その部分を手でこすって毛づくろいするからだ。しかもすべてのネコが食事のあとに、その方法を利用している。

ルーシーを毛づくろいするリビー

仲間の毛づくろいは、完全に偶然だという解釈もある。いっしょにすわっている二匹のネコが、いちばん清潔ではないにおいがする場所を、相手の体だということを忘れてきれいにするのだと。しかし、多くの動物において、仲間の毛づくろいには深い社会的意味があることがわかっている。とりわけ霊長類では、つがいの絆、一体感の形成、最近けんかした家族同士の和解に関わっている。ネコでは、仲間の毛づくろいは体をこすりつけあうことと似た働きをしている。そうやって友好的な関係をしっかり築くのだ。観察によると、一家族以上の大きなコロニーのネコでは、親戚同士で互いの毛づくろいをしているようだ。[14]

いくつかの証拠から、仲間同士の毛づくろいはけんかを減らすことがわかっている。ネコの保護団体によって作られたような人工的なコロニーでは、血縁関係のない動物がいっしょに暮らすことを強いられた場合に予想されるほど、敵意が蔓延していない。それどころか、仲間の毛づくろいがよく行なわれている。別のネコをなめることは、最近癇癪を起こしたことの〝お詫び〟なのかもしれない。またあるいは、毛づくろいされているネコは、その同じ相手に最近攻撃されたことを覚えているのかもしれない。後者だと、仲間の毛づくろいは攻撃の代替手段だという解釈ができる。それによって、片方の動物が、もう片方の行動をコントロールしているのだ。

ネコの社会は優勢順位によって築かれている、と主張する科学者がいる。より大きく、より強く、より経験があり、より攻撃的なネコが、より小さく若く臆病なネコを支配下に置く。優勢の概念は、以前からイエイヌとその祖先のハイイロオオカミに適用されてきた。しかし最近、それは多くの議論を呼んでいる。イヌ（とオオカミ）のグループはたしかに攻撃と脅しを利用して優勢順位を確立し、維持することもあるが、それは究極の状況、すなわち友好的な関係を作ろうとする生まれつきの性格が邪魔されたときだけだ、と生物学者は考えている。[15]

イヌと同じように、ネコにおける優勢順位は究極のプレッシャーの結果かもしれない。血縁関係のないネコがいっしょに暮らすと、社会的緊張が生じる。食べ物が集まるところにできた大きな戸外のコロニーでも、さまざまな場所から別々の時期にやって来たたくさんのネコがいる家庭内でも。小さな一家族のコロニーでは、優勢順位は存在しない。

マーキングする雄ネコ

ネコの社会はイヌの社会ほど進化していない。イエネコの社会は母権性だ。どの集団も一匹の雌とその子どもで始まり、定期的に充分な食べ物が手に入るなら、娘たちは母ネコのもとにとどまるだろう。娘たちは自分の子ネコを産むと、子ネコたちを共同で世話する。この状況はオオカミの社会よりも公平だ。オオカミの場合、若いオオカミは次の世代を育てるために両親を手伝うが、自分自身はその年は繁殖を避ける。[16] さらに、雄と雌の数がほぼ同じであるオオカミの群れとはちがい、雄ネコは子ネコを育てることを手伝わない。コロニーによっては、雌ネコがコロニー内の雄に対して非常に愛情深い様子が観察される——最近産んだ子ネコの父親だろう——おそらく、父ネコが他の雄の子殺しから守ってくれると考えているのだろう。典型的なネコの小さなコロニーは、母ネコ、大人になった娘たち、その最近の子ネコたち、それに一、二匹の雄ネコで構成されている。

家族グループは際限なく拡大していくことはできない。当然、食糧供給が足りなくなるからだ。若い雄は生後半年でコロニーを出ていきはじめる。ときには一、二年、コロニーの周囲を影のようにうろついていることもあるが、最終的には別の場所に雌を探しに行ってしまう——それによって近親交配を防ぐのだ。雌のあいだでは、空間と食べ物を争うようになると、緊張が高まるにちがいない。大きなできごと、たとえば母ネコの死などが契機になって、ネコの関係が壊れることもある。攻撃性が増し、かつては平和だったコロニーは、ふたつか三つのグループに分離してしまうだろう。弱小グループのメンバーは、その地域を完全に去ることを強いられるかもしれない。その後は子育てを援助するメンバーがいなくなり、多くの子ネコを大人になるまで育てることができなくなるだろう。このように、中心的な家族グループは生き残っていっても、グループが栄えれば栄えるほど、一部の雌のメンバーははぐれ者になる可能性が高くなる。中心的グループの構成は、食べ物とねぐらに接近しようとする他のネコや、増えすぎたネコを処分しようとする人間によっても破壊される可能性がある。結果として、ネコの社会は一度に数年以上同じであり続けることはめったにない。

協力の恩恵は、発達した社会的行動を生みだすほど大きくはなかったが、限られた社会的コミュニケーションを進化させることはできた。たとえば尻尾を立てる仕草、互いに体をこすりつけ、仲間を毛づくろいすることなどだ。この変化は、ネコが人間と一万年前に関わるようになるまでは起きなかったと推測できる。だとしたら、それは驚くほど短期間で起きたのだ。最近、例外的に速い変化、あるいは〝爆発的種形成〟が、これまでになかった環境に置かれた野生の動物において記録されている。つまり、ほんの数百世代で、完全に新しい種が登場する可能性があるのだ。[17] さらに尻尾を立てるシグナルが、子ネコの仕草から進化して、すべての大人のネコに認識されるシグナルになったのなら、それは家畜化によって進化した新しいシグナルの唯一の例だ。というのも、他のすべての家畜化された種は、野生の祖先が使っていたシグナルの一部を使っているのだ。

雌ネコと対照的に、雄のイエネコは家畜化によって大きく変化しなかったように見える。ただし子ネコのときに人間になつく能力は別だ。ライオンやチーターとはちがい、雄のイエネコはお互いに同盟を結ばず、一生涯、かたくなに競争をし続ける。結果として、その一生は事件が多く、短くなりがちだ。雌ネコ（それに去勢された雄ネコ）はできる限りお互いを避けるが、二匹の雄が出会うと、どちらもあとにひこうとはせず、戦いは激しくなることもある（左のコラム『虚勢と空威張り』を参照）。

虚勢と空威張り

二匹のライバルのネコが出会うと、肉体的接触をせずに、お互いに相手をひきさがらせようとする。ネコはやむをえない場合を除き、けんかをする危険を冒すことはないのだ。その代わり、実際以上に体が大きいと相手に思いこませる演技をする。

どのネコも最大限に背中を高くし、少し横向きになって毛を逆立てる。それによってできる限り、横向きの姿を大きく見せようとするのだ。もちろん、どちらのネコもそうするので、どちらかが有利になるわけではないが、どちらも最大限に見せる演技をしないわけにはいかない。そういうときに耳を後方に倒していたら、あまり勝つ自信がないしるしだ。耳はけんかで非常にダメージを受けやすい。とびぬけて成功した雄ネコでも、耳がボロボロになっているのがその証拠だ。

同時に、どのネコもさまざまな鳴き声を発して効果をあげようとする。喉の奥から発する裏声やシャーッという声、激しく唾を吐く、低いうなり声などだ――音が低ければ低いほど、喉頭が大きいので、より大きなネコだと思われるからだ。視覚的な見せかけが失敗し、実際にけんかが始まっても、たいていこの発声は続く。

ネコは視覚的シグナルのレパートリーがイヌほど豊かではないので、退却するというシグナルを出すのがむずかしい。けんかはいつも片方のネコが逃げだし、勝者が猛烈にそれを追っていくことで終わる。どちらのネコもけんかをしたくないなら、片方はじょじょに威嚇的な態度をやわらげていくだろう。体をかがめ、耳を平らに寝かせ、相手のネコが攻撃を仕掛けてこないか、頻繁に肩越しに振り返って確かめながら、ゆっくりと逃げていくだろう。

ほとんどの飼い主はネコを去勢するので、西洋社会では生殖能力を持った雄ネコはまれだ。去勢していない雄ネコをペットにする人間はめったにいないし、そうしようとした多くの人が、庭じゅうに（もっと悪くすると家じゅうに）スプレーされた尿の悪臭にめげてしまうだろう。あるいは、もっと強くて経験のある近所の雄ネコに負わされる傷にも。さらに、雌ネコを探して一週間も留守をすることにも。雄ネコの飼い主のほとんどが獣医のアドバイスを受け入れ、生後半年ほどで性ホルモンが分泌されるようになる前に子ネコを去勢する。一歳までに去勢された雄ネコは、雄というよりも雌のように行動し、他のネコに対しても雌と同じように社交的だ。つまり、生まれたときから知っている他のネコに対しては、たいてい友好的にふるまう。中にはさらに社交的な雄ネコもいるだろう。

生殖能力のある雄ネコの行動は、ネコがどのように進化してきたかについて手がかりを与えてくれる。雄ネコの第一の目標は、できるだけ多くの雌ネコの関心を集めようとすることだ。その結果、雄ネコは雌ネコよりも一五から四〇パーセント体重が重くなった。これは現代のイエネコについても言える。雄ネコの体格は家畜化によっても、さほど影響を受けなかったようだ。

定義上は、それぞれの子ネコの遺伝子の半分は父親に由来している。成功した雄ネコは生きているあいだに多くの雌ネコと交尾できるので、たくさん子孫を残す。つまり、次世代に大きな影響力を及ぼすわけだ。避妊手術をしていない雌ネコの飼い主は、近所のどの雄ネコとの交尾も許している。したがって、どの雄ネコがもっとも多く子孫を残すかは、人間ではなくネコによって決定されるのだ。

交尾の機会を最大にするために雄ネコが利用する作戦は、近くに何匹の雌ネコが住んでいるかによって影響を受ける。ヤマネコや野良ネコのように、雌ネコが広範囲に散らばっているときは、できるだけたくさんの雌ネコがいる広いテリトリーを守ろうとする。当然、すべての雄ネコが複数の雌ネコを手に入れられるほど、雌ネコはたくさんいない――雄と雌はほぼ同数生まれているからだ――そこで、もっと若い雄ネコは別の作戦をとる。うろつき回って、テリトリーの主《ぬし》である雄ネコと出くわさないようにしながら、まだ交尾していない雌ネコを見つけようとするのだ。

家畜化が起きる前、すべての雌ネコが孤立し、別個のテリトリーで暮らしていた時代に、雄ネコの作戦は進化したように思えるが、雌ネコが小さな家族グループで暮らすようになっても、雄ネコは行動を変える必要はなかった。たとえば、少数のネコしかいない農場でも、このやり方は今日まで続いている。

たくさんの雌ネコがひとつの地域に集中している場所――漁港、多くの野外レストランがある町、野良ネコにえさをやる人々がいる場所――では、どんなに強くても、単独行動の雄ネコは数匹の雌ネコ、いや一匹の雌ネコすら独占することができない。こうした場所では、雄と雌の両方を含む大きなコロニーが存在するからだ。どの雄ネコも基本的に雌ネコの関心を引くために他の雄ネコと競うが、もっと小さなコロニーで起きるような激しいけんかは避けようとする。さらに、こうした大きなグループの雄ネコは、雌ネコが発情するときにあまり攻撃的にならないことが多い。つがう相手として選ばれるには、お行儀よくしていることが必要だと承知しているかのようだ。

たいてい、雌ネコは雄ネコとの接触を避ける。とりわけ、よく知らない雄ネコのことは警戒するが、おそらく、襲われることを恐れてだろう。一家族だけの小さなコロニーでは、いっしょに暮らす雄ネコに対して雌ネコ全員が愛情深いことを、デイヴィッド・マクドナルドは観察した。グループを乗っ取ろうとして襲撃してくる雄ネコに対して、子ネコを守ってくれると期待してのことだろう。もちろん、雌ネコが発情期になると、雄ネコを避ける態度は変化する。実際の交尾の数日前、発情前期には、雄ネコに対して前よりも感じよく、寛大になる。ただし、この段階では短い接触しか許そうとしない。ふだんよりも落ち着きがなくなり、テリトリーの目立つ物に繰り返し体をこすりつけて、においを残す。近くに雄がいなければ、いつもいる場所から離れ、においづけ行動をして、特徴的なしわがれた鳴き声をあげながら進んでいく。においの変化で、すぐにでも交尾したがっていることを知らせているのだろう。それは一〇キロ風下の雄ネコにも嗅ぎとることができるかもしれない。そして発情期が近づいてくると、喉をゴロゴロ鳴らしながら地面を何度も転げ回り、ときおり伸びをしたり、地面を前足で踏みつけたりして、さらに落ち着きなくにおいづけ行動をする。この頃には、たいてい数匹の雄が近づいてきている。雌ネコは雄ネコに近づくことは許すものの、マウントは許さず、迫ってくる雄はかぎ爪と歯で撃退する。

どの雄も自分が父親になる子ネコの数をできるだけ増やそうとし、どの雌も生涯に産むことのできる限られた数の子ネコの遺伝的特性を高くしようとする。求愛時期を利用して、雌ネコは集まってきた雄ネコの中から相手を選ぶ。テリトリーに残した嗅覚標識から、ある程度のことはわかっているかもしれない（233ページのコラム『そのネコらしいにおい』を参照）が、雄同士でのふるまいや雌に対する行動を観察することで、よりバランスのとれた判断を下すことができるのだ。そして、複数の雄と交尾しようと決心するかもしれない——ときにはやむなく。

完全な発情期になると、雌ネコの行動は急激に変化する。転げ回るあいだに頭を地面に近づけ、足踏みをしながら、後ろ脚を開き、尻尾を片側によけ、雄に交尾をうながす。集まった雄のうち、もっとも勇敢な雄ネコが彼女にマウントし首筋をくわえる。数秒後、誘いとは裏腹に雌ネコは苦痛の悲鳴を上げて振り向き、唾を吐き、ひっかきながら雄ネコを追い払う。突然の気分の変化は、交尾のあいだに感じる痛みのせいにちがいない。雄ネコのペニスには、排卵を誘発するため一二〇本から一五〇本もの鋭いトゲがついているからだ。人間とちがって、ネコは自発的に排卵せず、こうした刺激が必要なのだ。幸いにも、雌ネコはこの不快感をたちまち忘れてしまうようだ。数分もすると、またもや雌ネコは雄ネコに性器を見せる――じょじょに間隔は空きながらも、このサイクルが一、二日続く。発情期が終わると、雌ネコはその地域から去り、雄ネコもちりぢりになる。雌ネコが妊娠しないと、妊娠するまで二週間おきに発情期になる。

そのネコらしいにおい

子ネコの父親を選ぶときに、雌ネコはとてもえり好みをするので、雄ネコは自分がいかにすばらしいかを宣伝する必要がある。しかも、実際にその雌ネコに会う前に、そうしておくことが望ましい。雄ネコは尿の刺激的なにおいを通じて宣伝をする。そのにおいは、人間の嗅覚にとっては不快だが、ネコの嗅覚には重要な情報を提供する。このにおいをできるだけたくさんのネコに嗅ぎつけてもらうために、雄ネコは放尿のときにしゃがまず、門柱のような目立つ対象にお尻を向け、尻尾を持ち上げると、後ろ脚をつま先立ちにして、対象のできるだけ高い場所めがけて尿をスプレーする。

雌ネコや去勢ネコよりもはるかに強烈な雄ネコの尿のにおいは、チオールと呼ばれる含硫黄分子に由来するもので、これはニンニクに特徴的なにおいを与えている物質と似たものだ。[18] この物質は尿が実際に排出され空気に触れるまで、尿中に現れない。さもなければ、雄ネコは毎食ニンニクを食べているかのようなにおいを発散することになるだろう。膀胱内では、それは無臭のまま蓄えられている。それがネコで最初に発見されたアミノ酸で、フェリニンと呼ばれるものだ。フェリニンはコーキシンと呼ばれるタンパク質によって膀胱内で生産される。

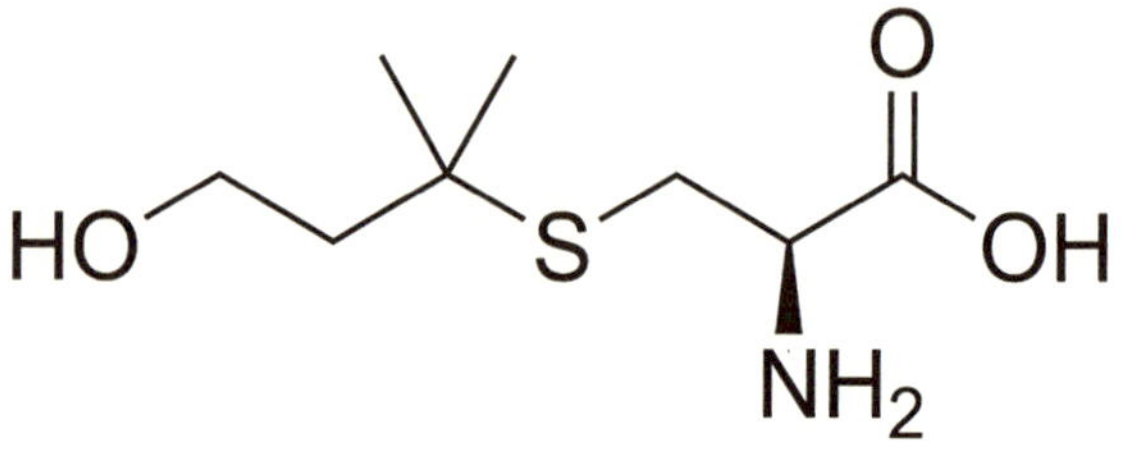

フェリニン

雄ネコの尿におけるシグナルはおそらくタンパク質（コーキシン）ではなく、フェリニンだろう。フェリニンはシステインとメチオニンというふたつのアミノ酸のひとつから作られており、どちらのアミノ酸も刺激的なにおいに必要な硫黄分子を含む。ネコは自分ではどちらのアミノ酸も作りだすことができない。すなわち、ネコが作るフェリニンの量は、食べ物に含まれる高品質のタンパク質の量によって決定される。つまり、そのネコがいかに腕のいいハンターかによって決まるのだ。このように、尿のにおいが強ければ強いほど、フェリニンをたくさん含んでおり、そのネコが食べ物を手に入れることが得意だということを示している。

尿の跡は、それを残したネコの正体についての情報も含んでいるにちがいない。さもなければ、雌ネコは目の前の数匹の雄ネコのうち、どれが最高のハンターかわからない。今までのところ、科学者はメッセージのこの部分を研究していないが、刺激性の硫黄分子にちがいない。他の種は鋤鼻器官を使って、それぞれのにおいの〝署名〟を嗅ぎわける。

ネコの尿のにおいは、その特質を表している。病気の雄や力のない雄ネコは充分な食べ物をとれないので、尿が刺激臭を放つことができない。したがって、このシグナルの進化はおそらく、尿のにおいの強さによって雄ネコを選ぶ雌ネコによって引き起こされたのだろう。どんなにいいものを食べていても、フェリニンを作ることができない雄は、雌に好まれないにちがいない。こうした基準をあてはめると、飼い主に高品質の市販のフードをもらっている雄ネコは、実際には詐欺師だ。もっとも、そういうフードはごく最近与えられるようになったので、まだ雌ネコの行動に影響を与えるにはいたっていないようだ。

この複雑な儀式の大半は、家畜化のはるか前に進化した。すべての雌ネコが自分のテリトリーで暮らしていて、いちばん近くにいる雄ネコと何キロも離れている時代に。雌ネコが発情してからすぐに排卵しないのは、交尾の相手を見つける時間をたっぷり与えるためだと科学者は考えている。この求愛期間が引き延ばされることは、もし一度に一匹の雄ネコしか近づいてこないなら不要だろう。しかし雌ネコは、まず数匹の雄を引きつけ、それから何時間か何日か彼らを観察して、子ネコのためにどの雄ネコがいちばんいい遺伝子を提供してくれそうかを判断する——雌ネコが父親ネコに期待できるのはそれだけだ。ネコの場合、父親の育児は存在しないからだ。

家畜化への入り口で、人間がネコに食べ物を与えるようになってから、おそらく雄ネコの作戦は変わっただろう。雌のテリトリーはずっと小さくなり、穀物倉庫とゴミあさりにうってつけの場所、人間が意図的に食べ物を提供してくれる場所に絞られたはずだ。そこで、そうした雌ネコのいるテリトリーを勝ちとり、雌ネコが発情期になったら独占した方が、雄ネコにとっては効率がよくなった。広くうろつき回りながら、偶然、発情期の雌ネコのにおいを発見するという〝旧式〟な作戦をとった雄ネコは、それほどうまくいかなかったにちがいない。雄ネコの交尾パターンを調べたいくつかの研究では、もっとも成功をおさめた雄は、このふたつの作戦を融合させていたことがあきらかになった。自分の雌ネコが発情期になりそうなときは〝自宅〟にいるが、同時に他のグループにまで進出したり、単独行動の雌ネコを狙い、そちらでも交尾を成功させようとしたのだ。[19] だが、そうしたやりたい放題のライフスタイルには、犠牲もつきものだ。雄ネコは三歳ぐらいになるまで、りっぱに戦えるほどの強さも経験も身につけていないので、命を落とすことも多い。また、交通事故の犠牲になったり、けんかで負った傷の感染症のせいで、多くは六、七歳ぐらいまでしか生きられない。

雄も雌も、多くのネコがひとつの小さな地域に住んでいる場合、雄ネコは作戦を変えざるをえない。わずか一匹の雌を独占するために危険を冒しても、それがむだになりかねないからだ。彼が挑戦者と戦うために背中を向けているあいだに、別の雄ネコがこっそり近づいてきて、彼の雌ネコと交尾してしまうかもしれない。こうした状況では、どの雌ネコも数匹の雄ネコと交尾することを受け入れなくてはならないだろう。そこで、雄ネコは一匹か二匹の雌ネコに執着せず、できるだけたくさんの雌ネコと交尾をしようとする。

この作戦が生まれたのは、ネコが高密度で暮らせるようにではないだろう。実際、自然界ではそれほど高密度のネコのコロニーはめったに存在しない。逆に、そうした大きなグループで育つ雄ネコは、コロニーの年上の雄ネコがどういうふうに行動しているかを観察して、どの作戦が最善か——というか、けがをしないために、どの作戦を避けるべきかを学ぶ。また年上の雄ネコが虚弱になって戦えなくなったときも、この知識を使うだろう。観察されたいくつかの大きなコロニーでは、若い雄ネコはめったに出ていかず、より小さなコロニーでは、その逆の状況だった。この状況だと、近親交配を招くかもしれない。同じ雄ネコが家族グループにとどまっていると、血縁関係のある雌と交尾する危険が増すからだ。それでも、外部からの雄と雌の移住は——豊かな食糧源に引かれて——そうした近親交配の可能性を防いでいる。

しばらくのあいだ、科学者はきょうだいネコの被毛の色で、父親が一匹なのか、複数なのかわかると考えていた。雌ネコが数匹の雄ネコを引きつけても、ときには一匹以外と交尾しないこともある。しかし、たいていは二匹かそれ以上の雄と交尾する。したがって、ひと腹の子ネコに複数の父親が存在する可能性は常にあるが、被毛の色だけで、それを確実に判断することはできない。というのも、大きなコロニーでは、雄はみんなそっくりに見えるからだ。しかしDNAテストによって、雌が交尾の相手を選ぶ機会が、実際の子ネコの父親の選択にどう反映されるかを検証することができた。

一匹の雄が暮らしている小さなコロニーでは、雌は交尾の時期にあまり選択をしないように見える。五腹のうち一腹だけが、別の雄ネコのDNAを発現していた。もっとも、雌ネコはとうの昔に雄ネコを選んでいたのかもしれない。つまり、自分の近くに暮らすことをその雄ネコに許したときにだ。それとも、もっと大きな雄ネコがやって来て、雌が遺伝子の質に疑問を抱かないうちに、現在いる雄ネコは雌に迫り、選択の余地を与えなかったのかもしれない。現時点では、どちらなのか科学的な証拠は手に入れていない。

より大きなコロニーでは、雌は数匹の雄ネコと連続して交尾するばかりか、同腹の子ネコのほとんどが一匹以上の雄のDNAを持っている。雌ネコは選択をすることもある——外部からやって来た雄に好意を見せることもある。そうやって近親交配を防ぐのだ。

雌が次から次に雄と交尾することには、別の目的があるように思える。雄ネコに子ネコが殺されるのを防ぐためだ。どの雄ネコも雌ネコが別の雄ネコとも交尾しているのを目にしているが、どの子ネコが自分の子で、どれがちがうのかはわからない。体がより大きな雄ネコは複数の雌ネコと交尾しているので、子ネコを殺す動機が持てなくなる。

　現代の都会の雄ネコは、新たな別の問題に直面している。繁殖できる雌ネコをどうやって見つけるかだ。最近、ますます多くのペットのネコが、繁殖できるようになる前に去勢されるようになった。動物保護団体は一度も出産しないうちに雌ネコの避妊手術をすることを勧めているし、野良ネコのコロニーを探しだして去勢しようとしている。[20]都会の雄ネコは繁殖可能な雌ネコのハーレムを守るどころか、作ることすらできない。こうした環境では、多くの雄ネコが野生の祖先と同じようにうろつき回るライフスタイルを採用し、若い雌ネコにばったり出会うことを期待するしかない。そうした雌ネコの飼い主は、一度ぐらい出産させようと避妊手術を先送りにしているか、現代の栄養は雌ネコを以前よりも早く成熟させ、生後半年で発情期になることを考えてもいないかだ。

　わたしのおおざっぱな観察によれば、雄ネコは避妊手術した雌ネコと、繁殖能力のある若い雌ネコを区別できないように見える。うろつき回っている雄ネコたちは、わが家の二匹の雌ネコが避妊手術をした（それぞれ一度と三度の出産をしたあとで）一〇年後にも、毎年冬の終わりになると彼女たちを訪ねてきた。避妊手術をした雌ネコと、していない雌ネコを発情期以外に区別するのはむずかしいのかもしれない。

　このように都会の雄ネコは干し草の山の中から一本の針を見つけねばならない、という問題を抱えている。そこで、雄ネコはできるだけ広範囲をうろつき、発情期になっている貴重な雌ネコの裏声やにおいに神経を研ぎ澄ませるのだ。そうした雄ネコは目立たない動物だ。中には飼いネコもいるが――

—飼い主はめったにネコの姿を見ないだろうが——多くは野良ネコだ。めあての雌ネコを見つけるとき以外は、ひそやかに行動しているので、おそらく予想以上に多くの雄ネコが存在するだろう。数本の毛からネコのDNA鑑定ができるようになると、わたしの研究チームは、イギリスのサウサンプトンのふたつの地区の家庭で生まれたすべての子ネコを調べようとした。どちらの地区にも、ほとんどの子ネコの父親になっている〝有力な〟雄ネコが見つかるものと予想していた。だが、七〇匹以上の子ネコのうち、すべてのきょうだいに別の父親がいて、そのうち一匹しか突き止めることができなかった。となると、ほとんどの発情期の雌ネコは一匹の雄ネコしか引きつけなかったのだ。避妊手術をされた大勢の雌ネコのあいだに繁殖できるわずかな雌ネコが隠れてしまっていることで、もっともどう猛で強い雄ネコすら、彼女たちを偶然に見つけることはむずかしく、結局、地域のすべての雄ネコが繁殖の平等なチャンスを手にしたのだった。

雄雌どちらのネコも、人間が押しつけたさまざまな条件に、驚くほどの柔軟さで性的行動を順応させている。それほどよく適応する理由のひとつは、雌のイエネコはとても多産で、毎年一ダースもの子ネコを産めることだ。繁殖の条件が厳しくても、外で自由に生きている雌ネコは少なくとも二、三匹の子孫を産む。多くの子ネコが大人になるまで生き延びることができなくても、それだけ産めば頭数を維持していくことができるのだ。

雄ネコもすばらしく上手に適応してきたが、雌ネコとはまたやり方がちがう。理論的には、一匹の雄ネコは何百匹もの子ネコの父親になれる。とはいえ、個々の雄ネコは種として生き残ることではなく、できるだけたくさんの自分の子どもを残すことに関心がある。繁殖できる雌ネコが少ないとき、雄ネコは交尾の機会を求めてできるだけ広範囲を探さなくてはならず、移動のために必要な食べ物をとるときしか足を止めない。発情期の雌ネコのところにたどり着いたのが彼だけなら、雌ネコは彼の資質をえり好みしないだろう。たまたま、その地域に数匹の雌ネコがいて、グループで暮らしているなら、雄ネコにとっては夫婦になるか、ハーレムを築くのが得策かもしれない。もっとも、だからといって、別の雌を探しに行くことをやめるわけではないようだ。ただし、それが可能だと判断した場合だが。将来的に乗っ取ることができるかもしれない別の雌ネコのグループにも、雄ネコは目を光らせている。こういう心理状態の雄ネコが、ときに子ネコ殺しをするのだ。しかし、交尾をする相手ばかりか、ライバルがたくさんいる巨大なコロニーにいると、生まれつきの攻撃性を抑えることを学ぶだろう。致命傷をこうむることなく子ネコの父親になるには、それが唯一の賢明な作戦だからだ。

ネコと飼い主の居心地のいい世界にとって、こうしたセックスと暴力の話は無関係に思えるかもしれないが、こうやってネコの次の世代が作られていくのである。西洋社会のネコの一五パーセントしか、計画的な交尾によって生まれていない。大多数は、ネコ自身が築く関係から生まれているのだ。現在は性的に成熟する前に、ほとんどのペットが去勢されているので、大半の飼い主は去勢していないネコの行動をほとんど知らないままでいる。去勢されたネコは、他のネコに前よりも寛大にふるまえるようになるが、完全にそうなるわけではない。兄弟姉妹、母と子といった家族の絆は、ネコが同じ家に住み続けるならずっと存在するだろう。飼い主によって同じ家に連れてこられた血縁関係のないネコ同士や、隣接した庭の境界で顔をあわせるネコ同士は、やはり野生の祖先から受け継いだ敵意を見せあう。しかし、そうした祖先とはちがい、現代のイエネコは人間と固い絆を築くことができ、その社会的ネットワークに新たな側面をもたらしている。

第8章　ネコと飼い主たち

ネコと飼い主との関係は基本的に愛情あふれ、豊かで、複雑だ。もっとも、皮肉屋は、ネコは偽りの愛情を示すことで人間に食べ物と寝場所を提供させ、ネコの飼い主は自分自身の感情をネコに投影し、自分がペットに感じている愛情がネコからも返されると想像しているにすぎない、と言う。

こうした意見は軽々しく無視できないが、ネコに対する愛情には正当な理由があるはずだ。たとえばネコに劣らず害獣駆除では有能なフェレットは、大多数の人には受け入れられていない――もちろんファンはいるが。ネコと人間の精神的な結びつきは、たんなる利便性への感謝から生じているのではないのだ。それどころか、現代の多くの飼い主がネコの狩りの能力には嫌悪を感じているが、ペットとしては愛し続けている。

ネコを小さな人間として考えるもっとも明快な理由は、顔の造作の人間的な特徴だろう。その目は多くの動物とはちがい、人間のように前を向いている。頭は丸く、額は広く、人間の赤ん坊を連想させる。幼児の顔は人間に世話をさせる強力な解発因（動物にある特定の行動をさせる刺激）だ。とりわけ、妊娠年齢の女性にとっては。人間に対するネコの影響は驚くべきものだ。たとえば、〝かわいい〟子イヌと子ネコの写真を見ただけで、まるでかよわい子どもを世話しようとしているかのように、一時的に人々の器用さが高まることが発見されている。[1]

　赤ん坊の顔をした動物を好むことは、テディベアの〝進化〟がいい例だ。もともとは茶色のクマを写実的にこしらえたテディベアは、二〇世紀のあいだに変化し、どんどん幼児のようになっていった。体は縮み、頭は――とりわけ額は――大きくなり、尖った鼻面は赤ん坊のボタンを思わせる小さな鼻に変形した。[2] こうした変化を起こした〝選択圧〟（進化において形質が世代を経るにつれ集団内での割合を増やしていくこと）は、クマと遊ぶ子どもから生じたものではなく、大人、とりわけクマを買う女性から生まれたものだ。ネコの顔は、わたしたちにアピールするように進化する必要はなかった。最初から人間にアピールする顔立ちを持っていたからだ。やがてネコは生物学的な実用主義から自由になり、ネコのイメージは進化し続け、日本のキャラクター〝ハローキティ〟で理想の形にたどり着いた。キティの頭は体よりも大きく、その額は頭の残りの部分よりも大きい。

　ネコはもともとわたしたちが魅力的だと感じる視覚的な美点を持っている。しかし、それだけでは、愛情あふれる関係を維持するには充分ではない。たとえばパンダもとても魅力的だし、その姿は、五〇年以上前にパンダをロゴとして採用した世界自然保護基金《WWF》が何百万ドルもの寄付金を集めるのに役に立った。WWFはパンダの愛らしさが、〝パンダがわたしにそれをさせた〟のような寄付金集めのキャンペーンの成功にひと役買ったことを認めている。[3] とはいえ、パンダに会ったことのある人は、パンダがすばらしいペットになるとは思わないだろう。パンダは人間が好きではないのだ。このように表面的な愛らしさは、わたしたちにネコをいとおしく感じさせる唯一の資質ではないのだ。

　ネコがペットとして成功したのは、外見だけが理由ではなく、人間との関係を構築できるからだ。

家畜化されるにつれ、ネコはわたしたちが魅力的だと感じるやり方で、人間とつきあう能力を進化させていった。そのおかげで、ネコは害獣駆除係から大切なコンパニオンへと変化することができたのだ。

わたしたちは飼いネコに愛情を感じるが、ネコはわたしたちをどう思っているのだろう？　ヤマネコは一般的に人間を敵とみなしている。となると、その答えは、ネコが家畜化のあいだにどう変化したかにあるにちがいない。イヌはおもに人間といっしょに働いていた。牧羊の番、狩り、家の番。そのため、人間の身振りや表情に細心の注意を払う独特の能力が進化した。かたやネコは人間とは独立して働いてきた。害獣駆除の仕事を単独で、自分の判断によって行なったのだ。ネコの注意は飼い主ではなく、まず周囲に向けられる。歴史的にネコはイヌのように人間に対して親密な愛着を形成する必要がない。それでも、家畜化のごく初期段階ですら、ネコは守ってくれ、害獣が不足するときにえさをくれる人間が必要だった。持って生まれた狩りの能力と、新たに見つけた人間との交友能力を結びつけることができたので、ネコは繁栄していったのである。

ネコが人間になつくのは、たんに実用的な理由からだけではない。そこには感情的な土台があるはずだ。ネコは他のネコに愛情を感じる能力があることはわかっているので、飼い主にも同じ感情を抱いてもいいはずだ。家畜化によって、ネコは自分の家族のメンバーだけではなく、世話をしてくれる人間の家族のメンバーとも、友好的な結びつきを築くことが可能になった。野良ネコが自分のネコの家族にだけ示す継続的な忠誠をもとにして進化は起こり、人間とも愛情深い絆を築くことができるようになったのだ。

ネコは人間を愛するふりをしているだけだ、という懐疑的な意見が正しいと思いたくなるたびに、わたしは飼いネコの一匹、スプラッジのことを思いだす。スプラッジは去勢された長毛のネコで、彼の母や姉妹は外向的で愛想がよかったのに比べ、打ち解けないネコだった。部屋の隅に一人きりでいるのが好きで、誰の膝にも上がらなかった。お客が家に来ると、いやいや立ち上がり、伸びをして、ゆっくりと部屋を出ていった。人間のことは怖がっていなかった。ただ邪魔されるのが嫌いだったのだ。それでもスプラッジにはお気に入りの人間が二人いた。一人はわたしの研究生で、彼女は博士課程の研究の一環として、スプラッジと遊びに家にやって来た。数回彼女が来たあとは、玄関に彼女の声を聞きつけるとすぐに出迎えに走っていった。おそらく前回の訪問で楽しかったことを覚えていたのだろう。

もう一人のスプラッジの愛情の対象は、ありがたいことにわたしだった。わたしが車で仕事に出かけるたびに、たとえ雨が降っていようと、一日じゅう庭にすわって帰りを待っていた。わたしの車が帰ってくるのを見るや、私道を走ってきて、車のかたわらにすわった。わたしがドアを開けるなり、大きく喉を鳴らしながら中に乗りこんできた。興奮しながらすばやく車の内部を調べると、助手席に後脚で立ち、前脚をわたしの足にかけて、自分の顔をわたしの顔にこすりつけるのだった。そうした仕草が深い感情によって引き起こされているのではない、と主張することはむずかしいだろう。そして見たところ、その感情は愛情にちがいなかった。その愛情は、食べ物やごほうびが動機になっているのではなかった。いつもスプラッジにえさをやっているのは妻だったが、彼は妻に一度もそんなふうにふるまったことはなかった。

人間といっしょにいて、ネコが心から幸せに感じていることがわかる指標は、偶然二〇年以上前に発見された。科学者は、とらえたヤマネコが繁殖できない理由を探っていた。彼らは雌ネコの多くが小さな檻に入れられていることにストレスを強く感じ、妊娠できないのではないかと推測した。[4]ストレスを査定する方法を開発するために、科学者は二匹のピューマ、四匹のアジアヒョウ、一匹のジョフロイネコを慣れた檻から、別の見知らぬ檻に移動させた。彼らはすべて縄張り意識の強い種なので、慣れた環境を失うことはかなりの不安を生じさせるはずだった。科学者はどのぐらいのストレスホルモン（コルチゾール）が尿中に分泌されるかを測定した。すると予想どおり、移動の初日に劇的に増加し、それから一〇日間でしだいに落ち着いていき、彼らも新しい環境に慣れていった。

比較のために、動物園タイプの檻に入れておいた八匹のイエネコの尿も分析した。そのうち四匹は人間にとても愛情深く、残りの四匹は人になれていなかった。さらに八匹全員が毎日獣医の診察を受けた。それは多くのネコがストレスに感じることだ。予想どおり、これによって社交的ではないネコのコルチゾールの量は増加し、まちがいなくストレスを受けていることを示した。檻に入っているだけだと、四匹の愛情深いネコのストレスホルモンの値は、他の四匹よりもわずかに高かった。愛情深いネコは、なによりも檻に入れられていることが嫌いなことを示していた。だが、獣医による診察が始まると、彼らのストレスレベルは下がった。すなわち、愛情深いネコは放っておかれると少し動揺するが、人間との接触――平均的なネコが嫌う接触であっても――は心を落ち着かせる効果があったのだ。これらのネコが〝分離不安〟に苦しんでいたと推測するのは行きすぎかもしれないが、人間から関心を向けられるときが、いちばん幸せそうに見えた。

ホルモンを分析するラボがないと、飼い主はネコの感情をその行動でしか判断できないが、ネコはイヌとちがって感情をあらわにすることはない。もしも他のネコ全員がライバルになる可能性があるなら、おいしいものや安全な隠れ家や理想的な交尾相手を発見したときに、喜びの声をあげることは得にならない。逆に、苦痛を感じていたり具合がよくなかったら、その弱点によってライバルに追い払われるのではないかと恐れ、不快な徴候を一切外に見せまいとするだろう。ネコのように単独行動の動物は、進化によって過剰な感情の表現が除外されたのだ。行動によってその悪運や幸運をあらわにした個体よりも、ほとんど感情を外に見せない個体の方がより多くの子孫を残せたからだ。

動物の力と健康をありのままに示す指標、たとえばクジャクの尾とか雄ネコの刺激臭の強い尿とかは、雄と雌の利益がはっきりと異なるときにのみ進化していく。雌は雌で、成功しているハンターとそうではない雄ネコを識別する方法を発達させる。動物性タンパク質の分解生成物のにおいがする尿を作れる雄ネコは、すべからく優秀なハンターで、弱い雄ネコには絶対に真似できないことなのだ。かたや、シグナルを利用することは何かを手に入れるのに簡便な方法だ——別の動物から戦わずに何かを手に入れる手段だ。たとえば、子ネコが小さいとき、母ネコは子ネコに授乳するしか選択肢はない。そうでなければ子ネコは生きていけないし、母ネコはすでにふた月を子ネコのために費やしているのだから。やがて子ネコが大きくなるにつれ、固形物を食べるように仕向けるのが母ネコにとっていちばんの利益になる。しかし、子ネコはしばしば母ネコからミルクをもらい続けようとする——そのひとつの手段として、喉をゴロゴロ鳴らすのだ。

となると、昔から満足したネコのシグナルであると考えられている喉を鳴らすことには、別の意味もあるのかもしれない。喉を鳴らす音は、かなり静かで（247ページのコラム『ゴロゴロという音——どうやってネコは喉を鳴らすのか』を参照）、近い距離でしか聞きとれない。それはほぼ確実に、大人のネコ同士ではなく、子ネコが発するシグナルとして進化してきたにちがいない。子ネコは乳を吸うようになると喉をゴロゴロ鳴らしはじめ、母ネコもときにはいっしょに喉を鳴らす。さらに乳を吸うときに、子ネコは母乳がよく出るように母親のおなかを前足でもむようにして踏む。

　ネコは肉体的接触をするときだけ、喉を鳴らすのではない。飼い主にえさをもらおうとして、歩き回りながら喉を鳴らすネコもいる。このゴロゴロにはよりせっぱつまった響きがあり、飼い主の注意を引くには効果的だ。飼い主に腹を立てているというボディランゲージをしている、たとえば尻尾を逆立てているときに、喉を鳴らすネコもいる。[5] ふつうの飼い主にはあまり知られていないが、大人のネコは人が近くにいないときに喉を鳴らすことがある。リモート・ワイヤレスマイクで行なった研究では、親しい別のネコにあいさつするとき、毛づくろいをしているとき、あるいは他のネコに毛づくろいされているとき、たんに別のネコといっしょにくつろいでいるときに喉を鳴らすことがわかった。ときに大きな苦痛に苛まれているときにも喉を鳴らすことが判明している。けがをしたあとや、死の直前のときなどだ。

ゴロゴロという音――どうやってネコは喉を鳴らすのか

　ゴロゴロという音は、動物が出すにしては珍しい音だ。喉頭のあたりから発しているように思えるが、連続的な音だ。このため、かつて科学者は胸に血液を流すときに音を出しているのだと考えた。音を詳細に調べた結果、息を吸いこむときと吐くときで、微妙に変化し、さらにそのあいだで一瞬止まることが判明した。その実際を見るために、音響スペクトログラムと呼ばれるグラフを左

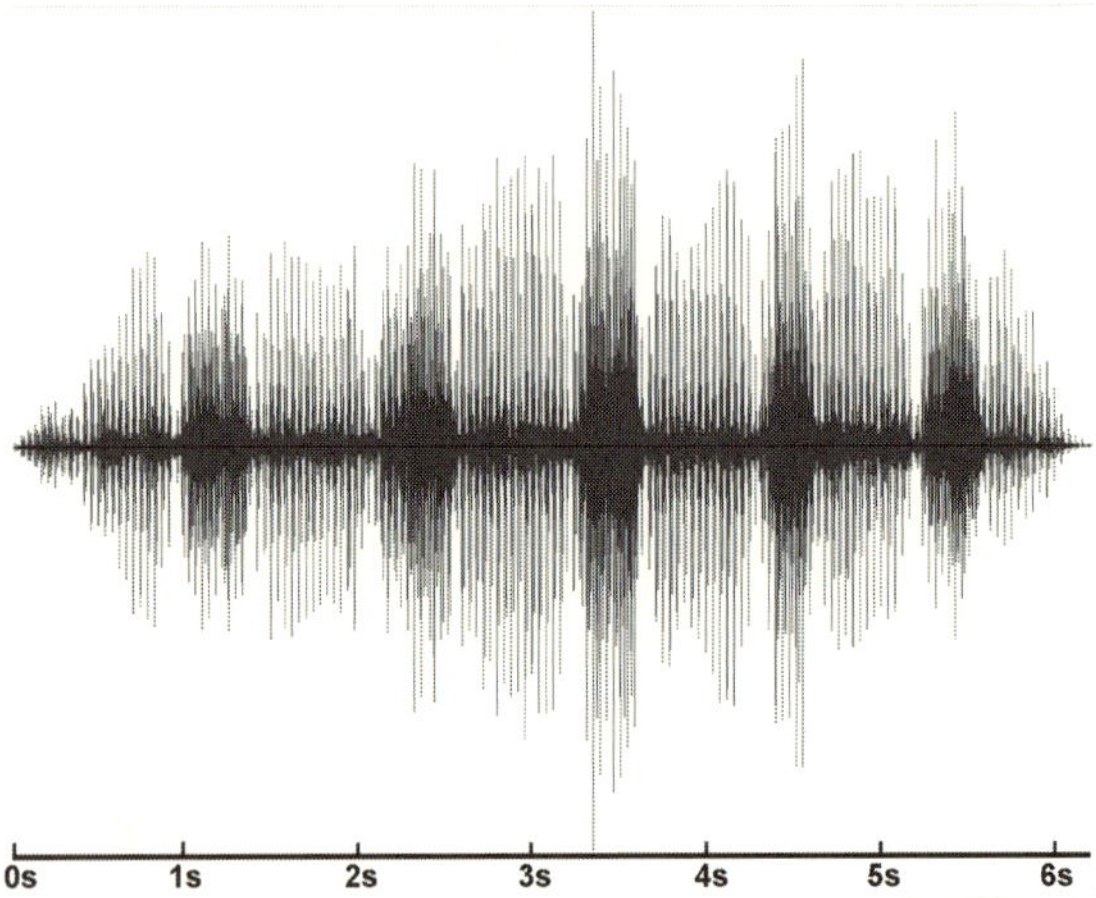

ゴロゴロという音の音響スペクトログラム。左から右へ読むと、息を吸っているときはスパイクが濃くなっている部分で示されている。息を吐いているのはそのあいだで、音はもっと静かだ。

から右へ見ていただきたい。スパイクが高くなればなるほど、音は大きくなる。息を吸うときはより短く、音はより大きい。吐くときは、より長い。

声帯が特別なひと組の筋肉によって震動させられると、ゴロゴロという音が生まれる。低音域のハミングも同じだ。ハミングとのちがいは、基本的な音が、声帯を通過し震動させる空気によって生まれるのではなく、声帯そのものがぶつかりあって発するということだ。サッカーのときに鳴らす旧式なラトルやユダヤ教の祭具グラーガのように。しばしばネコは同時にハミングもするが、それは息を吐くときだけで、それによってゴロゴロという音を強め、さらにリズミカルにしている。

ゴロゴロという音にニャーという鳴き声も加えるネコもいる。人間の聞き手にさらに緊急だということを伝えているようだ。[6] 飼い主に食べ物を求めるときに〝せっぱつまったゴロゴロ〟を使うネコは、もっと満足しているときはふつうのゴロゴロに戻る。こうしたゴロゴロの変化は子ネコや飼い主のいないネコでは、まだ記録されていない。したがって、それはほしいものを手に入れる効果的な方法として、それぞれのネコが学んだものなのかもしれない。

というわけで、ゴロゴロという音は一般的に要求を伝えているように思える。いちばん穏やかなやり方で喉をゴロゴロ鳴らしているネコは、相手に何かをしてくれと頼んでいるのだし、子ネコが喉をゴロゴロ鳴らすときは、母ネコに横になって授乳してくれとせがんでいる。ゴロゴロが進化してきた野生では、母ネコは空腹だったり疲れていたりして、子ネコといっしょにいられないこともあるかもしれない。すると母ネコは授乳するか、自分のえさを探しに狩りに行くか決めなくてはならない。科学的にはきちんと証明されていないが、大人のネコがお互いに喉を鳴らすときは、相手にじっとしていてくれと頼んでいるのだろう。飼いネコのリビーが、母ネコのルーシーの毛づくろいをしながら喉を鳴らしているのを聞いたことがある。もっとも、かなり攻撃的なやり方で、ときには片足を母親の首にかけて押さえつけようとしていた。

ゴロゴロという音は、聞く相手に情報を伝えるが、ネコの精神状態については必ずしも伝えていない。もちろん、うれしいときもネコは喉を鳴らす。それが標準的な状況かもしれない。ただし、喉を鳴らしているネコは満足しているのではなく、その状況を長引かせようとしていることも多いかもしれない。あるいは、ゴロゴロいっているネコは空腹か、飼い主や他のネコの反応に少し不安になっているのかもしれない。それどころか、恐怖や苦痛を感じているのかもしれない。こうした状況すべてにおいて、ネコは本能的にゴロゴロという音を利用して、状況を有利に変えようとしているのだ。

ゴロゴロという音について知ると、わたしたちはネコの行動をかなり誤解していることに気づく。多くの飼い主が愛情のしるしだと解釈しているシグナルは実は別のものだと、科学者は例証している。ネコ社会において、ゴロゴロという音は愛情深い関係の中心となるものではない。ただし、母ネコと子ネコとのあいだにおける本来の役割は別だが。しかし、わたしたちが見過ごしやすい別のシグナルが、実は純粋な愛情の表現であるかもしれないのだ。大人のネコ同士の関係はお互いをなめたり、体をこすりつけたりすることで維持されている。したがって、飼いネコがわたしたちにそういう行動をとるとき、それが愛情を示しているのかどうか調べてみる必要があるだろう。

多くのネコが飼い主をよくなめているが、どうしてそうするのかはまだ解明されていない。飼い主をなめないネコは、過去に飼い主になめられるのを拒否されて、意欲を失ったのかもしれない。ネコの舌は被毛のもつれをほどくのにうってつけで、後ろ向きのトゲでおおわれている。ただ、人間の肌には刺激が強く感じられるかもしれない。その味が好きなので、飼い主をなめるネコもいる。皮膚の塩分のためになめると推測する研究者もいる。しかし、ネコは塩味をさほど好むようには思えない。[7] いちばん考えられる可能性は、社会的な理由で飼い主に何かを伝えようとしているというものだ。それは何だろう？　ネコによってちがうかもしれないし、もしかしたらネコ同士の毛づくろいの場合だけなのかもしれない。

なめる理由は、基本的に愛情からのせいにちがいない。好意を抱いていないネコ同士では、絶対に毛づくろいしないからだ。もっともけんかしたばかりのネコも毛づくろいで仲直りしているようだ。となると、ネコは何か悪いことをしたせいで、〝謝る〟ために飼い主をなめているのかもしれない。おそらく飼い主はネコのしたことに気づいていないが、ネコにとっては重要なことなのだ。しかし、前脚で飼い主の手首を押さえて手をなめるネコは、飼い主をある程度支配しようとしているように思える。

大半の飼い主はたんに喜びを感じるし、ネコもうれしそうなので、ネコをなでる。しかし、ネコにとっては、なでられることは象徴的な意味を持つ可能性がある。お互いに毛づくろいをしたり、体をこすりつけあったりすることの代わりなのだ。ほとんどのネコは体のどこよりも頭をなでられるのを好む。まさにネコ同士で毛づくろいをする部分だ。研究によれば、おなか、あるいは尻尾をなでられるのを好きな猫は一〇パーセント以下だということだ。

多くのネコは飼い主になでられることに対して、受け身で待っているだけではない。むしろ、飼い主になでてもらおうとして、膝に飛びのったり、目の前で転げ回ったりする。この行為はたいした意味はないのかもしれない。たんにネコも飼い主も楽しい交流になると学んだ、お互いのあいだだけのやりとりなのかもしれない。しかし、飼い主がなかなかなでようとしないと、たいていネコはどこをなでてほしいか、体のその部分を見せて催促する。あるいは飼い主のなでる手の下に、その部分を移動させる。[8] 人間になでられることを受け入れることで、ネコは楽しむ以上のことをしている。頭の中で、ネコはまちがいなく飼い主との絆を強める社会的行為を行なっているのだ。

ネコはわざと飼い主にそのにおいをつけている、と推測する科学者もいる。ネコは頬と耳の周囲をなでられるのが好きだ。なぜならその部分には他のネコを引きつけるにおいを発散する皮膚腺があるからだ。ネコは飼い主にこの特別な腺のにおいをつけたがっているのかもしれない。[9] ネコは通常飼い主に触れてほしくない部分にも、同じような腺を持っている。たとえば、尻尾の付け根とかだ。したがって、この理論は、ネコが飼い主に他の部分のにおいを嗅いでほしくないことを暗示している。人間の鼻には感じられない微妙なネコのにおいは、たしかになでることで飼い主の手に移動するが、このにおいの交換はネコにとっては社会的な意味はあまりないかもしれない。もしあるなら、ネコはひっきりなしに人間の手を嗅ぐだろう。おそらく、なでる行為が果たすもっとも大きな役目は触覚的なものだろう。

触覚はネコにとって非常に重要だが、目に見えるありふれたシグナル、尻尾をまっすぐに立てることが、おそらく人間への愛情を示すもっとも明快な方法だろう。尻尾をまっすぐに立てることが、二匹のネコのあいだの親愛の情を示すシグナルであるように、人間に対してもそうにちがいない。ネコは別のネコに尻尾を立てるとき、相手が近づいてくる前に返礼するかどうかを互いに観察する。しかし、これは人間相手の場合、不可能だ。おそらくどのネコも、まず飼い主がシグナルに気づいてくれたか、交流をしようとしているか、そのボディランゲージから読みとれるぐらいには学習を積んでいるだろう。少なくとも、ほとんどのネコはそうだ。わたしの長毛のネコ、スプラッジは、わたしが背中を向けているあいだに近づいてきて、いきなり頭をわたしの膝にこすりつけて驚かせたものだ。

この尻尾をピンと立てるシグナルは、イエネコ特有のものらしいので、まず人間に向けるシグナルとして進化し、それから他のネコとの友好関係を保つシグナルとして使われるようになったことも考えられる。あるいはその逆なのかもしれない。後者の方が可能性がありそうだ。尻尾を立てることは、子ネコと母ネコの交流に起源があるので、すべてのネコが生まれつきその重要性を知っていると推測されるからだ。だから大人のネコは他のネコとの交流にも利用できたのだ。どちらの説明もあまりおもしろくない。むしろ、ネコを家畜化した最初の人間が、この仕草を非常に魅力的だと思ったので、会うたびに尻尾を立てるネコをより好んだのでこのシグナルが進化した、と考えたい。

二匹のネコが出会うときのように飼い主に尻尾を立てて近づいていくネコは、飼い主の脚にしばしば体をこすりつける。こすりつける範囲はネコ対ネコよりも広く、長年にわたる調査にもかかわらず、わたしはいまだにネコが体のどの部分をこすりつけるかに意味があるのかどうか、わからずにいる。頭の横をこすりつけるネコもいれば、脇腹をこすりつけるネコもいる。中には頭、脇腹、尻尾を順番にすりつけてくるネコもいる。多くのネコはまったく接触せずに通り過ぎる。スプラッジのような少数のネコは、こすりつけながらジャンプするので、頭の横が飼い主の膝にぶつかり、脇腹はふくらはぎをこする。

もっと神経質なネコは近くにある物体、たとえば椅子の脚とかドアの縁とかに体をこすりつける方を好む。スプラッジの姪の孫娘、リビーはその典型的な例だ。自信のあるネコですら、その人間をよく知らないときはそうする。もっとも、物に体をこすりつけるのはよくあることで、もしかしたら、物なら親しい人間とちがって、自分を押しのけたりしないとネコにはわかっているせいかもしれない。しかし、ネコは頭の横の腺で、物に嗅覚標識を残しているように見えることもある。においは確実にそこに残される。ネコたちに紙で覆った柱に体をこすりつけさせたあと、その紙は他の家のネコたちをおおいに興奮させた。ただし、こうした転嫁行動でのこすりつけは、ネコが自発的に嗅覚標識を残すときとまったく同じではない。

体をこすりつけることは、愛情のサインでありうる。多くのネコはえさをもらおうとするときに、いちばん熱心に体をこすりつけるので、われわれイギリス人が言う〝食べ物ほしさの愛情〟しか示さないと非難されることもある。しかし、確実にごほうびをもらえるときしか体をこすりつけないネコは、めったにいない。二匹のネコが互いに体をこすりつけあうとき、食べ物や何かを交換しているわけではない。こすりつけあったあと、たいていどちらも、それまでやっていたことを続行する。そうした行動は、二匹の動物のあいだの愛情の表明なのだ——それ以上でも、それ以下でもない。

ネコはネコと人間以外の動物にも体をこすりつける。その行動の意味を理解できず、当然お返しをしそうにない動物にさえ。スプラッジは尻尾をピンと立てて体をこすりつける行動を、わが家のラブラドール・レトリヴァー、ブルーノに対してやっていたものだ。スプラッジが生後八週間の子ネコとしてわが家にやって来たとき、ブルーノはすでに二歳だった。ブルーノはネコといっしょに育てられたのではないが、非常にのんびりした性格だったのでネコを追い回すこともなかった。おかげで、スプラッジは最初からブルーノを友人とみなすようになった。もちろん、ブルーノはスプラッジに食べ物を与えなかった——いや、むしろ反対だった。典型的なラブラドールらしく、ブルーノは食べかけのキャットフードを喜んで平らげてしまったのだ。というわけで、食べ物ほしさの愛情という説明はあてはまらない。やはり、社会的な行動だと考えられる。

二匹のネコが体をこすりつけあうとき、同じだけこすりつけあっているわけではない。この不均衡が人間や他の動物にこすりつけるときにも起きる。大きさのちがう二匹のネコが近づくと、通常、小さいネコが大きいネコに体をこすりつけるが、大きい方はお返しをしない。同様に、ネコが人間に体をこすりつけるときは、人間がはるかに大きい体格で、家庭内の食べ物を管理していると知っているはずなので、お返しは期待していないだろう。ネコはお返しを期待しないで人間に愛情を示しているのだ。

おそらくネコは人間に体をこすりつけることだけで満足しているのだろう。ただし、生後八週間ぐらいで新しい家にもらわれていくと、若いネコ（とりわけ雌ネコ）は新しい飼い主に体をこすりつけるまでに数週間、ときには何カ月もかかるかもしれない。ただし、いったんその習慣が作られると、それは定着するようだ。[10]

ネコは必要なときに人間の注意を引くことにかけては、非常に抜け目がない。何かしてもらいたいことがあると、喉をゴロゴロ鳴らすし、それぞれに独自の手法を発明するネコもいる。膝に飛び乗るとか、貴重な装飾品すれすれにマントルピースの上を歩くとか。しかしニャーという鳴き声は、人間の注意を引くには万能の方法だ。

喉をゴロゴロ鳴らすのは、こうした要求のために使うには、静かすぎるし音が低すぎてあまり役に立たない。ネコにはお互いにあいさつとして使う鳴き声もある。低く短い「アオ」という音で、たとえば母ネコが子ネコに返事をするときに使われる。[11] これを飼い主に使うネコもいる。スプラッジは庭をうろついて戻ってくると、この声を出してわたしにあいさつした。ネコの行動について多少知っていたので、わたしは返事をしようとした――それを彼は評価してくれたようで、このやりとりはわたしたちのあいだの儀式めいたものになった。

「ニャー」はネコの生まれつきのレパートリーの一部だが、他のネコとコミュニケーションをとるときはめったに使わないし、ネコ社会でのその意味はいくぶんあいまいだ。野良ネコは別のネコを追いかけているとき、ときどきニャーと鳴く。おそらく目の前のネコを立ち止まらせ、親愛のしるしに体をこすりつけあいたいのだろう。しかし、野良ネコは一般的に無口な動物で、イエネコほど鳴かない。すべてのネコは生まれつきニャーという鳴き方を知っているように思えるが、もっとも効果的な使い方は学習しなくてはならない。

ニャーというのは、ネコが住んでいるどの場所でもほぼ同じなので、これは本能的なものにちがいない。あらゆる言語で、この鳴き声は表現されている。[12]

家畜化によって、ネコの鳴き声は微妙に変化したように思える。すべてのヤマネコはどこに住んでいようと、ニャーという音を出せる。ただし南アフリカのヤマネコ、フェリス・シルヴェストリス・カフラは典型的なイエネコのニャーよりも低く、もっと引き延ばされた鳴き声を出す。研究者がこうしたヤマネコのニャーを録音して、ネコの飼い主に聞かせたところ、イエネコのニャーよりも耳障りだという判断になった。[13] 家畜化のあいだに、人間は耳に心地よいニャーという鳴き声のネコを選別していったのかもしれない。ただし、イエネコの祖先リビアヤマネコの鳴き声が、南アフリカの親戚とはちがっていた、という可能性も考えられる。

野良ネコの鳴き声は、ヤマネコの鳴き声ほどしわがれていないが、ペットのネコほどかわいらしい声ではない。野良ネコは遺伝子的にはほぼペットのネコと同じなので、その鳴き声は人間との初期の経験に大きく影響を受けていると推測される。ペットの子ネコは離乳するまでニャーと鳴かない。ニャーと鳴きはじめると、飼い主に向かってさまざまなニャーを試し、すぐに甲高い鳴き声がいちばん反応がいいことを見つけだしたのだろう。ネコの多くの行動と同じく、野良ネコとイエネコの鳴き声のちがいは、遺伝子と学習によるものと考えられる。家畜化は鳴き声を利用する方法を学ぶ能力を強化したが、同時にその基本的な音も変えてしまったのだろう。

ネコは状況にあわせて鳴き声を変えることもできる。おだてる鳴き声、もっとせっぱつまった要求する鳴き声。声の高さと延ばし方で、それをやってのける。あるいは、アアとかグルルなどの他の鳴き声をつけ加えることもある。飼いネコが求めているものは鳴き声からわかる、と飼い主はよく口にしている。しかし、科学者が一二匹のネコの鳴き声を録音して、飼い主にどういう状況でその鳴き声が発せられたかとたずねると、正解した人はほとんどいなかった。怒った鳴き声には独特の響きがある。愛情のこもった鳴き声も同様だ。しかし、食べ物をねだる、ドアを開けてもらう、助けを求めるときの鳴き声は、それほど区別がつかない。ただし、ネコが鳴いた状況で、それぞれの飼い主には意味が通じているのだが[14]。そのため、多くのネコは飼い主が鳴き声に反応することを学習すると、さまざまなレパートリーを開発する。そして試行錯誤しながら、特定の状況で効果を発揮する鳴き方を会得していく。これがうまくいくかどうかは、鳴き声が飼い主に理解され、ネコがほしいものを手に入れられるかどうかにかかっている。こうしてネコと飼い主はじょじょにお互いが理解できる〝言語〟を開発していく。しかし、それは他のネコや飼い主には共有できないものだ。これがいわば訓練というものである。しかし、イヌの訓練の堅苦しさとはちがい、ネコと飼い主はお互いを知らず知らずに訓練しているのだ。

もしも鳴き声を解読できれば、ネコが使っている鳴き声は、その生活の感情的側面を飼い主に垣間見せてくれるだろう。誰でもが〝怒ったニャー〟と〝愛情のこもったニャー〟を区別できるのは、それぞれの鳴き声に不変の感情的要素が含まれているせいだ。ただし〝要求のニャー〟は飼い主の注意を引くだけだ。何を求めているかは、鳴いたときの状況から判断するしかない。要求のときの鳴き声は感情的にはどっちつかずなのだろう。

ネコは人間とコミュニケーションをとる際に、すばらしい柔軟性を発揮する。それはお高くとまっているというネコの評判と相反するものだ。ネコは人間がいつも自分に関心を向けているとは限らないことに気づき、頻繁にニャーと鳴いて注意を引こうとする。また、喉をゴロゴロ鳴らすことは、子ネコだったときに母ネコに対してそうだったように、人間を落ち着かせる効果があることを学習する。また、なでることで人間が愛情を伝えたがることも学ぶ。さらに、反応がないことから、家具や飼い主の脚に残したかすかなにおいに人間は鈍感だということも悟る。

ネコと人間の両方の側にあるのは、愛情である。ネコは飼い主とコミュニケーションをとる場合、ネコ自身の家族のメンバーと親しい関係を築き、それを維持していくときに使う行動パターンを用いて、それを示そうとするのだ。

ネコと長く親密な交流を期待する飼い主は、しばしば失望する。イヌとちがい、ネコはいつでもおしゃべりしようとはせず、自分に都合がいいときを選びたがるからだ。ネコは、たとえそれが想像上のものだとしても脅威に敏感だ。たとえば、多くのネコが見つめられることを好まない。別のネコからじっと見つめられたら、さしせまった攻撃を意味しているからだ。飼い主とのあいだでネコがもっとも満足するやりとりは、ネコの方からやりたいと思って選んだことだ。飼い主の方からネコに仕掛けることはさしでがましい誘いとして、疑いの目で見られかねない。[15]

ネコはわたしたちを代理母、対等な存在、子ネコ、そのどれとして考えているのだろうか？　生物

中に入れてくれと鳴く

学者、デズモンド・モリスは、状況に応じて、少なくとも三つのうちふたつはあてはまると考えている。ネコが飼い主に〝プレゼント〟するためにとったばかりの獲物を家に持ち帰るときは、モリスは「ふだんは人間を疑似親とみなしているが、こういう場合は家族としてーー言い換えれば子ネコとみなしている」と主張している。[16] たしかに母ネコも獲物を巣に持ち帰るが、おそらくその行動は、ホルモンと子ネコの存在の組み合わせによるものだろう。雄ネコや子ネコのいない雌ネコはこのような行動をとらないし、雌ネコはほかのいかなる形でも飼い主を子ネコのように扱おうとはしない。[17] キッチンの床に置かれたありがたくない〝贈り物〟の説明としては、ネコはたんに獲物を持ち帰っただけで、好きなときに食べ

死んだハタネズミを“プレゼント”

るつもりだったという方が説得力がありそうだ。ネコが獲物をつかまえる場所には、他のネコがそばにいることを示す嗅覚標識がついているにちがいない。したがって、他のネコの待ち伏せを防ぐためには、飼い主の保護下にある家に戻るのがいちばんいい。しかし、ネコが家に着くと、ネズミをつかまえたはいいが、市販のキャットフードほどおいしくないことに気づく――そこで、獲物は捨てられ、飼い主をぎょっとさせることになる。

ネコが人間を子ネコとみなすとは、考えにくいと思う。体のサイズを考えてみればいい。一方、ネコが飼い主を代理母としてみなすのは論理的だ。ネコの社会的なレパートリーは、母と子ネコのコミュニケーションから発達したように見える。ネコの行動を見ると、人間の大きなサイズと直立の姿勢を考慮に入れているように思える。たとえば、多くのネコは家具に飛びのって、飼い主と〝話そう〟とする。ただし、そうしたいと思っていても、過去に飼い主がそれを喜ばなかったことを覚えているネコもいるだろう。必ずしもお返しを期待せずに、不必要にわたしたちに体をこすりつけてくることや、ネコがわたしたちをなめ、わたしたちがネコをなでてあげる、というあきらかな毛づくろいの交換は、ネコがわたしたちを母とはみなしていないが、優位に立つ存在として認めていることを示している。おそらくそれはたんにわたしたちが肉体的に大きいからだ。そのせいで、ネコの家族の中で体がより大きい年上のメンバーに向けるような態度を、わたしたちにとるのだろう。たぶん、わたしたちがネコの食べ物の供給を支配しているからなのだ。これは大きな野良ネコのコロニーで、数匹のネコが他のネコを食べ物に近づけさせないことに似ている。こうした推理はヤマネコがまったく出会わなかった状況であり、ネコが家畜化されてようやく出てきた状況に基づいている。すなわち、わずか過去一万年で進化してきた行動だと推測される。したがって、ネコとわたしたちの関係はいまだに流動的なのだ。ネコがわたしたちをどう見ているかに対して、まだ決定的なことは断言できない。ネコはわたしたちを代理母として、さらに優位に立つネコとして考えている、というのがとりあえず妥当な説明だろう。

大半のネコにとって、人間との愛情あふれる関係がその存在理由ではない。ネコの行動は、ハンターとしての進化の遺産と、コンパニオンとしてのちに獲得した役割のバランスをとっていることを示している。ネコは、いっしょに暮らしている人間だけではなく、暮らしている場所にも強い愛着を感じる——食糧供給を含む〝縄張り〟だからだ。対照的に、ほとんどのイエイヌはまず飼い主、次に他のイヌ、三番目に物理的な環境とのあいだに絆を作る。そのため、休暇の旅に連れていくには、ネコよりもイヌの方が楽だ。慣れた環境から引き離されると、大半のネコは不安になる。たいていのネコは、飼い主が留守のときは家に残される方を好む。

理論的に考えれば、食べ物をたっぷり与えられている去勢したネコは、性的目的のためにも食べ物のためにも、自分のテリトリーの必要を感じないはずだ。毎日、高品質の食べ物を飼い主によって与えられている大半のネコは、狩りをしない。狩りをするネコもさほど熱心ではないし、とった獲物をいつも食べるとは限らない。市販のキャットフードほどおいしくないからだ。それでも、可能なら、ほとんどのネコが家の周囲をパトロールする。都会では、多くのネコがあまり遠くまで行かない——ある研究では、ネコドアから八メートルほどしか離れないネコもいたし、五〇メートル以上遠くに行ったネコは皆無だった。田舎では、だいたい二〇から一〇〇メートルにまで距離が延びる。[18] しかし、祖先のテリトリー行動はもはや不要なのに、いまだにそういう行動をとる動機は何なのだろう?

たしかに定期的な食べ物のせいで、ネコのパトロールは減っているように思える。決まった飼い主がおらず、定期的な食糧供給を期待できない社会化されたネコは、おそらく二〇〇メートルぐらい遠くまで行く。それでも、社会化されていない野良ネコに比べればはるかに近い。野良ネコは一キロ半以上も移動するのだ。また大人になってから去勢した雄ネコは、いまだにできるだけ多くの交尾できる雌ネコを探しているかのように、その後も移動距離が減らない。定期的な食糧が期待できないネコが、本能的に移動距離を増やすことはあきらかである。

食べ物をたっぷり与えられて飼われているネコの移動距離がとても少ないことは、多くのネコが自発的に狩りをしないことを示している。たまたま機会があれば、それに乗じるかもしれないが。とはいえ、ネコの脳では狩りと空腹が緊密に結びついてはいない。それには進化論的な理由があるのだ。一匹のネズミから摂取できるのは数カロリーだ。そこでヤマネコは毎日数匹を殺して食べなくてはならない。そうなると空腹になってから狩りに出かけたら、充分な食べ物を手に入れられないだろう。そこで、たっぷり食べ物をもらっているネコですら、手の届く距離にネズミを見かけたら、それをとらえるのだ。

ほとんどのペットのネコは狩りを真剣に行なわない。それなのに長時間外にいて、ただじっとすわっていたり、前日訪れたのと同じ場所をうろついていたりするのは不思議に感じられる。わが家のスプラッジが生後一八カ月のとき、軽量の追跡用無線送信機を借りてきて、どこに行っても場所がわかるように安全首輪にとりつけてみた[19]。三分の一の時間は、自宅の庭か近所のガレージの屋根で過ごすことがすでにわかっていた。首輪をつけると、彼が庭を突っ切り隣の集合住宅の裏に出て、その先の森に入っていくのがわかった。だいたい一エーカーほどの範囲だ。集合住宅には年上の雄ネコがいた。スプラッジが必要以上に長くそこにとどまらない理由は、それで説明がついた。すでに何度か、二匹のネコがにらみあっているのを見かけていた。スプラッジは森の向こうには、めったに行かなかった――そのことにほっと胸をなでおろした。というのも、その先には交通量の多い道路があったからだ。倒木の枝などのいくつかのお気に入りの見張り場所で、ときにはひとつの場所で何時間もじっとしていた。それから別の場所に移動するか、家に帰ってきた。スプラッジはめったに狩りをしないようだった。ときどきネズミはつかまえたが、鳥がそばを飛んでいっても知らん顔だった。毎日毎日、同じ狭い場所を監視しながら、何を考えていたのだろう、といまだに不思議だ。

食べ物を充分に与えられているネコですら、こういう縄張り意識が強い行動を示す。ネコはまちがいなく自分だけの場所を維持する必要を感じているようで、それを守るためには他のネコとの戦いも辞さない。もはや生き延びるために狩りが必要ではなくてもだ。空腹にならないことで狩りをする本能は衰えているが、完全に消えたわけではない。この行動は、進化論的な視点から理解できる。狩りはネコを危険にさらす。そこで長いあいだ空腹にならないと、狩りをする欲求が衰える仕組みがあるのだ。わずか数世代前には、市販のキャットフードはどこででも手に入るわけではなく、栄養的にも完璧ではなかった。したがって、すべてのネコは食べ物の大半を狩りで手に入れなくてはならなかったし、そのため自分だけが獲物に近づけるテリトリーを守らなくてはならなかったのだ。それからまだ時間がたっていないので、この本能的欲求は消えていないのだ。

テリトリーを作り、それを守ろうとするせいで、他のネコとの争いは避けがたい。田舎だと、ペットのネコは野山に散らばらず、人間のようにおもに群れを作って暮らしている。田舎でのネコを飼う概念はいくぶんゆるやかで、農場で戸外に住むネコがペットになったり、その逆もありうる。そして二匹のネコがあまりにも接近して暮らしていて安らげないと感じるなら、常に空いた場所を近くに見つけられる。

ほとんどのネコの飼い主は、自分が住むことを選んだ場所に、当然ネコも住むことを期待している。おそらく物理的な環境に対するネコの執着を充分に理解していないせいで、食べ物、寝場所、人間のコンパニオンを与えれば充分で、ネコは当然そこにとどまるものと考えているのだ。現実には、子ネコは第二の飼い主を受け入れ、時には永遠にそこから去ってしまう。[20]

イギリスで行なった調査から、以下のようなことが判明した。多くのネコは一見、理想的な家からですら迷いでたり、いなくなってしまうということだ。そのネコをどこで手に入れたかをたずねると、相当な割合の飼い主が「ある日突然やって来た」と答えた。このことから、ネコがどうなったかを推測する手がかりを得られる。彼らは野生化したイエネコではない。新しい家を手に入れたがっていたことから、最近まで誰かのペットだったので、新しい飼い主を見つけたがっていたのだろう。こうしたネコの一部は本当に迷子になり、いまだに前に暮らしていた家を探しているのかもしれない。しかし大部分は、おそらく元の飼い主が与えてくれたよりもいい場所を探して、移動してきたと思われる。元の家をたどれたいくつかの例では、ネコは食事をちゃんともらえないから、あるいは愛されないから出ていったのではなかった。定期的な食糧供給や飼い主への愛着を捨てるほど、ネコにとっては深刻なことが起きたのだ。もっとも可能性の高い説明は、他のネコから攻撃される心配のないリラックスできる場所を確立できなかった、ということだ。

その脅威は隣のネコかもしれないし、同じ家庭内で飼われていた別のネコかもしれない。家庭内では、衝突の機会はたくさんある。同じ飼い主に飼われていても、二匹が仲良くやっていける保証はない。多くのネコはネコ社会のルールを守り、かつて家族だったという記憶がないネコに会うときは、慎重に行動する。多くのネコの飼い主はこの原則を忘れているようで、二番目のネコを飼っても、二匹はすぐに仲良くなれると無邪気に信じている。ネコはイヌとちがい、お互いにただ忍耐しているだけなのだ（266ページのコラム『家庭内のネコがお互いにうまくいっている、あるいはうまくいっていない徴候』を参照）。争いを減らすために、二匹は家の中に別々のテリトリーを作る。しかし、それでもときどきけんかになるかもしれない。二匹のネコを飼っている飼い主を調べると、およそ三分の一がネコはお互いにいつも避けている、また四分の一がときどきけんかをしていると答えている。二匹のネコはたぶん相手のお気に入りの場所を尊重して近づかないようになるだろう——たいていの場合、より大きいか、元からいたネコがいちばんいい場所をとる。しかし、同じ部屋でえさを与えられたり、トイレがひとつしかないと、緊張状態が続くかもしれない。別々の部屋でえさを与えたり、別の場所に（食事に使う部屋とは別の場所に）いくつかのトイレを置いたりすることで、ネコが容認できる状況になるかもしれない。

家庭内のネコがお互いにうまくいっている、あるいはうまくいっていない徴候[21]

同じ社会集団に属していると考えているネコ同士は

- ●お互いに会うときに尻尾を立てる。
- ●通りすがりに、あるいは並んだときに、お互いに体をこすりつけあう。
- ●いつもお互いにくっついて眠る。
- ●お互いに穏やかな〝けんかの真似〟のゲームをする。
- ●おもちゃを共有する。

家庭内で別々のテリトリーを作っているネコは

- ●お互いを追いかけたり、お互いから逃げる。
- ●会うとシャーッと言ったり、唾を吐く。

●接触を避ける。片方が部屋に入ってくると、もう片方が必ず出ていく。
●かなり離れた場所で眠る。しばしば、お互いを避けるため、片方は棚などの高い場所に上がる。
●防御の態勢で眠る。目を閉じていて、一見、眠っているように見えるが、体は緊張し耳はひくついている。
●あきらかにお互いの行動を意図的に制限する──たとえば、ネコドアの前や階段の上に何時間もすわっている。
●お互いを熱心に観察する。
●同じ部屋にいると異常なほど緊張して見える。
●飼い主に別々に交流する──たとえば、お互いに体が触れないように、飼い主の両側にすわる。

外に出ることを許されているネコにとって、近所の他のネコも争いとストレスの元凶だ。新しい家にネコがやって来ると、そのネコはモザイクのように存在するネコのテリトリーの真ん中に放りこまれた気がするだろう。すでに周囲にネコがいたら、飼い主の庭はほぼ確実に一匹以上のネコのものになっている。ネコにとって、庭の塀は尊重するべき境界ではなく、道路のようなものなのだ。新しいネコは自分自身の庭を歩き回る権利を確立しなくてはならない。そのためには、これまでその空間を使用していた、公認の権利を持つ別のネコたちに抵抗しなくてはならないのだ。テリトリーの境界をめぐる争いは、何年も続く場合がある。われわれの調査では、飼い主の三分の二が、飼いネコは近所のネコとの接触を自発的に避けていると答えている。また率直に言うと、残りの三分の一の飼い主は窓から外をあまり見ていないのだろう。三分の一の飼い主が、飼いネコと近所のネコのけんかを実際に見たことがあると報告している。

飼い主の家の外にテリトリーを確立するのに失敗した徴候[22]

- ●うながされても家を出ようとしない。
- ●ネコドアを使わず、飼い主に出してもらうのを待っている（反対側でライバルのネコが待ち伏せているかもしれないから）。
- ●近所のネコがネコドアから入ってくる。
- ●飼い主が庭にいるときだけ家を離れる。
- ●長時間、窓から外を眺めている。
- ●別のネコが庭にいると、窓辺から逃げて隠れる。
- ●家に走りこんできて、入り口から遠い安全な場所に直行する。
- ●乱暴な遊びも含め、飼い主にぴりぴりした態度を見せる。
- ●ふだんは外でするネコが、不安のあまり屋内で小便や糞便をする。
- ●家の中で尿をスプレーする（においづけ）。とりわけドアとかネコドアなどの出入り口に近い場所に（雌ネコよりも雄ネコの場合が多い）。
- ●毛づくろいを過剰にするなど、精神的ストレスの他の徴候。

意外にも、ネコの健康がそこなわれるまで、そうした争いに気づかない飼い主が多い。けんかで噛まれて、獣医の治療が必要な膿瘍になることすらある。さらにネコは過度にストレスがかかったり、行動があまり制限されると、家の中で小便や糞便をするようになる（268ページのコラム『飼い主の家の外にテリトリーを確立するのに失敗した徴候』を参照）。その地域のネコたちがいったん休戦状態になっても、休暇で出かけるために二週間よそに預けるなどで、一時的に飼いネコを連れ去ることで、不注意にもまた戦いに火をつけてしまうこともある。たとえば嗅覚標識がなくなるとか、姿が見えないとか、そのネコが永遠にいなくなった徴候に勢いづいて、それまでそのネコのテリトリーだった場所に近所のネコが侵入してくるかもしれない。ネコは戻ってくると、改めて権利を確立しなくてはならないのだ。

最近の飼い主はネコを室内飼いにすることで、そうした問題を避けようとしている。しかし飼い主の室内飼いの動機は、社会的ストレスよりは、交通事故、病気、泥棒（高価な純血種の場合は特に）から守ろうとするものだ。比較的狭い場所に一生閉じこめることは、そのこと自体がストレスになる。三〇年以上前から、室内飼いは集合住宅暮らしでは当たり前になっているが、イエネコが閉じこめられることにストレスを感じているかどうか、きちんとした調査は行なわれていない。家の中だけに閉じこめられていることをストレスに感じたとき、ネコがどう行動するかを知るために、ちょっとヤマネコの祖先を見てみよう。

野生のネコ科動物は閉じこめられると、非常にいらだたしげな反応を示す。ライオンもジャングルキャットもヒョウも、檻の中を行ったり来たりするのだ[23]。他の科の動物では、クマだけが同じような反応を見せる。ネコ科の動物と同じように、クマは孤立した縄張り意識の強い肉食動物だ。どうして行ったり来たりするのかははっきりしないが、食べ物は充分に与えられていても、おそらく狩りができるぐらいの大きなテリトリーを手に入れられないことと、〝退屈〟のせいだろう。何度も行ったり来たりすることは、イエネコではまれだ。これは動物園のネコ科動物ではよく見られる行為なので意外だが。このちがいは、家畜化よりも前にすでに生じていたのかもしれない。とらわれると、イエネコの野生の祖先であるヤマネコは、行ったり来たりするよりも、周囲に注意を向けなくなりがちだ。

家畜化はテリトリー行動に関して、かなりの柔軟性をネコに与えたようだ。野生のネコ科の動物は、一般的に周囲の土地に分散している獲物を食糧にしている。そのため常に大きなテリトリーを必要とした。食べ物が少ないと、さらに遠くまで足を延ばす必要があるかもしれない。しかし、進化の歴史で、彼らは食べ物がその場所に非常に豊かで、毎日毎日探さなくても充分に手に入れられる事態には、一度も遭遇しなかったのだろう。対照的にイエネコは非常に狭い地域——人間の住まい——で狩りをするように適応した。ただし、食べ物が少ないと、すぐさま狩りの範囲を広げる能力は失わなかった。

したがって野生化したイエネコは、二四時間外に出ることが許されている飼いネコよりも、一万倍以上広いテリトリーを持つことができる。しかし、種として柔軟性があるからといって、個々のネコに高い適応能力があるというわけではない。それまでのライフスタイルと、どういう期待を抱くようになったかで、それは決まってくるのだ。五〇エーカーで狩りをすることに慣れていたのに、いきなり檻に閉じこめられた野良ネコは、ヤマネコと同じようにいらだたしく感じるだろう。生きるために狩りをしたことのないペットのネコは、家から遠い場所に捨てられたら死んでしまうにちがいない。

イエネコはおそらく空間の要求について非常に柔軟になったおかげで、室内の暮らしにちゃんと適応できたのだろう。ただし外に出ることが許されるネコで、自発的に狭い空間だけにいるネコはほとんどいない。子ネコの頃から好きな場所をうろついていたネコは、いきなり狭い室内に閉じこめられたら、ほぼ確実にストレスを感じるだろう。たとえネコの健康を守るためだとしても。一生、室内で暮らすことを運命づけられているネコは、一度も外に出すべきではない。経験したことのないものを恋しがることはできないからだ。

制限されている空間は質の高い空間であるべきだ。ヤマネコは遠くを眺める喜びのためだけに、開けた空間を重視しているとは考えられない。むしろ、次の食事を隠せそうな場所がいくつもあることに満足を感じるだろう。動物園では大きなネコが広い開けた場所に出られるようにしたが、それでも行ったり来たりする習慣には影響がなかった。それどころか、彼らはつけ加えられたテリトリーを訪ねることもめったにしなかった。逆に同じ広さの空間をもっと興味深くする作戦の方が、ずっと成果があった。そこで動物園は囲いを利用して、ネコが一カ所から全体を見渡せないようにし、動き回らざるをえないようにした。

室内飼いのネコも忙しくさせておかねばならない。戸外なら自動的に与えられるさまざまな刺激を経験できないからだ。飼い主にとって、これには余分な努力を必要とする（272ページのコラム『室内飼いのネコを幸せにしておくために』を参照）。とりわけ、飼い主はできるだけネコに〝自然な〟行動をさせるべきだ。それは一般的な脊椎動物のために確立されている、動物の幸福の指針のひとつである。

飼い主はネコといっしょに過ごすか、適合性のある二匹のネコをいっしょに飼うことで、ネコに社会的行動をとらせることができる。後者をいちばん簡単に実行する方法は、きょうだいネコから二匹の子ネコをもらうことだろう。しかし、それですら成功する保証はない――きょうだい同士のライバル関係がないわけではないのだ。狩りの行動は獲物の大きさのおもちゃ（ネコはあたかも本物の獲物のように反応する）で〝遊ぶ〟ことを通じて模倣できる。また、ネコが捕食者としての行動をとると、ひと粒ずつ出てくる仕掛けになった装置で、ドライキャットフードを与えるのもいい。とらえられたヤマネコに正常な行動をとり戻させるために、狩りの行動の模倣を利用したところ成果をあげたので、室内飼いのイエネコにも役に立つはずだ。[24] これらは満足できる代替品ではないかもしれないが、閉じこめられたり、自然な行動が許されないことでネコが感じるストレスは、近所の他のネコにいじめられるストレスがないことで相殺されるだろう。

室内飼いのネコを幸せにしておくために[25]

●歩き回れるスペースをできるだけ与える。

●目立たない場所にトイレを置く。他のネコから見られる窓際は避ける。

●可能なら、バルコニーなど、ネコのために囲われた外の部分を作る。ネコは新鮮な空気を必要としているわけではないが、戸外の風景、音、においはネコの興味をかきたてる。

●室内に、二種類のベッドを用意する。ひとつは床に置かれた屋根と三方に壁があるもの、たとえば、横向きに置いたダンボール箱。もうひとつは高い場所に用意するべきだ。天井に近いが簡単に行け、家の入り口か窓の外がよく見える場所。すべてのネコが両方を使うわけではないが、大半がどちらかにいると安心感を覚えるだろう。

●少なくともひとつは爪研ぎを与える。

●一日に何度かネコと遊ぶ。獲物に似たおもちゃでのゲームは、ネコの狩りの衝動を満足させる

ペットボトルでこしらえた給餌器

だろう。とりわけネコが窓から鳥を見ているなら、いっそう効果がある。ネコの興味を維持するために、頻繁におもちゃを変えること。

●側面に適切な大きさの穴が開き、そこからドライフードが出る仕掛けのペットボトルで、何時間も熱心に遊ぶだろう。もっと複雑な装置も販売されている。[26]

●新鮮なネコ草を与える。多くのネコはこのカラスムギの苗を噛むのが好きだ。

●えさを与えすぎない。室内飼いのネコは、戸外に出るネコよりも肥満になるリスクがとても大きい。

●まだネコを飼っていないなら、きょうだいネコを二匹飼うことを検討しよう。二匹はいい相棒になれるだろう。

●室内飼いのネコがすでに一匹いるなら、別のネコを仲間として迎え入れる前に計画を立てておこう。一度も会ったことのないネコ同士は、限られた空間を共有することに自然に適応することはできない。

家畜化されてからまだまもないことを考えると、ネコは必要なスペースについて驚くほどの柔軟性を示している。しかし、小さすぎるスペース、あるいは脅威が潜んでいるスペースは与えないように気をつけねばならない。ペットのネコは狩りのテリトリーを維持する実際的な必要はないが、そうしたいという欲求は進化の過程でまだ奪われていない。ネコにとって不運なのは、このうろつきたいという欲求が別のネコとの争いに通じることだろう。他のネコとコミュニケーションをとる方法のレパートリーがあまりないネコは、テリトリーの境界について〝交渉〟するのに時間がかかるのだ。

ネコは、生き方を変えるという大きなプレッシャーに直面している。現代の都会のライフスタイルに適応することだけではない。オーストラリアをはじめアメリカ、イギリスにいたるまで、自然保護活動団体が、ネコに狩りのテリトリーを維持させることに強く反対するようになってきたのだ。ネコはその行動を司る新たな方法を前例のないスピードで発達させ、変わらなくてはならない。進化は変化を求めている。つまりネコは社会的および物理的環境に対する認識と反応を変えていかなくてはならないのだ。ネコの性格には大きな多様性があるので、そのどこかに、二一世紀の理想的なネコの性格の組み合わせが存在するのではないだろうか。

第9章　個体としてのネコ

ネコには共通点がたくさんある。種としてきわめて特徴的なので、一匹のネコについてあてはまることが、別のネコでもあてはまるのだ。しかし、同時にネコは外見的にも、飼い主との関係でも、行動においても、個性的だ。科学者もネコにはそれぞれ個性があると断言してはばからない。現代のネコは多くの異なる性格を持っているので、ネコという種として、二一世紀とそれ以降の時代の要求に応じられるのではないかと期待できそうだ。今、周囲にいるネコのどこかに隠された遺伝子が、その子孫を少しちがったネコに進化させることができるかもしれない。たとえば、室内の暮らしにいっそう適応できるネコなどに。

もちろん遺伝子だけがそうした変化を推進するわけではない。ネコがいる環境も、性格の開発に大きな役割を果たす。さらに、ネコだけが変わる必要はない。わたしたちも飼い主として、さまざまな作戦を利用し、ネコがより幸福な生活を送れるように手を貸すことができる。

まず遺伝子はどのぐらい影響力を持っているのか？　ネコの性格の大部分は、別の要素で決まってくる。つまり、最初の八週間で人間と正しく接触したかどうかだ。きちんと人間と接触したネコでも、人間一般や飼い主に対して、どのぐらい友好的になるかは個々でちがいがある。この多様性のうち、どの程度が遺伝によるものなのだろうか？　他のネコに寛大に接する能力は、他のネコといっしょに育ったせいだけなのか、それとも、生まれつき適応しやすいネコがいるのか？

性格の遺伝を読み解くのは、ネコの被毛の色や長さの遺伝ほど簡単ではない。目に見えるちがいは、明確に定義された約二〇の遺伝子に分類することができる。あるネコの両親がどちらも黒い被毛なら、そのネコも黒になるだろう。これはそのネコがやぶで生まれようと、キッチンで生まれようと関係がない。

しかし、遺伝子と環境は複雑に関連している。被毛の色すら、環境に左右されることがある。たとえば、シャムネコの顔、前脚、耳の濃い〝ポイント〟は、正常な体温では被毛が通常の色にならない温度感受性突然変異に由来している。こうした子ネコは生まれたばかりのときは、母ネコの子宮が暖かいせいで全身が白っぽい。成長するにつれ、体の先端部分は体温が低いので、毛の色がもっと濃くなり、特徴的な〝ポイント〟が現れてくる。最後にネコが老齢になり、血液循環が少し悪くなると、じょじょに全身が茶色に変わっていく。

遺伝と環境の関係は性格にもはっきり見てとれる。ネコの性格は何百もの遺伝子と経験の影響を受けている。

性格も遺伝するという証拠を探すために、まず純血種から見ていこう。何世紀にもわたって異なる役割のために繁殖されてきたイヌとちがい、純血種のネコは、おもに外見のために繁殖されてきた。すべての純血種のネコはブリーダーによって同じように育てられるので、その行動のちがいは遺伝子によるものだ。

最近の研究で、純血種はざっと六つのグループに分けられ、それぞれが地元の野良ネコの血を引いていることがわかった。シャム、ハバナ・ブラウン、シンガプーラ、バーミーズ、コラート、バーマンのＤＮＡは、彼らが近い親戚同士であることを示している。しかし、同時に東南アジアの野良ネコとも遺伝子的に似ているので、まちがいなくそこに由来しているにちがいない。伝統的な日本の種、ボブテイルは遺伝子的に朝鮮、中国、シンガポール（そしておそらく、研究には含まれていなかったが日本）の任意交配のネコに近い。ターキッシュ・バンは名前が暗示するように、トルコばかりか、イタリア、イスラエル、エジプトの純血種ではないネコの親類だ。シベリアンとノルウェージャン・フォレストは、北ヨーロッパの長毛の任意交配のネコに由来するが、外見的には似ているメイン・クーンは、いちばん近い純血種ではない親戚がニューヨークにいる。もっとがっちりした種の大半――アメリカン・ショートヘアとブリティッシュ・ショートヘア、シャルトリュー、ロシアン・ブルー、それに意外にもペルシャなどの外来種――はすべて近い親戚で、おそらく西ヨーロッパの祖先に由来している。現代のペルシャは、その遠い祖先の一部はたしかに中東からやって来たのだが、その起源の痕跡はほとんど失われているように思える。おそらく、最近は愛好家から平らな（短頭の）顔が好まれるせいだろう。

さまざまな繁殖クラブは、それぞれのネコの典型的な性格を説明している。たとえば、育《G》猫管理評《C》議《C》会《F》はアビシニアン、シャム、アメリカン・ショートヘアに由来するオシキャットを以下のように説明している。

多くの飼い主が、この品種がイヌに似ていると評している。非常に人間になつくし、訓練がしやすく、声によく反応するからだ。しかし、ちゃんとしたネコとして自立心も持っていて、非常に賢い。適応性が高いので、いっしょにいると楽しく、要求がましくなく、自然体で生きているように思える。オシキャットはそこそこおしゃべり好きで、長期間一人ぼっちにされるのを嫌がる。しかし、他のペットがいる家庭でも理想的なコンパニオンになれるし、子どもにもびくつくことはない。[1]

シャムや他の東洋のネコは非常におしゃべりだ。多くのネコがさまざまな「ニャー」を開発しているので、まるで飼い主と〝しゃべって〟いるように見える。長毛のネコ、とりわけペルシャは不活発で、人間と接触することをあまり好まないという評判だ。おそらくこうしたネコは、すぐに暑くなるせいだろう。そうした自明のちがいを除けば、品種によって性格がどうちがうのかについて、確実な情報はない。情報の大部分は、専門家——獣医やキャットショーの審査員など——の観察に基づいたものだ。彼らはふだんのテリトリーを離れた場所にいるネコたちを見ているので、必ずしも完全な行動を把握しているわけではないだろう。

純血種の東洋ネコにおける繊維を食べる行動

シャム、バーミーズなどの東洋ネコの品種は栄養にならない物を食べる異食症を発症しやすい。ふつうではないものを噛む癖のあるイエネコもいる。たとえばゴム輪やゴム手袋だ。しかし、純

布を食べるシャムネコ

血種の東洋ネコは繊維を噛むばかりか食べてしまうのだ。選ばれる繊維はたいていウールだ。次にコットン。ナイロンやポリエステルなどの化学繊維はあまり人気がない。こうしたネコのほとんどが、最初はウール製品を噛んでいた。やがて噛みとった繊維の塊を飲みこむようになった。こうした場合、ネコは繊維と食べ物を混同しているようだ。あるシャムネコが古いソックスをえさのボウルまでひきずっていき、ソックスとえさを交互に食べているのを目にしたことがある。

ウールへの偏愛の理由はまだわからない。ウールに含まれる天然のラノリンを求めている、という説もある。しかし、わたしはこれを直接試してみたが、この仮説は証明されなかった。

ウールを食べることは、少数の近い血縁関係がある種に限られているので、遺伝子的な根拠があるにちがいない。しかし、直接遺伝したものではないように思える。三匹が繊維を食べ、四匹が食べない七匹の母親から生まれた七五匹の子ネコを調べたところ、三分の一の子ネコが繊維を食べるようになった――ただし、そのうちの多くの母ネコの食傾向は正常だった（父親の習慣は不明だ）。たんに遺伝的要因や、母親の行動の模倣では、一部のネコにどうしてこの問題が生じたかを説明できない。

繊維を食べるネコの多くが、他の異常行動も示している。飼い主を噛んだり、過剰にひっかいたり。これは純血種ではないネコにも見られる行為で、不安やストレスの表れだとみなされている。東洋ネコのあいだでは、繊維を食べる行動は、子ネコがもらわれていってから数週間以内に起きている。その時期、ネコは環境の変化によってストレスを受けていたのかもしれない。引っ越しがなくても、生後一歳ぐらいで始まることもある。ネコが性的に成熟してきて、家庭内や外の他のネコと衝突する頃だ（高価な純血種のネコでも、わたしが調べたネコで、完全な室内飼いはほとんどいなかった）。

というわけで繊維を食べることは、ストレスを強く感じたときの慰めになる口を使う行動なのかもしれない。人間の赤ん坊の指しゃぶりのようなものだ。どうして繊維を選んで噛むことが、しばしば食べることにつながるのかは、いまだに明確になっていない。

ノルウェーで行なわれた小規模の研究が、シャムとペルシャは飼い主の家では特徴的な行動をとることを確認した。[2] ネコの性格は飼い主によって記録されたが（そのこと自体、多少の偏見が入っているが）、シャムはありふれたイエネコよりも、接触を求め、おしゃべりで、いたずら好きで活動的だった。一〇匹のうち一匹は定期的に人間に攻撃的になった。かたやイエネコでは二〇匹中一匹、ペルシャでは六〇匹中一匹だった。ペルシャは一般に他のネコよりも非活動的で、見知らぬ人間やネコにも寛大だった――怠惰な性格なので、たんに逃げる気になれなかったのかもしれないが。

ネコの性格のあらゆるちがいは異なる遺伝子によるものだ、とは言いきれないだろう。むしろ、品種の個性は、一般的に子ネコ時代に現れるように思える。それはそれぞれの子ネコが学ぶことと、その行動がどう発達していくかに大きな影響を与える。ある研究で、ノルウェージャン・フォレストの子ネコが新しい状況展開を覚える選択をするときなどに。たとえば新しいものを調べるか逃げるかの能力は、他の純血種（東洋種とアビシニアン）の子ネコよりもゆっくりと発達していくことがわかった。ただし、ありふれたイエネコよりも、純血種の能力はもっと迅速な発達をするかもしれない。[3] 脳の異なる領域の発達が早かったり遅かったりすることは、ネコの性格に長期的な影響を与える可能性がある。

品種によるちがいは、ネコの行動が遺伝によって影響されるかどうかについて有益な洞察を与えてくれる。この点で、純血種はとても役に立つ。というのも、すべてのネコの両親は記録されているからだ。人気の雄ネコは多くの子ネコの父親になるが、子ネコと会うことはめったにない。したがって父親の子どもに対する影響は遺伝的なものに限定される。ノルウェーの研究で、いたずら好きか、怖い物知らずか、見知らぬ人と出会うときの自信の程度は、異なる父親を持つ子ネコすべてではっきりちがっていた。しかし他の傾向、たとえば他のネコや人に対する攻撃性はちがった。この研究は小規模で一カ国だけで行なわれたので、結果がすべてにあてはまるわけではない。しかし、ネコの行動のいくつかの側面は、父親の遺伝子によって影響を受けるという理論は成り立つように思える。[4]

純血種ではないネコも性格が非常にちがうので、ネコの気性と被毛の色は深い関係があるという神話に拍車をかけている。[5] イギリス人はさびネコを〝いたずらさびネコ〟と呼んでいる。同様に、大虎斑のネコは〝本物のマイホーム主義者〟、サバトラは〝自立している〟、そして被毛に白い部分があるネコは〝心を落ち着かせる作用〟があると言っている。外見と内面の性格を結びつけたがり、反対の証拠があっても、人間にはその結びつきを信じたがる性向があるようだ。異なる被毛の色を生みだす生化学は、ネコの脳の働きにも影響を与え、多面発現（単一遺伝子の欠損が、複数の器官系に異常をもたらすこと）と呼ばれる遺伝作用を示していると推測する科学者もいるが、その理論を支える証拠はほとんど見つかっていない。[6]

　被毛の色と性格のつながりは、純血種のネコでもしばしば見られる。こちらは家系図が利用できるので、きちんと調べる機会が得られる。ある品種のある色に対する比較的限定された遺伝子プールでは、たしかに特定の気性になり、それはたまたま特定の被毛の色と結びついている。それぞれの品種で、限られた数の優秀な雄ネコだけしか望みの色を作るのに利用できないと、いちばん人気のある雄ネコの気性が、その品種の中で支配的になる傾向がある。たとえば二〇年前、スコットランドのブリティッシュ・ショートヘアのうち、さび色、クリーム色、それに、とりわけ赤毛（赤茶色の被毛で模様のない珍しい変形）のネコは扱うのがむずかしかった。この性格は、とびきり気むずかしい性格の一匹の雄ネコまでたどることができた。[7] 同様に、前脚と耳に黒いポイントのあるネコは、純血種のシャムではなくても、ことのほかおしゃべりだ。なぜならポイントを発現させる遺伝子は、近い祖先に少なくとも一匹のシャムネコがいなくては、どのネコもめったに持っていないからだ。

　色を決める遺伝子と、脳の発達に影響する遺伝子が、たまたま同じ染色体上にあると、被毛の色と性格は関連づけられる。染色体上――ネコは三八本の染色体を持っている。一八対と二本の性染色体だ――で遺伝子はひとつにまとまっているので、あらゆる組み合わせが、ある世代から次の世代にでたらめに伝えられるわけではない。二個の遺伝子がちがう染色体にあったら、子ネコがそのふたつの特別な組み合わせを引き継ぐことは、基本的に偶然だ。しかし、同じ染色体に発現する二個の遺伝子は、いっしょに遺伝しがちだ。これは必然的なものではない。なぜなら対になった染色体は、お互いに場所をときどき交換するからだ。乗り換えとして知られるメカニズムだ。問題の二個の遺伝子のあいだで交換が起きれば、別々に遺伝する。乗り換えは、同じ染色体上のすぐ近くにある遺伝子のあいだではめったに起きない。たとえば、白い被毛（優勢遺伝子の白で、アルビノではない）の遺伝子が目を青くし、耳を聞こえなくする別の遺伝子と同じ染色体上のすぐ近くにある場合だ。一個の遺伝子が外見と行動（間接的にだが）の両方に影響を与える希有な例だ。青い目で白い被毛のネコは、このためほぼ確実に耳が聞こえない。[8] フランスの田舎の赤茶色のネコの場合、野良ネコのライフスタイルに適合させる遺伝子が、（X染色体にある）赤茶色の被毛の遺伝子のとても近くにあるのかもしれない。

ネコの性格を研究する際には、おもにふたつのアプローチ方法がある。ネコを観察すること。飼い主にたずねること。飼い主の見方は偏りがちなので、ネコの行動の観察が、その性格をつかむ唯一の方法である。このため、わたしの研究の大半は、ネコの行動を記録することに費やされてきた。あるとき、外に行くネコが確実に家にいるときを狙って、えさの時間の直前と直後に観察するようにした。[9] 食べ物を期待しているときは、多くのネコが熱心に飼い主と交流するし、空腹は行動に影響を与えるので、この設定には、すべてのネコが観察の始まるときには空腹で、終わるときには満腹になっているという付随的な利点があった。

食べ物が用意されているあいだ、研究対象の三六匹のネコは、えさをもらうことを期待しているネコらしくふるまった。尻尾を立ててキッチンを歩き回り、ニャーニャー鳴き、飼い主の脚に体をこすりつけた。食事のあと、外にすぐに出ていくネコもいれば、すわって毛づくろいをするネコもいた。飼い主とまた触れ合うネコもいて、部屋にいる見知らぬ人間を調べるネコもいた――つまり彼らを観察している人間をだ。わたしたちの研究の第一目標は、毎回どのネコも特徴的な行動をしているかどうかを発見することだった。八週間にわたってこうやって週に一度訪問し、たしかに彼らにはかなり一貫性があるとわかった――つまり、わたしたちが観察してきたのは、おそらくネコの性格、あるいは〝個々のスタイル〟を反映したものだったのだ。

えさが与えられる前の行動から、ネコをいくつかのタイプに分けた。喉をずっと鳴らしながら、飼い主の脚に体をこすりつけるグループ。まったくそういうことをしないネコもいた。キッチンをさかんに歩き回るグループ。ニャーニャー鳴くことで飼い主の注意を引こうとするグループ。もっとも飼い主はそれを特別愛らしいとは思っていなくて、おとなしいネコの方を頻繁になでていた。半分のネコしかこうした極端な傾向を見せなかった。残りは体をこすりつけたり鳴いたりしながら、もっと穏便な行動をとっていた――こうした行動はネコ特有のものなので驚くにはあたらない。

えさをもらったあと、比較的若いネコはまっすぐ外に出ていくものもいた――性格というよりも、習慣からだろう。しかし大半はキッチンに数分とどまっていた。食事前に他のネコよりも活動的だったネコは飼い主とさかんに交流を続け、尻尾を立てて鳴きながら歩き回っていた。食事前に見知らぬ人間にもっとも関心を示していたネコは、やはりそれを続けた。

大胆なネコが科学者を調べる

わたしたちはネコの飼い主と話をして観察を切り上げた。ネコによるちがいは性格を反映しているようだったが、これはひとつの状況のネコの観察でしかない。別の状況も観察すれば、性格の別の側面もわかるのだろうか？　飼い主や世話係にネコの行動について報告してもらって、人間に対するネコの反応のちがいを調べた研究もある。当然ながら、こうした調査では、ネコが一匹だけでいるときにどうふるまうかについての情報が欠けている。しかも一匹しか飼っていない飼い主は、飼いネコが他のネコとどうつきあっているか知らないだろう。

研究の限界にもかかわらず、ネコの性格の三つの側面が浮かび上がってきた[10]。ひとつ目はネコが同じ家庭内か他の社会集団にいる他のネコとうまくつきあっているか否か。他のネコよりも外向的なネコがいた――少なくとも、よく知っているネコに対しては。ふたつ目は、家庭内の人間に対して、ネコがどのぐらい社交的になれるか。飼い主とより親密な接触を好むネコもいた。三つ目は、もっとも基本的なことだろうが、ネコが一般的にどのぐらい大胆で行動的か、あるいは落ち着いていて用心深いか。どのネコも、この三つの基本的な特徴の八つの組み合わせのどれかにあてはまる。たとえば、あるネコは恥ずかしがりで引っ込み思案だが、飼い主や同じ家のネコたちに対しては愛情深い。別のネコは非常に行動的で飼い主には愛情深いが、家庭内の別のネコには距離を置いている。こうした特徴は極端に定義されているが、現実の生活では、大半のネコはひとつかふたつ、あるいは三つすべての特徴の中間に分類される。飼い主にとっては〝平均的なネコ〟はいないが、実際には多くのネコがそれに近い。

大胆か内気かという特徴は、すべての中でもっとも重要だろう。ネコの刻々のふるまいだけではなく、何をどのぐらい学ぶかを決定するからだ。大胆なネコは、引っ込み思案のネコよりも新しい経験から多くを学ぶことがある。しかし、大胆なネコが自信過剰にふるまって失敗すると――たとえば凶暴な雄ネコに立ち向かったりして――ネコはけがをするばかりか、そばに控えていて眺めていただけの慎重なネコよりも、その経験から学ぶものが少なくなってしまう。

他のネコとうまくつきあえるか、あるいは人間に愛情深いかは、子ネコのときと思春期のときの経験に強く影響されるように思える。ネコは〝友好的〟な遺伝子か〝非友好的〟な遺伝子を持っていると科学者は考えたが、さらに深く調べてみると、そのちがいは、実はネコがどのぐらい大胆になれるかを決める遺伝子のせいだった。大胆なネコと内気なネコは、ネコや人間に対してどう反応すべきかについてちがう学習の仕方をしている。大胆なネコは必ずしも内気なネコよりも友好的ではないし、その逆でもない。ふたつのタイプは愛情を少々ちがうやり方で表現するのだ。

大胆なネコと内気なネコが微妙に異なる学習の仕方をしたという認識は、ある古典的な実験から得たものだ。その実験では、片方は友好的な子ネコを作り、もう片方は非友好的な子どもを作るという定評がある二匹の雄ネコの子ネコを、少しちがう方法で社会化されたグループで育てた。さらに最低限の世話しかしない子ネコと、毎日手で触れる子ネコに分けた。[11] 一歳で、子ネコたちは、それまで一度も見たことのないダンボール箱といっしょに置かれて比較された。友好的な父親の子ネコは、すぐに徹底的に箱を探検した。非友好的な父親の子ネコは、尻込みしがちだった。二匹の父親の遺伝子的なちがいは、このように子ネコたちがどのぐらい友好的かということ以上に、より根本的なことに影響を及ぼしたのだ。すなわち、これまで出会ったことのないものに、子ネコがどう対応するかということに。

同様に、子ネコが社会化の時期に人間とどう交流したかは、その大胆さの形成に影響を与えた。大胆な父親を持つ子ネコはすぐに人間に近づいていき、その結果、人間との交流の仕方をたちまち学んだ。内気な子ネコは人間に対して同じぐらいの自信を持つまでに、もっと時間がかかった。しかし、充分に手で触れていると、こうした内気な子ネコも大胆な父親のいる子ネコと同じぐらいに友好的になれた——ただし、大胆な父親の子ネコに比べ親しさを控えめに表現したが。毎日人間に触れらない場合だけ、内気な父親の子ネコは人間を怖がるようになった。一歳になっても、父親と同じように、シャーッとうなって地面に伏せた。もっとも臆病な子ネコの場合、実験では人間との交流が典型的な家庭での経験に比べかなり少なかったので、研究結果は通常の状態を正確に映しだしているとはいえないかもしれない。しかし、内気な雄ネコの子ネコは、社会化を阻害されると非常に影響を受けやすいという、貴重な洞察を与えてくれた。

家庭で生まれた子ネコは、遺伝的に大胆でも内気でも、充分に人間に触れられて育つので、最終的にそこそこ人間に友好的になる。しかし、愛情の示し方は異なり、それは初期の経験が複雑に作用しているようだ。二〇〇二年に、わたしの研究チームはその作用について、一般家庭で生まれた九腹の二九匹の子ネコで調べた。[12] 生後二カ月で人間に触れられた時間は、一日に二〇分から二時間以上とさまざまだった。この子ネコが生後八週間になり、新しい家にもらわれていく直前になったときに、一度に一匹ずつ抱き上げてみた。最低の触れあいしかなかった子ネコは、すぐに腕から飛び下りたがった。もっともよく触れられた子ネコは一度に数分間抱いていることができた。人間に触れられた時間量は、他の遺伝子的影響よりも、子ネコの行動に大きな影響を与えているように思えた。九腹すべての子ネコが異なる母親を持ち、父親は誰なのかはわからなかったが、彼らが生まれた家はかなり離れていたので、二腹のきょうだいが同じ父親だという可能性はなかった。

大部分の子ネコが新しい家に移動した二カ月後に、同じテストを繰り返したところ、まったく正反対の結果になった。最初の二カ月にもっとも触れられた子ネコはいまやもっとも落ち着きがなくなり、触れられるのが少なかった子ネコはもっとも落ち着いていたのだ。

この矛盾は、二カ月のあいだの一般的な人間に対する社会化だけではなく、その後、特別な人間に対する執着も始まっていることを示している。生後八週間で抱きあげられたとき、ほとんどの子ネコは不安がっている様子がなかった。したがって、ほぼすべての子ネコが、そこそこ友好的にふるまえるような社会化を経験したということだ。それでも、あまり触れられていない子ネコは、見知らぬ人間に抱かれると不安になったようだった。二カ月後、これらの子ネコは新しい人間を――新しい飼い主を――知るプロセスを経験した。そして、その行動から、誰に抱かれても心から満足していることがうかがわれた。逆に、最初の家でたくさん触れられた子ネコは、最初の飼い主にすっかりなついてしまったのかもしれない。そのため、新しい家への移動のせいで落ち着かなくなったのだ。二カ月間の順応期間があったにもかかわらず、再びテストに訪れたときは、まだ新しい家で不安だったのかもしれない。

子ネコが経験した人間との接触によって、それぞれ異なる方向に性格が形成されたかもしれないが、人間の接触の影響は、子ネコが成熟していくにつれじょじょに消えていく。一歳のときにテストをすると、八カ月間会っていなかった人間に抱かれることを好むかどうかはさまざまだったが、それは子ネコのときにどのぐらい触れられたかとか、遺伝子は関係がなかった。きょうだいとして生まれても、もはや似ていなかったのだ。二歳と三歳でまたテストをしたとき、一歳のときとほとんど変わっていないことが判明した。つまり生後一年間で、どのネコも人間に対する態度が完全に発達し、その後はほとんど変化がないのだ。

どういう態度になるかは、新しい飼い主のライフスタイルと、それが発達中の性格にどう関わるかで決まってくる。たとえば、ざわざわした家に慣れたネコは、見知らぬ人にも心を乱されない。あるいは飼い主といっしょにいることを好み、訪問者が来ると隠れるネコもいる。しかし、どんな道を歩んできたとしても、結果はほぼ大同小異に思える。

大半のネコは人間のボディランゲージに非常に敏感だ。その敏感さゆえに、ネコは出会う人々に行動を適応させることができる。ネコ嫌いな人々は、部屋に入るとネコがまっしぐらに近づいてくるのはいつも自分だ、と文句を言う。そこで、ネコ好きな人とネコ嫌いな人をネコに会わせて、その意見を検証してみることにした。[13] 被験者――全員男性。女性でネコ嫌いを見つけられなかったので――はソファにすわるように指示され、ネコが部屋に入ってきたときに、たとえ膝に飛びのろうとしても動かないようにと言われる。しかし、ネコ嫌いがネコから目をそむけることは阻止できなかった。彼らはいつもネコを見て一〇秒以内にそうしているからだ。部屋に入って数秒で、ネコは人間の嫌悪感に気づいたようだった。ネコ嫌いの人々には近づかず、ドアのそばにすわり、彼らの方を見ないようにしていた。ネコがどうやって二種類の人間を識別したのかはわからない。おそらくネコ嫌いは緊張しているか、ちがうにおいがしたか、不安そうにネコを見たのだろう。とはいえ、ネコの反応は、初めて会った相手を鋭く見抜いていることを物語っている。しかし、八匹のうちの一匹は、他の七匹とは反対に、ネコ嫌いに注目して膝に飛びのると、大きく喉をゴロゴロ鳴らし、ネコ嫌いをぞっとさせたのだった。こうしたネコは、ネコ嫌いの人間にとっては、自分を賢明にも避けた大半のネコより、いつまでも印象づけられるだろう。

ある研究で、他のネコとの初期の経験が、ネコが大人になってからの行動をいかに変えるかに焦点があてられた。人間の手によって単独で育てられた子ネコは、他のネコに対して異常な行動をとった。きょうだいといっしょに人間に育てられたネコは、そういうことが少ない――とはいえ、別のネコと出会うと、すべてのネコが強い興味と恐怖の混じり合った奇妙な感情を示している。[14] 母親の存在、あるいは彼女がいないときの別の友好的な大人のネコの存在は、子ネコの正常な社会的行動を発達させるのに必要なのだ。

母ネコによって正常に育てられたネコが、他のネコに対してどのぐらい友好的にふるまうかは、ネコによってそれぞれちがう。ただし、人間に育てられたネコのような極端な態度は見せない。ネコによるちがいは、子ネコ時代の経験の差から生じているのだろう。大家族で生まれた子ネコは、孤独な母親のもとに生まれた子ネコよりも社交術を簡単に学べるからだ。たとえば、ニュージーランドの一部では、野良ネコが農場の周囲で暮らし、イギリスやアメリカの農場のネコと同じように、害獣や農夫から与えられる残飯を食料にしている。しかし、その土地の捕食者との競争があまりないので、他のネコたちは近くのやぶで暮らしていて、自分で狩りをした獲物を好きなだけ食べ、家畜化されていなかったリビアヤマネコのような生活をしている。[15] 雄ネコはふたつの個体集団のあいだをうろつき、遺伝子を混ぜあわせているが、雌ネコはその母親のライフスタイルを採用しているようだ。農場で生まれたネコはそこにとどまり、母ネコたちのテリトリーを共有し、やぶで生まれたネコは自立している。このようにネコは母親から遺伝子とはほとんど関係がない社会的〝文化〟を受け継ぐようだ。

生涯を集団で暮らすネコですら、個体によって他のネコへの対応は大きく異なる。この理由としては、遺伝子と文化的影響の両方が考えられるだろう。ふたつの小さな室内飼いのコロニー（それぞれに七匹の雌）での研究で、ネコによって別のネコと交流しているときの落ち着きぶりはちがうし、相手とどれぐらい親しいか、あるいは距離を置こうとしているかによっても、それが変化することが発見された。こうした性格の側面は、これらのネコが人間に対してどのぐらい社交的か、あるいはどのぐらい行動的で好奇心があるか、ということとはまた別だ[16]。結局、どのネコも周囲のネコと交流する方法を見つけたように見えたが、それは、そのネコの大胆さを単純に反映しているわけではない。

それぞれのネコの大胆さは、初めて別のネコに近づいていくときのやり方に表れている。なぜなら大胆さというのは、新しい状況に初めて遭遇するときに潜在的に存在する性質だからだ。しかし、同じ個体と繰り返し会うことで、それぞれのネコは新たに安定した性格や社交性を発達させていく。そういう性質がどう形成されるのかは、推測するしかない。たとえば、最初の数回の出会いの結果が、他のネコへの態度を永久に決めるとしたら、そのネコが出会った相手よりも小さくて弱いか、大きくて強いかによって、その性格は大きくちがってくるだろう。しかし、この性格の側面が多くの出会いによって発達していくなら、ネコのあいだの最終的なちがいは、そのネコが大胆か内気かに影響を与えるのとはまた別の遺伝子的要素によって決まる可能性がある。

たしかに、他のネコと友好的に暮らせるイエネコの能力は、遺伝子の気まぐれだろう。野生の祖先は、母と子どもの一時的な絆以上に親密な関係を作れなかったのだ。しかし、多くのイエネコが大人のネコとのあいだにも愛情深い絆を築いているようだ。ただし、この変化があらゆるネコに及んでいるとは考えられない。孤独を好むネコもいるからだ。若齢期の経験のちがいは、当然こうした差異を生むだろうが、まちがいなく遺伝子もひと役買っている。現代のネコが他者との絆をどのぐらいたやすく築けるかについては、今後もさまざまな多様性を調べていかなくてはならないだろう。内気さや大胆さといった性質は、この多様性に影響を与えるかもしれない。ただし、人間に対する愛情と同じように、大胆さや内気さは、友人になるか敵になるかというより、別のネコにどんなふうにアプローチするかということに、より大きな影響を与えていると考えられる。

第10章　ネコと野生動物

イエネコの捕食行動ほど野生動物愛好家をいらいらさせることはない。たしかに多くのペットのネコは狩りに出かけていくが、その狩りの影響について――つまり、野生動物の数にあきらかな影響を与えているかどうか――突き止めるのはむずかしい。たしかに、野生動物のバランスが特定の場所で変化しているので、ネコはうってつけのスケープゴートだろう。えさをちゃんと与えられているネコは、食べ物を補うために狩りをする必要はないはずで、ネコが与える損害は不必要なものだ。さらに、殺した獲物をその場で食べずに家に持ち帰る習性のせいで、ネコを非難するのがたやすくなる――まるで〝気晴らし〟のために殺しをしているかのように見えるからだ。その一方、もっと野生的な捕食者の殺しは注目されない。

さらに、反ネコ感情が野生動物の保護を呼びかける科学論文に忍びこんでいる。最近オーストラリアの科学者グループは「一家庭あたりに許可されるネコの最大数の制限、ペットのネコの強制的な避妊手術と登録、夜間外出禁止。戸外を歩き回るペットのネコには捕食妨害首輪をつける。さもなければ、飼い主の敷地内に強制的に閉じこめる」ことを求めた。もっとも、こうした制限が地元の野生動物の回復につながるかどうかは、まるっきり不明瞭なのだ。[1]

ネコが実際に野生動物に与える影響は、環境によって異なる。小さな島にネコが連れてこられたら、きわめて劇的な影響が起きるだろう。こうした島々の多くは、本土から孤立しているため、独特の動物相を進化させてきた。捕食者にわずらわされずに雛を安全に育てるために、海鳥の隠れ家になっている島もある。そういう場所にネコが現れると、大きな被害を引き起こす可能性がある。ペットのネコがそういう被害を与えた例としてもっとも有名なのは、一八九四年に灯台守のネコが、最後のスティーヴンズ島のミソサザイの種を殺してしまったことだろう。[2] しかし、通常、ネコは訪れた船から脱走したか、ウサギ、ネズミなどの害獣を減らすために意図的に連れて来られたか、どちらかだ。他のほ乳類の捕食者との競争がないので、ネコはそうした環境でも生き延びることができ、それまで狩られることがなかった地元の野生動物をやすやすと獲物にする。そうした豊かな食糧が手に入るので、ネコはどんどん繁殖し、たくさんの野良ネコが生まれる。たくさんのネズミはネコに安定した食糧を供給するものの、それによってネコの数が増えすぎ、ネズミ以外にもっと弱い地元の野生動物を殺すまでになる。科学者はそう指摘してきた。

われわれは島とネコの状況を考えるときに、野良ネコについて正しく把握しておかねばならない。ほ乳類のうち確認された絶滅種の八三パーセントが島に住む種だ。本土の仲間を襲った多くの病気、寄生生物、捕食者から隔絶されていても、こうした種はもともと脆弱だ。とはいえ、この絶滅の一五パーセントにしか野良ネコは関与してないということなので、他の持ちこまれた捕食者にもその責任があるにちがいない。キツネ、オオヒキガエル、マングース、クマネズミも捕食者になりうる。クマネズミはもしかしたら、どんな捕食者よりも被害を与えるかもしれない。ネコはこの種に対して有能

フクロウオウムを狙う野良ネコ

なハンターなので、ネコの存在は役に立つこともあるのだ。

たとえばニュージーランド沖のスチュアート島では、野良ネコが絶滅危惧種のフクロウオウムと二〇〇年以上共存している。これらのネコは、おもに外部から入ってきたクマネズミを食糧にしている。クマネズミは同じ地域の数種類の鳥の絶滅の原因になってきた。もしもネコを駆除したら、ネズミの数が増え、その結果、ほぼ確実にフクロウオウムの絶滅につながるだろう。[3] しかし、いくつかの場合、ネコの撲滅によって、絶滅危惧種の脊椎動物の数が飛躍的に回復したことは否定できない。例として、西インド諸島のロングケイ島のイグアナ、サンディエゴ湾コロナド島のシカネズミ、ニュージーランドのリトル・バリアー島のセアカホオダレムクドリなどだ。

本土では、いくつかの地域で野良ネコは非常に有能な捕食動物だが、その影響は定量化するのがむずかしい。それでも、世界じゅうの迷いネコ、野良ネコの数は合衆国では二五〇〇万から八〇〇〇万、[4] オーストラリアでは一二〇〇万ぐらいだということを考えると、大きな影響力があることが推測される。持ちこまれたほとんどの場所で、ネコは地元の捕食動物と戦って勝ちをおさめている。相手の方が地元の状況にネコよりも適応しているにもかかわらず。

野良ネコには他の捕食動物に比べ三つの有利な点がある。ひとつ目はペットのネコや、まだ害獣駆除に利用されている農場から迷いこんでくるネコによって、常に数が増えていること。ふたつ目に、多くの野生の肉食動物に比べ、一般的に人間をあまり怖がらないので、人間からたまたま与えられた残飯などの食べ物を利用でき、獲物を見つけるのがむずかしいときに命をつなぐことができること。三つ目に、行動以外はあらゆる点でペットのネコに似ているので、多くの人々の共感を呼ぶことができ、その中には食べ物や獣医による治療まで提供してくれる人もいること。

この問題が科学的にもっとも大きく注目され、非常に大きな非難がネコに向けられたのは、オーストラリアとニュージーランドでだった。そこではネコが比較的最近になって持ちこまれたからだろう。[5]どちらの国でも、多くの小さな有袋類と飛べない鳥がたしかに絶滅したが、おもな原因は、捕食者ではなく生息地が失われたことだ。捕食者が大きな原因になっている場所でも、責任はネコだけではなく、ネズミ、アカギツネ、(オーストラリアでは)ディンゴにもある。シドニーの野生動物研究財団のクリストファー・R・ディックマンは「獲物の集団に対するネコの影響はいまだに不確かである」と言っている。[6]

たしかにネコはある生物の絶滅の大きな原因になることもある。たとえばオーストラリアの土着の種、ヴィクトリア州のヒガシシマバンディクートとノーザン・テリトリーのコシアカウサギワラビーなどだ。逆に、シドニー郊外に残る森を研究したところ、ネコの存在は木に巣を作る鳥を保護する役目を果たしていた。ネコはネズミや通常だと巣を襲う動物を狩っていたからだ。[7] さらに、土着の野生動物と食べ物を争いあう外から持ちこまれたほ乳動物、ネズミやウサギなどの数をネコは抑えることもできる。

不確かな証拠にもかかわらず、オーストラリアのいくつかの地方自治体は、野生動物に対するネコの影響を減らす措置を早々にとった。その中には、常に飼い主の敷地内にネコを閉じこめておくもの、新しい郊外ではネコを飼うことを禁じるもの、夜間外出禁止令、指定された保護区域にいるネコの捕獲などが含まれている。もっとも、大きな被害を与える可能性のある野良ネコの行動を制限するのは、最後の条項だけだ。

しかし、西オーストラリアのアーマデールの四カ所における最近の調査によると、結局、ネコが第一の犯人ではないように思える。この調査で、ひとつの地区にはネコがまったくいなかった。ネコの飼育が禁止されたからだ。第二の地区は夜間外出禁止令が出され、ネコは昼間はベルをつけ、夜間は屋内に閉じこめられた。他の二地区では、ネコはまったく制限を受けなかった。その地区のおもな獲物はフクロギツネ、チャイロコミミバンディクート、それにネズミより少し大きい肉食の有袋類、マードだった。三種類のうちマードはネコの攻撃にいちばん脆弱だと推測された。だが実際は夜間外出禁止やネコのいない地区よりも、制限が何もない地区に、たくさんのマードが発見された。そして残りふたつの獲物の数は、どの地区でもほとんど差がなかった。ちがいと言えば、利用できる草木の量ぐらいだった。ようするに、ネコではなく、居住地の質の低下が小さな有袋類の数を減らす要素なのだろう。ネコに対する厳しい管理手段は、少なくともこの地区では野生動物にとってまったく利益はなかったのだ。[8]

ゴミをあさる野良ネコ

　野生動物愛好家をいちばんいらだたせるのは、ペットのネコが狩りをすること自体ではなく、飼い主にたっぷりえさをもらっているので必要がないのに、狩りをすることのようだ。そのため生きるために狩りをする捕食者と対照的に、ネコは〝殺人者〟として糾弾されてしまう。えさをもらっているので、ペットのネコはこれまでにないほど密集して存在できる。ネコの数が多いために、たまに狩りをするだけでもかなりの影響を及ぼしかねないのだ。

　ネコはいまだに狩りの欲望を失っていない。充分にえさをもらっていても、狩りに出かけていく。もっとも過去にネズミを食糧にしていたときは、一匹だけでは、食事と食事のあいだにのんびりできるほどのカロリーを得られなかった。しかし、飢えていれば、まちがいなく狩りに熱心になる。おもに残飯あさりで食糧を得ている野良ネコでも、ペットのネコの二倍は狩りに時間を費やす。子ネコのいる母ネコは、誰かにえさをもらっていなければ、ひっきりなしに狩りをするだろう。

それに比べ、ペットのネコはさほど真剣に狩りをせず、しばしば獲物になりそうな相手をただ眺めているだけだ。空腹のネコは獲物が逃げるか、つかまえられるまで、何度も飛びかかる。だが、えさをたっぷりもらっているネコはたわむれに飛びかかるだけで、じきにあきらめてしまう。鳥を殺すことに成功したときは、たぶんすでに弱っている鳥を選んだのだろう。

ネコの食事の質も、狩りの欲望に影響を与える。最近のチリでの研究では、家庭で残飯を与えられているネコは、現代的なペットフードを与えられているネコの四倍もネズミを殺して食べるそうだ。別の研究では、低品質のキャットフードを食べているネコはネズミを追いかけて殺したが、新鮮なサーモンを食べているネコは狩りをする同じ機会を与えられても無視した。[9] こうした研究から、残飯や栄養バランスの悪いキャットフードを食べているネコは、狩りをする強い動機があるということがわかる。なにより、健康を保つために食事を補塡しなくてはならないからだ。イエネコはふたつのうち、どちらかから食べ物を手に入れている。現代的な栄養バランスのとれた市販のキャットフードか、獲物だ（111ページのコラム『ネコは真性肉食動物である』を参照）。残飯と低品質のキャットフードは炭水化物が多い傾向にある。毎日炭水化物を食べていると、ネコは高タンパクの食べ物を欲するようになるようだ。つまり肉である。市販のキャットフードは半世紀前に比べ格段に品質が向上した。したがって、ほとんどのペットのネコは離乳以降、毎日栄養バランスがとれた食べ物をもらっているから、獲物をたくさんつかまえる必要はない。かたや捨てられたり、迷ったりしたネコは栄養が必要で、狩りをする必要に迫られたかもしれない。いったんその習慣が身につくと、それを捨てることはむずかしくなる。そこで、そうしたネコには不要に狩りをさせないように注意する必要があるだろう（左のコラム『いかにしてネコが狩りをすることを防げるか？』を参照）。

いかにしてネコが狩りをすることを防げるか？

ペットのネコの大部分がごくわずかな鳥かほ乳動物しかとらえないと、調査で判明している。あなたのネコがそれに入るなら、たまたま自然保護区の隣に住んでいない限り、対応策をとる必要はない。

あなたのネコが積極的なハンターであれば、以下のどれかで狩りの影響を減らすことができるかもしれない。

●鈴つきの首輪をつける。効果がないという調査もあるが、多くの調査では、ほ乳類と鳥の捕獲がいちじるしく減少している。

●合成ゴムのよだれ掛けを首輪につける。これで飛びかかる能力が阻害され、とらえる鳥が減るかもしれない。[10]

●近づいていく獲物に警告を発する超音波装置を首輪につける。

●夜は家に閉じこめておく。これによってほ乳類をつかまえることが減る。さらに、車にはねられる危険も多少減る。

●ネコと遊んで、獲物そっくりのおもちゃの〝狩り〟をさせてやる。それによって狩りの動機を減らせるかもしれない。ただし、これは科学的に証明されていない。

ネコにつける首輪は、スナップで開く安全首輪にするべきである。他のタイプだと首がしまる可能性がある。

さらにネコの飼い主は食べ物や隠れ家を地元の野生動物に提供することで、ネコが与える被害を軽減することができる。ネコよけつきのえさ台で鳥にえさを与えたり、小さなほ乳動物のための隠れ家として庭の隅に薪の山を作ったりすることで、ネコの狩りを防ぐことができる。[11]

もちろん、誰もがネコによる野生動物の被害を最小にしたいと願っている。この問題の解決方法は、どういうネコを飼っているかによってちがってくる。とりわけ、問題のネコがどのぐらい人間と密接かによって。ペットのネコと野良のネコは異なる解決策が必要だ。海に囲まれた島では、ネコは外から持ちこまれたよそ者で、人間とはほとんど交流せず、ずっと空いていた生態的地位におさまっている。意図的に島に持ちこまれたにしろ、船から逃げたにしろ、植民地のペットだったにしろ、現在は基本的に野生動物である。こうしたネコを人間の手によって撲滅するしか、島の独特の生態系は復活できないだろう。ただし、これは単独で行なわれるべきではない。他の〝よそ者〟の種、ネズミやクマネズミがネコに獲物にされなくなると、地元の動物相を破壊しかねないからだ。しかし、これまでのところ、そうした撲滅は一〇〇件ぐらいしか実行されておらず、何千もの島が相変わらず野良ネコの被害を受けている。[12]

野良ネコの影響を最小限にすることは、彼らがペットのネコの近くで暮らしているときには、さらにむずかしくなる——本土ではほとんどがこういう状況だ。すべてのペットのネコに外出禁止令を出すか、一生、室内飼いにするか、強制的に登録してマイクロチップを埋めこむか、といった手段がとられないと、とらえられたネコが野良ネコなのかどうかを確認することはほぼ不可能だ。地元のネコの撲滅が実行されても、それまで野良ネコが占めていた生態的地位はまだ存在しているので、じきに他の地域から移動してきた迷いネコや野良ネコが、そこに居座ってしまうだろう。

　実は、自然保護活動家も野生動物愛好家も、野良ネコを撲滅したがっている印象を避けようとしているように思える。だからこそ、彼らは去勢後に自然に戻す運動《TNR》を熱心に推進しているのだろう。その計画では、野良ネコは去勢されたのちに、とらえられた場所に戻される。理論的には、その計画によって繁殖が減り、やがて問題の地域の野良ネコがいなくなるはずだが、それはめったに実現していない。去勢されていないネコが去勢されたネコが戻された地域に入ってきて、まもなくかつての繁殖能力が復活してしまうのだ。さらに、そうした計画によって、その地区が捨てネコの〝ホットスポット〟になりかねない。ここにネコを捨てれば野良ネコのコロニーに入り、食べ物を分けてもらえるだろうと誤解する人間がいるのだ。その地区がかなり孤立していて、捕獲と去勢が何年も続いても、野良ネコが完全にいなくなることはめったにない。

　イギリス南部にある、半ば閉鎖された精神病院の敷地にできたコロニーで調査をしたことがある。病院はいちばん近い村から一〇キロほど離れた場所にあった。ＴＮＲを導入される前、コロニーには数百匹のネコと子ネコがいた。数年後、ネコは八〇匹にまで減った。この多くがもともとのコロニーのメンバーで、すでに去勢され、しだいに年をとってきていた。しかし、少なくとも一匹の雄ネコと数匹の雌ネコは捕獲を逃れ、現在も繁殖を続けていた。さらに、おそらく捨てられたらしい妊娠した

去勢された病院の野良ネコたち

雌ネコが定期的に現れた——ただし、とても社会化しているので、簡単にとらえられ、人間の慈善団体によって新しい家を見つけてもらっている。ようするに、繁殖と移住が老齢で死んでいく最初のメンバーを補い、コロニーは同じ規模を保ち続けていた。わずかに残っている長期入院の患者から与えられる食べ物も、食糧を補っているようだった。

ＴＮＲの賛同者は、コロニーが去勢され、食べ物の供給が安定すれば、野生動物への影響は少なくなるはずだと主張している。しかし、この見解を裏づける証拠はほとんど発見されていない。ネコたちはおそらく狩りを続けている。栄養状態がよくなれば獲物の消費は減るかもしれないが、毎日狩りをする習慣が身についているので、ずっと野生動物を殺し続けるだろう。しかし、ネコが安楽死させられたら、その場所にすぐに別のネコが移住してくるだろうが、去勢なら、少なくともその場所に同じネコが居住し続ける。ただ、環境保護論者にとっては、ネコ愛好家にネコの頭数を管理するのに手を貸してもらう方がいいのかもしれない。野生動物に壊滅的な被害を与えないならだが。喧伝されている別の選択肢、すなわち定期的な野良ネコの撲滅は、ネコと野生動物の両方を大切に思っている支持者にそっぽを向かれる可能性がある。

野良ネコは自由に出歩いているペットのネコと共存していて、ターゲットにするにはむずかしいので、環境保護論者は飼いネコを制限することに努力を向けがちだ――ペットのネコは野生動物に大きな害を与えているという確かな証拠は何もないのだが。この証拠の欠如の穴を埋めるために、イギリスのシェフィールド大学の科学者が〝恐怖効果〟仮説を提案した。すなわち、ペットのネコは鳥の繁殖を抑制している、なぜならネコの存在だけで鳥は恐怖を覚え、えさを探し回らなくなり、生殖能力が制限される、という理論だ。[13] しかしこの理論は都会の鳥はネコの影響を克服する戦略を発達させたことと矛盾する。さらに、怠惰でやる気のない捕食者の存在よりも、ネズミ、カササギ、カラスなど、もっと重大な捕食者の方が、小鳥やひなにとってずっと影響が大きいだろう。ペットのネコをやり玉にあげるとき、鳥の愛好家は鳥の数により影響を与えている他の捕食者については言及しないことが多いようだ。

ネコはめったにカササギをつかまえないが、彼らの他の敵をとらえることで、小鳥を助けている可能性もある。イギリスにはネコ一匹あたりに少なくとも一〇匹のドブネズミがいる。ドブネズミは雑

クロウタドリの幼鳥を殺すカササギ

食動物で、鳥や小さなほ乳動物の数への影響はよく知られている。さらに、若いドブネズミはネコのお気に入りの獲物のひとつでもある。もしもネコが町のドブネズミの頭数を減らせば、間接的に鳥を守ることになるだろう。[14] ネコの飼い主はネコを家に閉じこめるよりも、庭の小鳥の生育環境を改善することで、野生動物のためにもっと有益なことができるはずだ（300ページのコラム『いかにしてネコが狩りをすることを防げるか？』を参照）。

こうした予防措置でも、ネコを声高に批判する人々を黙らせることはできないかもしれない。ただ、最近の飼い主の大半は飼いネコの狩りの能力を賞賛するどころか、非難し、眉をひそめている。祖先とちがい、ペットのネコはもはや狩りをする必要がない。したがって、狩りの欲望を抑えつけても、ネコにとって害にならないだろう。現在のネコよりも、未来のネコの方が狩りをしたがらなくなっていることが理想だ。

第11章　未来のネコたち

歴史のどの時代よりも、現在はペットのネコがたくさんいる。また、この五〇年以上にわたって、望まれないネコの里親探しに熱心な組織が増えている。さらに獣医学と栄養科学の発達のせいで、現代のネコはこれまでにないほど健康になっていると言えるだろう。

人間はネコの肉体的要求にかなり応じるようになってきた。しかし、ネコの精神的な欲求は、一般に誤解されがちだ。ネコは実際以上に社会的適応性がないとみなされている。飼い主の回答によると、ペットのネコの半数は家を訪ねてきた人を避ける。ほぼすべてのネコが、近所の家のネコとけんかをするか、一切の接触を避ける。他のネコといっしょに飼われているネコの半数がけんかをするか、お互いに避ける。[1] 研究によれば、ネコはそうしたいさかいをきわめてストレスに感じていることが裏づけられている。そのできごとの最中に恐怖を感じ、次の遭遇を予想して不安を抱く。わたしたちには気づかないきっかけ、たとえばライバルのネコのにおいで、常に過剰に用心深くなる。慢性的な不安は健康をそこね、寿命を短くしかねない。不運にも、わたしたちはこうした状況を改善する術をよくわかっていない。

また飼い主はネコを室内に閉じこめておくプレッシャーにも直面している。永遠にしろ、夜間だけにしろ。都会の環境には多くの危険があると、ネコの福祉を考える慈善団体は指摘している。交通事故、他のネコとのけんかによる怪我、病気や寄生虫に感染すること、中毒。自然保護活動家は野生動物を殺させないように、ネコを家に閉じこめておくべきだと強く要求している。

しかし未来のネコがどうなっているかについては、まったく議論が行なわれていない。わたしたちはこれまでずっと身近にネコがいたから、これからもそうだろうと漠然と考えている。しかし、これまでの章でみてきたように、ネコをとりまく状況は急速に変わってきており、今後もネコが人気を保てるかどうかはわからない。

一世紀前、世の中は現代の基準だと、ペットに選ばれた幸運なネコにすら非常に残酷だった。火をつけた爆竹を子ネコの尻尾に結びつけることがおもしろい遊びだと思われていたし、〝ネコを蹴飛ばす〟はいらいらを発散させることの隠喩になるほど、日常的なことだった。そのときに比べて、ネコに対する感情は劇的に変わった。たとえば二〇一二年に二人のラスヴェガスのティーンエイジャーが、二匹の子ネコをカップの水で溺死させたことで告発され、現在ネヴァダ州では重罪とみなされている動物虐待で有罪になった。[2] 現在、われわれには残虐性を最小限にする手段があり、人道的な方法でネコの頭数を制限している。

ネコは繁殖力が強い。自然にまかせていれば、雌ネコは頭数を安定化させる以上の子ネコを産むだろう。過去にはそうした子ネコの大半が大人になる前に死んだ。不要な子ネコは飼い主によって溺れさせられたし、その多くがワクチンがまだ存在していなかった呼吸器疾患で命を落とした。この数十年間、人道的な慈善団体はイエネコの数を制御する方法として去勢を推進し、すべてのネコや子ネコに愛情あふれる家庭を見つけることを目標にしてきた。今までのところ、わずかな場所でしか、この目標を達成していない。飼い主の中には、一度出産するまで雌ネコの不妊手術をしない人もいる。また、現代の食生活だと、雌ネコが生後半年で妊娠できることを知らない飼い主もいて、多くの飼い主が一歳を過ぎるまで去勢について考えようとはしない。野良ネコの雌が妊娠しているか、生まれたての子ネコといっしょにいるところを保護されて、新たな子ネコがペットに加わることもあるだろう。逆に、去勢していない雄ネコは最近ではめったにペットにはならない。少なくとも都会の住宅地域では。今のところは需要以上に里親を求めているネコがいるが、去勢がさらに広く実行されれば、子ネコを見つけるのがむずかしくなるだろう。

将来的に任意交配のネコを見つけるのがむずかしくなると、ネコを飼いたがっている人々は、純血種のブリーダーに頼るかもしれない。現在、純血種はペットのネコの一五パーセントだけだし、多くの国ではその割合が一〇パーセント以下だ。ネコにとっては幸いなことに、イエイヌの極端な外見を作りだした突然変異は、ネコの繁殖にはほとんど見当たらない。わずかな例、たとえばマンチカンの短い脚のようなわい化遺伝子は、イヌと同じ道を歩むのではないかと心配する科学者によって精査されている。しかし、もっとも人気のある純血種のネコの繁殖は、外見による繁殖の問題と、近親交配を繰り返すことによる不都合にぶつかっている（309ページのコラム『純血種のネコ——極端な繁殖の危険』を参照）。さらに、純血種のネコの行動は、任意交配のネコとほとんど変わらず、イヌとはかなり状況がちがう。イヌはもともと外見の差ではなく、行動の差によって繁殖されてきたからだ。たんに任意交配のネコを純血種のネコと置き換えても、すでに存在する遺伝子的問題は継続するし、種としてネコが直面している問題を解決することはできない。

純血種のネコ──極端な繁殖の危険

この数年、マスコミは外見を求めるための見境のない繁殖から生じる純血種のイヌの問題に注目してきた。[3] 同じ窮状はネコの場合、あまりニュースになっていないが、同じ問題が将来的に起こるかもしれない──いや、すでにいくつかは起きているだろう。

外見のための繁殖は、ふたつの問題を生じさせる可能性がある。ひとつ目は極端な外見のために品種改良することで、動物にストレスを与えたり、慢性病をもたらしたりしかねないこと。ネコの繁殖での古典的な例は、獅子鼻、あるいはペキニーズのような顔の（専門用語では〝短頭〟の）ペルシャだ。伝統的にペルシャは、ふつうのネコよりもいくぶん丸い顔（〝人形のような顔〟）をしていて、長毛のアンゴラネコの血筋を引いていた。そのぺちゃんこの顔を作る突然変異は、一九四〇年代にアメリカ合衆国で起きた。そして理想的な純血種としてたちまち採用されたのだ。さらに選別されていき、鼻はさらに短くなり、頭蓋骨の高い位置に移動し、両眼のあいだにちょこんとおさまるほどになった。この極端な形は現在、品種クラブから反対されている。すべての短頭のネコは呼吸困難、眼病、涙管奇形に陥りやすく、死産の確率が高いせいで難産になりやすい。一九八八年と二〇〇八年のあいだに、イギリスのペキニーズ顔のペルシャの登録が四分の一に減っていることから、最近のペットの飼い主は伝統的なペルシャネコを好む傾向があるようだ。

他の品種も繁殖の結果、健康問題に直面している。意外にもマンクスは一世紀以上キャットショーに出品されてきた。マンクスに短い尻尾を与えた遺伝子は基本的には欠陥で、しばしば死を招く

ペキニーズ顔のペルシャネコ

ものだ。この遺伝子のコピーがふたつ遺伝している子ネコは、生まれる前に死んでしまうだろう。遺伝子のコピーがひとつだけのネコはさまざまな長さの尻尾になり、不完全な尻尾をしたネコが激痛をともなう関節炎を発症する場合もある。その遺伝子は尻尾ばかりか背中の成長にも影響を与え、脊髄を損傷し、二分脊椎を生じさせる。またマンクスは腸の病気にもかかりやすい。

　他の品種では、外見のための繁殖による問題はこれほど目立たない。たとえば、スコティッシュ・フォールドに特徴的な垂れ耳を与える遺伝子は、あちこちの軟骨に奇形をもたらす。その結果、多くのネコが比較的若いときに重い関節痛を発症する。
ふたつ目の問題は、効率的な交配であるいわゆる系統育成から生じる。たとえば多くのシャムネコは左と右の目からのシグナルを比べる脳の神経が不足しているために、立体視覚が劣っている。結果として、二重にものが見えるかもしれない。あるいは片目はまったく機能せず、ときに斜視の原因になっている。別の網膜の奇形は、頭を動かすたびに映像がぼやけてしまうことにつながっている。シャムネコの独特の外見を保つために、ブリーダーはこの欠陥を世代から世代へ慎重に遺伝させているのだ。しかし、その遺伝子が野良ネコに発現したら、たちまち淘汰されるだろう。なぜならそれは狩りができなくなることを意味するからだ。

狩りをして獲物を殺したいという動機を減らせば、ネコを二一世紀の生活により適応させることができるだろう。少々擬人化をしてみよう。もしネコが自己改革のために願い事のリストを書くとしたら、つまり人間が求める要求をかなえるための目標を設定するとしたら、以下のようになるだろう。

●他のネコともっと仲良くすること。そうすれば、社会的出会いはもう不安の種ではなくなる。
●人間の行動をもっとよく理解すること。そうすれば、見知らぬ人との出会いは、もはや脅威に感じられない。
●満腹でも狩りをしたいという衝動を克服すること。

それに対応する飼い主の要求。

●一度に一匹以上のネコを飼いたい。そしてネコたちに仲良くなってもらいたい――わたしとだけではなく、お互いに。
●お客が来るたびに、寝室に隠れ、じゅうたんで小便をしてもらいたくない。
●ネコドアからいかなる〝プレゼント〟も持ちこんできてほしくない。

現在、この目標を実現させるためには、ふたつの方法がある。まず、周囲の環境を理解し反応するように、それぞれのネコを訓練する。このやり方の利点は、効果がすぐに現れることだ。欠点は次の世代のネコにも、訓練を繰り返さねばならないことだ。第二に、ネコの遺伝子はまだ充分に家畜化されていないので、その行動と性格を遺伝子的に二一世紀のライフスタイルに適応させるようにする。この目標をかなえる選択的な繁殖の結果は、数世代のちに初めてはっきりするだろう。ただし、こうした変化は永久的なものになるはずだ。

ネコは頭がよく、適応できる動物だ。そこでこうした目標はネコの学習によって達成することができる――しかるべき経験をさせ、課せられた要求を満たせるようにするのだ。これには正式な訓練が含まれるだろう。イヌの飼い主は社会的に受け入れられるためには、訓練が必要なことを知っているが、そうした考えはネコの飼い主の頭にちらっとも浮かばない。子ネコに生後数カ月のあいだに正しい経験をさせることは、この時期にネコの性格が形成されることを考えると、永続的な影響を与えるだろう。ただし、どのような経験であるべきかは、さらなる研究が必要だ。

われわれはネコの愛情あふれる行動に価値を置く。しかし、この性質のために、わざわざ繁殖されたことはない。過去において、この性質は偶然選ばれてきたにちがいない。というのも、愛らしいネコはいちばんいい食べ物を与えられたにちがいないからだ。[4] にもかかわらず、非友好的な性格は、ペットのネコのあいだですら存続した。一九八〇年代のネコの社会化期間を定義する実験で、実験者はこう記録した。「ネコの少数（およそ一五パーセント）は社会化に抵抗する気質を持っているようだ」[5]。今日でさえ、ネコは気性、学習、行動を決定する遺伝子に大きな多様性を持っていて、たんなる外見ではなく、行動と性格のために選択的繁殖をする際に新しい材料を提供している。

子ネコの生後二カ月から三カ月は重要な期間で、そのあいだに子ネコは社会的な関わり方を学ぶ——他のネコと、人間と、他の家庭内の動物との。この時期に、子ネコは社会的パートナーを識別する方法と、望ましい結果——親しげに尻尾を立てること、耳の後ろをなめること、食べ物のボウル、抱きしめられること——を得られるようなふるまい方を学ぶ。また、この時期に、ネコは予想外のことへの対処の仕方も学ぶ——好奇心をかきたてられるものかどうか、近づいてくる危険を受け入れ、新しいものを調べるべきか、それとも安全をとって逃げるべきかについて。研究によれば、ネコが危険を冒す能力は、遺伝子の影響を強く受けていることが判明している。ただし、学習もそれに一役買っているのだ。

見知らぬものに遭遇したとき、ネコによって異なる作戦をとる。多くのネコは退却し、隠れるか、安全な見張り場所に上る。少数のネコは攻撃的になるかもしれない。とりわけ、それまで後退する機会がなかったネコの場合は。飼い主がネコに退却させず、常に走り寄って抱き上げていたのかもしれない。こうしたネコはひっかいたり、ふうっとうなったり、噛んだりすることで、望ましくない出会いのストレスを防げることをすぐに学ぶ。さらにその戦略を発展させ、知らない人間を攻撃するネコもいる。

また、ネコは知らないネコを相手にするときにも、それぞれの戦略を開発する。子ネコのときに初めて社会的出会いをすると、ただ逃げるネコもいる。立ち向かおうとして、前脚でひっぱたくネコもいる。わずかなネコは友好的にあいさつし、さらにごく少数があいさつを返されるだろう。逃げるか、それとも戦うかは、このように若いネコのデフォルトの反応になる。

もう一匹ネコを飼いたいと考えている飼い主は、ネコ全員に有益な結果をもたらすような紹介の仕方を工夫できる。ネコはただちにお互いに好意を持つとは限らない。新しいネコはなじんだ環境からいきなり引き離され、別のネコのテリトリーに入れられてストレスを感じるだろう。そして先住ネコはおそらく侵入者に憤慨するだろう。そこで、最初は新しいネコを、先住ネコがめったに足を踏み入れない部分に閉じこめておくのがいちばんいい。そうやって、新しいネコに小さなテリトリーを作らせてやり、先住ネコと顔をあわせる前に、新しい飼い主を知ってもらうのだ。においだけで、二匹のネコはまちがいなくお互いの存在に気づいているだろう。しかし、すぐに顔をあわせるよりも、こういうやり方の方がストレスが少ないはずだ。ご対面が実現する前に、飼い主は二匹を多少とも親しくさせることができる。たとえば、定期的にそれぞれのおもちゃや寝具をとりあげて別のネコのものと交換し、そのごほうびにごちそうをあげたり、ゲームをしてあげるのだ。これによって、相手のネコのにおいに好意的な絆ができあがっていく。実際に引き合わせるのは、相手のネコのにおいに両方のネコが敵意を示さなくなるまで待った方がいいだろう。そして最初はほんの数分だけいっしょに過ごさせる。[6]

ネコは訓練ができないと言われているので、ネコが逃げだしたくなるような状況でのストレスを訓練によって減らせることに、大半の飼い主が気づいていない。たとえば、飼い主はキャリアーに無理やり入らせるのではなく、ネコが自分から入るようにクリッカーを使って訓練（第6章参照）できる。[7] 同じようにして、ネコが新しい人々と会うときのストレスも軽減できる。もっと多くの飼い主が訓練の価値を認識すれば、ストレスがかなり避けられるだろう――ネコにとってはもちろん、飼い主にとっても。ストレスによって、ネコは家じゅうに糞尿をしかねないからだ。

訓練はネコが室内の暮らしに適応するのにも役立つ。ネコを訓練することは一対一の活動なので、ネコも精神的刺激を得られるし、ネコと飼い主の絆も強まる。ネコを室内に閉じこめておくことのマイナスも減らすことができるだろう。ネコは生まれ持った行動を表現する必要があるが、多くの飼い主はネコが爪を研いだりして家具を傷つけることを嫌がる。国によっては、獣医が外科的にネコの爪を除去するが、これはネコにとって利益にならない。いくつかの国では違法にさえなっている（左のコラム『爪切除』を参照）。爪のないネコは失った指先のせいで幻想痛に苦しむばかりか、他のネコに襲われたときに身を守れない。特別な場所だけで爪研ぎをするようにネコを訓練することは、はるかに人間的だし、簡単な代替手段である。[8]

爪切除

ネコは本能的に前脚の爪でいろいろなものをひっかく。おそらく、においをつけるためか、自分の存在を視覚的に他のネコに残すためだろう。かぎ爪がかゆいので、定期的に研ぐということもあ

る。それによって爪の外側がはがれ、中にある新しい鋭い爪が現れる。ネコが関節炎で爪を研ぐと痛いなどの理由で爪がはがれないと、爪全体が伸びすぎて、肉球が感染してしまうだろう。
　家具に研ぎ跡をつけてほしくない飼い主は、ネコの前脚の爪を抜いてしまう（ときには後ろ脚の爪も）。爪を切除する手術ほど、議論を呼ぶものはない（専門的には爪切除術と呼ばれている）。アメリカ合衆国や中東ではあたり

前だとみなされているが、ヨーロッパ、ブラジル、オーストラリアなど多くの国では違法だ。爪切除は、ネコの指の第一関節の切除も含む手術だ。手術による最初の痛みは鎮痛剤で抑えられるだろうが、切断された神経のせいで幻想痛を感じるかもしれない。ネコと人間はほぼ同じ仕組みで痛みを感じる。指を切断した五人中四人が幻想痛を経験しているので、おそらくネコも同じように感じるだろう（わたし自身、一〇年以上前に事故で一本の指先の神経の大半が切断されたあと、幻想痛を経験した。もっとも、わたしの場合は、その痛みを無視することを学んだが、ネコにはできそうにないことだ）。爪を切除されたネコは、そうではない室内飼いのネコに比べ、トイレの外で小便をすることが多い。おそらくこの幻想痛のストレスのせいだろう。

爪はネコにとって重要な防御機構だ。室内飼いのネコの飼い主は、他のネコと出会うことはないから、かぎ爪を必要とすることはないはずだと反論するだろう。しかし爪を切除されたネコが人間に乱暴に抱きあげられたとき、不満を表明するためにひっかけないので、噛むしかない。それによって、もっと大きな傷を人間に与える可能性もある。[9]

現代のネコは微妙な立場にある。人間の変化の激しい要求に応じなくてはならないと同時に、飼うのが簡単なペットという評判を得ている。ネコの行動を変えるために、余分な時間と努力を訓練に注ぐように多くの飼い主を説得するのはむずかしいかもしれない。だとしたら、遺伝子的な変化にも注目し、完全な家畜化の前の時代にまでさかのぼってみよう。

遺伝子的には三つの起源がある。イエネコ、純血種のネコ、交配種のネコ。伝統的な純血種のネコは行動ではなく、外見のために作られてきた。[10] ほとんどの種では、行動に対する選別はほとんどされず、外見だけで選ばれているようだ。しかし、いくつかの興味深い例外がある。

ラグドールはセミロングヘアーの品種で、とても穏やかな気性なのでそう命名された。一九九〇年代初めに繁殖された個体で、抱き上げられるとまさにぼろ人形《ラグドール》のように、全身がぐったりとしてしまう。まるで首筋だけではなく、全身のどこででも筋肉反射が起きるかのように。あるとき、このネコは痛みを感じないという噂が流れ、ネコをクッションのように放り投げるのではないかと動物福祉団体の人々は心配した。さすがに痛みを感じないことはないが、寛容な気性は有名だ。同じ祖先の血を引いている種がラガマフィンで、こんなふうに描写されている。「この種は友好的で社交的で賢い。人間が大好きで、きわめて愛情深い」[11]。こうしたネコの寛大な社交性の基本となる遺伝子は不明だが、交配によって他のネコから受け継いだのはまちがいない。不運なことに、ラグドールタイプのネコは近隣のネコの攻撃にはきわめて脆弱だ。おそらく信じやすいせいだろう。そこでブリーダーは、飼い主候補に室内に閉じこめておくようにアドバイスしている。

イエネコと他の種の交配種は、もともとエキゾチックな外見のせいで作られたのだが、イエネコの領域に新たな遺伝子的材料をもたらした。彼らの行動はきわめて個性的で、交配種はふつうのイエネコには見られない行動を司る遺伝子をもたらすかもしれない。

こうした交配種でもっとも広まっているのはベンガルだが、イエネコを二一世紀に適応させるための解決策はまったく与えてくれない。というのも、ベンガルの性格は野生の祖先に立ち返っているかのように思えるからだ。ベンガルはイエネコとアジアのベンガルヤマネコとの交配種だ。後者は六〇〇万年以上前から進化してきたが、ついに家畜化はされなかった。そのため、魅力的なまだら模様（〝ロゼット模様〟と呼ばれている）の被毛がなかったら、新しいネコを繁殖することなどはありえなかっただろう。イエネコとベンガルヤマネコは他に選択肢がなければ、交尾をする。しかし、生まれた子どもはおおむね手なづけられない。一九七〇年代に、この交配種とイエネコの繁殖が繰り返し行なわれた結果、背中と脇腹にベンガルヤマネコの斑点が残る子どもが生まれ、現在のベンガル種になった。

不運なことに、多くのベンガルは野生的な被毛だけではなく、行動も野生的で、そのことは以下の〈ベンガルキャットお助けウェブサイト〉の情報からもあきらかである。

この品種は強く支配的な性格を示すことがあり、愛情深いが、多くは膝にのぼるネコではない。訓練や触られることに攻撃的に反応する……もっともよくある問題は攻撃性とスプレーだ……ある人はペアを手に入れたあと、一週間もしないうちに二匹がお互いを殺そうとしたと報告している……ベンガルは高いところに上るのが好きだ。あなたの服やカーテンも、それに含まれる。探検するのが好きだし、装飾品や写真などに敬意を払うことはない。攻撃的なネコにはよくあることだが、多くは自分の家だけではなく、隣人のネコを探しだし、相手の家にまで入っていってけがをさせることもある。遊んでいるのではない。本気なのである。[12]

おとなしいペットを作るという観点からは、ベンガルヤマネコは交配に適した候補者ではなかった。この品種は絶滅の心配がない小型のヤマネコのひとつだ。しかし、この動物は手なづけることができない。動物園の飼育員によると、触ることはおろか、近づくこともできないようだ。[13]

イエネコを変えるのに利用できる遺伝子を考えた場合、もっと小型の南アメリカのネコの方が交配にはふさわしい候補者だろう。とりわけジョフロイネコはイエネコとほぼ同じ大きさで、マーゲイよりも少し大きく、動物園で飼われていても飼育員になつくことが多い。したがって、イエネコの今後の進化のために、有益な遺伝子を与えてくれるかもしれない。ジョフロイネコは八〇〇万年前にネコ科の仲間から分かれたときに、一組の染色体を失った。つまり、イエネコとジョフロイネコの交配で生まれたネコは不妊のはずなのだ。しかし、意外にも、ジョフロイネコの交配種は繁殖能力がある。その結果として、サファリという種が一九七〇年代に初めて作られたが、いまだに非常に珍しい。サファリはイエネコとジョフロイネコをかけあわせて作るが、子ネコはとびぬけて大きなネコに成長し、数千ドルで売れる。こうして最初の交配種とありふれたイエネコを交配させると、生殖能力のある子孫が作れるようだ。しかし、ブリーダーはこの選択肢を選ぼうとしない。ブリストルと呼ばれたマーゲイとの交配種は不妊の問題があり、もう繁殖されていない。マーゲイは木で暮らすネコで、足首の関節がやわらかく、他のネコが上るのと同じようにやすやすと木を下りることができ、サルのように片足で枝からぶらさがったり、枝から枝へ三・六メートルも飛ぶことができる。そうした能力が交配種に遺伝したらすばらしいだろうが、イエネコのめざす特質としては過剰すぎるかもしれない。

他のネコ科動物との交配でも新しい品種が作られているが、すべて野生的な外見のために繁殖されてきたので、イエネコの遺伝性にはたいして貢献しそうにはない。この中にはイエネコとジャングルキャットとの交配種チャウシーと、サーバルキャットとの交配種サバンナが含まれる。中にはペットではなく、野生動物に分類されるものもいる。[14]

世界じゅうのイエネコは外見的には似ているが、遺伝子は異なっていることがわかっている。したがって中国のありふれたペットのネコと、イギリスやアメリカのそれとを交配したら、新たな気質が

ベンガル（上）とサファリ（下）

生まれる可能性がある。その一部は室内の生活にいっそう適応し、もっと社交的かもしれない。

　ほとんどすべてのペットのネコが去勢されると――イギリスの一部ではすでにそういう状況になっている――次の世代のネコが心配になる。それは人間社会のはずれで生きているネコの子孫になるだろう――野良の雄、迷いネコの雌、それに去勢手術をすることに関心がない、あるいは去勢に道徳的反感を抱いている人々に飼われている雌ネコ。そうしたネコが産んだ子ネコの特性は、残念ながら、わたしたちが排除したいと思っているものなのだ。すなわち、人間を警戒し、自分の食べ物をまかなうための狩りが上手であるという特性だ。

　こうしたネコは当然、どんな状況に陥っても適応できるだろうが、遺伝子的には平均的なペットのネコよりもいささか野生的だ。そのため、ペットのネコとしては理想的ではない。最初のうちはちがいが小さいだろう。繁殖しているネコは、遺伝子的にペットのネコと同じ迷いネコだからだ。しかし世代を経るうちに、ますます去勢されていない迷いネコが少なくなっていき、毎年生まれる子ネコの大半は、半ヤマネコの子孫になるだろう。なぜなら彼らは自由に繁殖できる唯一のネコだからだ。こうして責任感のある飼い主によって早期の去勢が広まると、イエネコの遺伝子はじょじょに野生に戻っていき、現在の家畜化された状態から遠ざかっていくのだ。

　一九九九年にわたしが行なった研究では、そういう推定があながちSF的だとは言えないことが判明した[15]。イギリスのサウサンプトンのある地域では、ペットのネコの九八パーセント以上が去勢されていることがわかった。子ネコはめったに生まれないので、ネコを飼いたい人間は、ネコを手に入れるために市外に行かなくてはならなかった。その地域で、まだ繁殖を許されている雌のペットのネコを一〇匹発見し、子ネコが生後半年でもらわれていったあとで、その性格を調べた。こうした子ネコの父親は野良の雄ネコだろうと予想していた。その地域には去勢していないペットの雄ネコがほとんどいなかったからだ。それにわずかな雄ネコは若く、とうてい狡猾な野良ネコと争えそうになかった。その一〇腹の子ネコたちは、去勢されていないペットの雄ネコがたくさんいる別の地域の子ネコに比べ、あきらかに飼い主の膝にすわりたがらないことがわかった。このふたつのグループの子ネコが社

極東から(左)と西ヨーロッパから(右)の路地裏のネコ

会化されてきた方法には、大きな差は存在しなかったし、ふたつの地域の母ネコは性格にたいしたちがいはなかった。というわけで、片方でも親が野良ネコの長い系統の出身だと、両親ともペットのネコの場合よりも、子ネコは社会化がむずかしくなると推論した。この実験は規模が小さいが、その後何年もたった現在、ネコが小さいうちに去勢することが広まってきている。それが子ネコの性格に与える影響は、ますます顕著になってくるにちがいない。

去勢は究極の淘汰圧だが、その影響はほとんど考慮されたことはない。現在では、できるだけ不要なネコを少なくするための唯一の人間的な方法だ。それにこれほど広まったからといって、イエネコの数が減りはじめるということもなさそうだ。しかし、時間の経過とともに、思いがけない結果をもたらすだろう。

去勢はきちんと世話をされているネコにほどこされるので、理論的に、今後繁殖していくのは人間にもっともなれないネコになる。その多くは遺伝的に非社交的なままでいるだろう。去勢の長期的な影響については、慎重に考慮しなくてはならない。たとえば、ネコの未来にとっては、去勢計画は野良ネコに向けられた方がずっといい。野良ネコはもっとも非友好的であると同時に、野生動物に損害を与える可能性が大きいからだ。

ネコの繁殖には新たなアプローチが必要だ。純血種のネコはおもに外見のために繁殖される。もっとも、大半の品種で適切な気性が考慮はされるが。任意交配のネコは去勢の流れに押され気味だ。しかし去勢によって、次世代が前の世代よりも野生的になる可能性はある。したがってネコの外見と幸福は優先されても、ネコの未来は明るくない。

ではどうしたらいいか？　ネコは常に飼い主よりも数が多かった。どうしてその状況を変えねばならないのか？　ネコはますます人気者になり、数十年前よりもネコを受け入れる家庭がより多くなっている。少数のネコ嫌いを除いて、一般的にイヌに対してよりもネコに寛大だ。ただし、これが続く保証はない。

最近数十年でイヌの飼い方は特に都会で大きく変わった。「イヌの糞は片付けましょう」という規則、イヌの立ち入り禁止の公園、イヌに噛まれることを防ぐための規則などが登場した。半世紀前よりも、もっと管理され、文明化された行動をイヌに期待するようになっているのだ。同じ制限がネコを飼うことにも適用されるのだろうか？　ガーデニング愛好家と野生動物保護運動家は協力して、ネコを飼い主の敷地内に閉じこめておく規則を施行させるのだろうか？　もしもそうした圧力が実行されるなら、ネコ愛好家がすでに取り組んでいる、もっと社会的に受け入れられるネコを作ることがさらに推し進められるだろう。同時に、ネコ自身もペットの社会生活の変化に適応しやすくなるなら、恩恵をこうむるだろう。

最終的に、ネコの未来はそれを繁殖する人々にかかっている。品評会での成功ばかりに目がいく人々ではない。外見ではなく、性格の改善が目標だということを理解できる人々だ。遺伝的材料は利用できるが、それぞれのネコが持っている性質を分析するテストにはもっと科学が必要だろう。人間との暮らしに適応している多くのネコは、遺伝的に特別であるより、むしろ最適な育ち方をしているように見えるからだ。関連した遺伝子はおそらく地球じゅうにばらまかれているから、各地のネコ愛好家との協力が必要になるだろう。

いかに愛らしくても、人間に友好的なネコだからと、高い価格はつけられないだろう。純血種以外のネコがほぼ無料で手に入るという期待は、なかなか消えないはずだ。とすると、非純血種のネコの商業的繁殖は実現不可能かもしれない。きちんと適応する子ネコとして育つには、純血種のブリーダーが必死に与えようとしているのと同じ早期の豊かな経験が必要だ。このレベルの世話をすることは、子ネコが家庭で育てられる場合にしか割に合わない。

かたや、ネコが社会化される方法には、改善の余地が大いにある。ブリーダーと飼い主の両方には果たすべき役目がある。というのも、子ネコは生後二、三カ月かけて環境になじんでいくからだ。ネコのブリーダーの協会が生後一二週まで一般家庭に売ることを禁じている件は、詳細に検討する必要があるだろう。きょうだいで過ごすことで社会性は与えられるが、異なる種類の人間を学ぶことで、見知らぬものに対処する強固な戦略（進化の過程で獲得した子孫を残すための周到な性質や行動の組み合わせ）が開発できるからだ。大人のネコにとって、訓練は一般的な意味での学習の経験であるばかりか、特別な状況で落ち着いて行動する方法を学ぶことでもあり、ネコの一生を劇的に改善する。訓練の価値をもっと広く認識してもらいたいものだ。

最後に、ネコによっては、どうしても狩りをしたがる動機を今後も研究していかなくてはならない。大半はベッドで居眠りすることで満足しているのだが。そのちがいがどの程度初期の経験にあるのか、どの程度遺伝子のせいなのかはまだ解明されていない。しかし最終的に、必要な栄養を与えている現代では、捕食者としての衝動を感じないネコを繁殖することは可能なはずだ。

ネコは人間の理解を必要とする。大きくなり続けている人間の要求に適応するために、手助けを必要とする個体としても、いまだに野生と本物の家畜化への移行過程にある種としても。わたしたちが両面で支えることができれば、人気があり数が多いだけではなく、今よりももっとリラックスし、愛情深い存在としてのネコの未来が保証されるだろう。

訳者あとがき

ネコは何を考えているかよくわからない、ミステリアスだ、と言われることが多い。ネコの飼い主やネコ好きは、だからこそ、いっそうネコという生き物に惹かれるのかもしれない。あの小さな頭の中で考えていることを知りたい、あの好奇心いっぱいの（と思える）まなざしは何を伝えようとしているのか知りたい、と居ても立ってもいられなくなるのだ。そして大半のネコの飼い主は愛するネコの前で右往左往しながら、ニャーという鳴き声やボディランゲージから、なんとか飼いネコの意図を読みとろうとする。その結果、どうにか意思疎通がはかれたと感じると、大きな満足感がこみあげ、改めて飼いネコに対する愛情をかみしめるのだ。

ここまで書いてきて気づいたが、これはまさに男女の恋愛と同じだ。恋愛の心理学があるなら、いとしいネコとのあいだにも心理学があっていいはずだ。この本はまさにそんな願いをかなえてくれる。

本書は、John Bradshaw 著 *Cat Sense : The Feline Enigma Revealed*（２０１３）の邦訳である。原書は、《ニューヨーク・タイムズ》のベストセラーリスト（ノンフィクション部門）に登場し、全米公共ラジオ（ＮＰＲ）が選ぶブック・オブ・ザ・イヤーに選ばれるなど、英米で好評を博した。ブラッドショーは人間動物関係学の視点から、ネコの心理を解き明かそうとした。考古学的、科学的証拠を多数提示しながら、歴史をひもとき、さらにいくつもの実験によって、これまで知らなかったネコの一面を見せてくれている。

　本書は全部で一一章からなり、第1章から第3章では、ネコの進化について説明している。害獣駆除係として地位を固めていった最初のイエネコの成り立ちがよくわかるだろう。またネコの迫害や、文学、芸術に残るネコについての解説も興味深い。

　第4章から第6章では、ネコと人とのちがいを考察している。ネコの嗅覚や視覚について、科学的に解説されると、ネコの不可思議な行動にも納得がいく。またネコの思考と感情についての記述や実験からは、あのかわいらしい頭の中を知る手がかりが得られるだろう。

　第7章から第9章は、ネコと社会との関わりについて。雄ネコと雌ネコの求愛活動についてのくだりは、非常におもしろかった。また、都会では室内飼いが増えているので、室内飼いのネコを幸せにするヒントは、今日からすぐに役立つだろう。とりわけ、ネコのゴロゴロという喉を鳴らす音が、満足感を伝えているわけではない、という考察は意外だった。そのことを知ってから、飼いネコを注意深く観察してみると、たしかにこれまでの自分の判断が少しずれていたことに気づいた。

　また、生後三週間ぐらいまでの育て方で、どういうネコになるのか決まってくるという実験結果には、深くうなずかされた。目が開いてすぐぐらいに拾った先代のネコと、野良ネコの母親を持ち、保護団体から生後六週間ぐらいで譲ってもらった現在のネコでは、まったく人間に対する態度がちがうのだ。もちろん性格もあるだろうが、本書に書かれているような科学的事実を知ったうえで飼いネコを観察すると、また別のアプローチが生まれてきそうだ。

　ネコの遊びについても書かれているが、これも日頃から不思議に感じていたことだったので、すぐに本書の提案を試してみたところ、おおいに役立った。ネコの特質をきちんと理解すると、飼い主側も適切な工夫が凝らせるようだ。

第10章と第11章は今後のネコのありかたについて提案している。野生動物を狩るネコの行動については、飼い主としても配慮しなくてはならないだろう。また、ネコの未来についても、いろいろと考えさせられた。最近、野良ネコを保護して去勢し、里親を探す活動が盛んだ。厳しい野外の条件で野良ネコとして生きていくよりも、子ネコにとっては温かい愛情を注がれて生きていく方がたぶん幸せだろう。わたしもそうした保護団体から、訳者写真にいっしょに写っている雄ネコのシンバを譲り受け、去勢して飼っている（ちなみに、写真でもかなり大きく写っているが、体重七キロだ）。

しかし、ブラッドショーは人間につかまるネコは人間になつく遺伝子を持っているが、つかまらずに逃げてしまう野良ネコは、ヤマネコの野生的な遺伝子を持っているから、決して人間を信頼することがないと言う。たしかにそのとおりだ。すると、何十年か後にはどうなるだろうか？　人間につかまるおとなしく飼いやすいネコはみな去勢されて遺伝子が絶え、世の中には人間を信頼しない野生の血の濃いネコしかいなくなる可能性もあるだろう。これは真剣に考えてみなくてはならない問題かもしれない。

ざっと内容をご紹介したが、本書はこのように知識の泉でもあり、実際にネコとの関係を改善してくれるハンドブックでもあり、社会的問題に目を開かせてくれる啓蒙書でもある。本書を訳していて未知の知識に出会うたびに、訳者はかたわらをうろついている、あるいは昼寝をしているシンバに、ねえ、これ、どう思う？　と相談したり、いきなり実践してみたりした。翻訳作業中の息抜きとして、なかなか楽しいひとときだった。
ともあれ本書を読むことで、飼っているネコがいっそういとおしくなることはまちがいない。また、これからネコを飼おうと思っている方にとっては、本書はすばらしい手引き書になってくれるはずだ。そして、科学的裏づけのある知識と深い愛情を備えたりっぱな飼い主と巡り会えるネコは、本当に幸せだろう。そう、本書はひとことで言えば、ネコを幸せにするための本なのである。

二〇一四年一〇月

羽田詩津子

参考文献

この本のための資料の大半は学術誌の論文だが、それは大学に所属していない人々には入手がむずかしい。そのうちもっとも重要なものは参考文献として注に含めた。公開されているドメインの場合はウェブサイトリンクも付記した。生物学の学位はほしくないが、さらにネコについて学びたい方のためには、以下の本を勧めたい。大半が有名な学者によって書かれたものだが、もっと一般的な読者層を想定したものだ。

Dennis Turner、Patrick Bateson 両教授が編集した *The Domestic Cat: the Biology of Its Behaviour*〔『ドメスティック・キャット――その行動の生物学』武部正美、加隈良枝訳、チクサン出版社〕は、現在３つの版で入手できる。すべて Cambridge University Press から出ており、いちばん新しい版は 2013 年のものだ。この本ではネコの行動のさまざまな面について専門家が執筆している。

わたしと Dr. Sarah L. Brown、Dr. Rachel Casey との共著、*The Behaviour of the Domestic Cat* の第２版（Wallingford：CAB　International, 2012）はネコの行動科学への総合的な入門書で、大学の学部上級生を対象にしている。Bonnie V. Beaver 著 *Feline Behavior: A Guide for Veterinarians*（Philadelphia and Kidlington: Saunders, 2003）〔『臨床獣医のための猫の行動学』森裕司監訳、文永堂出版〕は獣医のためのガイドというタイトルが示唆するように、獣医師と獣医学部の学生を対象にしている。

ネコと人間との暮らしの歴史におけるさまざまな段階を知るには、Jaromir Malek 著 *The Cat in Ancient Egypt* (London: British Museum Press, 2006)、Donald Engels 著 *Classical Cats* (London Routledge,1999), Carl Van Vechten 著 *The Tiger in the House* (New York: New York Review of Books, 2006) で専門家の解説が読める。

オーストラリアのシドニー大学の Paul McGreevy と Bob Boakes 両教授の *Carrots and Sticks: Principles of Animal Training* (Cambridge: Cambridge University Press, 2008) は、ふたつの部分から構成される魅力的な本だ。前半はわかりやすい言葉で学習理論について説明している。後半は特別な目的のために訓練された動物の（ネコを含む）50 例の歴史を紹介している。映画出演から爆発物検知犬にいたるそうした例には、どれも動物のカラー写真と訓練の様子が添付されている。

問題のあるネコについてのアドバイスを求めている飼い主とって、すぐれた専門

家に１対１で相談する以上にいい方法はないが、その機会はめったに手に入らない。Sarah Heath、Vicky Halls、Pam Johnson-Bennettの著書のアドバイスは役に立つかもしれない。Celia Haddonの著書も軽い息抜きになるだろう。

原　注

はじめに

1. この割合は何百万匹もの飼い主のいない動物も勘定に入れている。さらにイヌが珍しいイスラム教の国における数についての推測も含まれている。
2. 預言者ムハンマドは飼いネコのムエザをかわいがっていたと言われている。「外套の上に寝ていたネコを起こすのが忍びなく、外套を着ないで外出した」Minou Reeves, *Muhammad in Europe* (New York: NYU Press, 2000), 52.
3. Rose M. Perrine, Hannah L. Osbourne, 'Personality Characteristics of Dog and Cat Persons', *Anthrozoos: A Multidisciplinary Journal of the Interactions of People & Animals* 11 (1998): 33-40.
4. 「ネコ恐怖症」と呼ばれる広く認められている病状。
5. David A. Jessup, 'The Welfare of Feral Cats and Wildlife', *Journal of the American Veterinary Medical Association* 225 (2004): 1377-83; 以下の URL で参照できる。www.avma.org/News/Journals/Collections/Documents/javma_225_9_1377.pdf.
6. The People's Dispensary for Sick Animals, 'The State of Our Pet Nation…: The PDSA Animal Wellbeing (PAW) Report 2011', Shropshire, 2011; 以下の URL で参照できる。 tinyurl.com/b4jgzjk. イヌは社会的および物理的環境の理解については少し点数がよかった（71 点)。しかし、行動についてはネコよりも点が悪かった（55 点)。
7. イギリスにおける純血種のイヌの状況はいくつかの専門的報告でまとめられている。たとえば王立動物虐待防止協会（www.rspca.org.uk/allaboutanimals/pets/dogs/health/pedigreedogs/report）や、動物福祉共同議会グループ（www.apgaw.org/images/stories/PDFs/Dog-Breeding-Report-2012.pdf）やイヌの里親慈善トラストと協力しているイギリス・ケンネル・クラブ (breedinginquiry.files.wordpress.com/2010/01/final-dog-inquiry-120110.pdf) が発表したものだ。

第 1 章　ネコの始まり

1. Darcy F. Morey, *Dogs: Domestication and the Development of a Social Bond* (Cambridge: Cambridge University Press, 2010).
2. C. A. W. Guggisberg, *Wild Cats of the World* (New York: Taplinger, 1975), 33-4 か

ら引用。

3. アカギツネに追われて、これらのネコは現在キプロスでは絶滅している。アカギツネもまた運びこまれた動物で、現在は島で唯一の肉食ほ乳動物である。

4. こうした移住についての詳細な説明は以下の本を参照のこと。 Stephen O'Brien,Warren Johnson ‘The Evolution of Cats', *Scientific American* 297 (2007): 68-75.

5. “lybica（リビカ）” のスペルは “Libya” から “libyca” が正しいが、現代ではほとんどが最初の不正確なスペルが使われている。

6. こうした “湖畔の住民” は、現在は湖の下になっている土地に村を作った。おそらく当時は肥沃な乾いた土地だったのだろう。

7. フランシス・ピット（下の注９を参照）は 第一次世界大戦に若い猟場番人が召集されなかったら、スコットランドのヤマネコもイングランドやウェールズ同様、絶滅の道をたどっていただろうと主張した。

8. Carlos A. Driscoll, Juliet Clutton-Brock, Andrew C. Kitchener, Stephen J. O'Brien ‘The Taming of the Cat', *Scientific American* 300 (2009): 68-75; 以下のURL で参照できる。tinyurl.com/akxyn9c.

9. Frances Pitt 編 *The Romance of Nature: Wild Life of the British Isles in Picture and Story*, vol. 2（London: Country Life Press, 1936）より。ピット (1888-1964) はイギリス、シュロップシャー州のブリッジノース近くに住んでいた草分け的な野生動物写真家。

10. Mike Tomkies, *My Wilderness Wildcats* (London: Macdonald and Jane's, 1977).

11. これとその次のふたつの引用は Reay H. N. Smithers の論文 ‘Cat of the Pharaohs: The African Wild Cat from Past to Present', *Animal Kingdom* 61 (1968): 16-23 より。

12. Charlotte Cameron-Beaumont, Sarah E. Lowe and John W. S. Bradshaw 著 ‘Evidence Suggesting Preadaptation to Domestication throughout the Small Felidae', *Biological Journal of the Linnean Society* 75 (2002): 361-6; 以下の URL で参照できる。www.neiu.edu/~jkasmer/Biol498R/Readings/essay1-06.pdf. カルロス・ドリスコルの南アフリカヤマネコを別個の亜種としたＤＮＡ研究の前に発表されたこの論文では、南アフリカヤマネコがリビアヤマネコとして分類されている。

13. Carlos Driscoll 他 ‘The Near Eastern Origin of Cat Domestication', *Science* (Washington) 317 (2007): 519-23.

14. *The WildCRU Review: the Tenth Anniversary Report of the wildlife Conservation*

Research Unit at Oxford University (Oxford: University of Oxford Department of Zoology, 1996), 42における David Macdonald, Orin Courtenay, Scott Forbes, Paul Honess,'African Wildcats in Saudi Arabia' David Macdonald and Françoise Tattersalleds.

15. 15から20という概算は the Laboratory of Genomic Diversity at the National Cancer Institute in Frederick, Maryland のカルロス・ドリスコルによる。彼は現在ネコの染色体のどこにこうした遺伝子があるか、どのような働きをしているかを突き止めようとしている。
16. 上記の注13を参照。
17. O. Bar-Yosef, 'Pleistocene Connexions between Africa and Southwest Asia: An Archaeological Perspective', *The African Archaeological Review* 5(1987), 29-38。
18. カルロス・ドリスコルとその同僚は現在のイエネコに５つのタイプのミトコンドリア DNA を発見した。ミトコンドリア DNA は母系からのみ遺伝する。この５匹のネコの共通の母系の祖先は、13万年前に生きていた。それから12万年以上かけて、彼女の子孫は中東と北アフリカを移動し、そのあいだにミトコンドリア DNA はわずかに突然変異を起こし、偶然に現在のイエネコの祖先ができたのだ。

第２章　ネコが野生から出てくる

1. J.-D. Vigne, J. Guilane, K. Debue, L. Haye, P. Gérard 'Early Taming of the Cat in Cyprus', *Science* 304 (2004): 259.
2. James Serpell 編 *In the Company of Animals: A Study of Human-Animal Relationships* (Cambridge and New York: Cambridge University Press, 1996); Peter G. Sercombe and Bernard Sellato 編 *Beyond the Green Myth: Borneo's Hunter-Gatherer sin the Twenty-First Century* (Copenhagen: NIAS Press, 2007) から Stefan Seitz 'Game, Pets and Animal Husbandry among Penan and Punan Groups'.
3. Veerle Linseele、Wim Van Neer、Stan Hendrickx 'Evidence for Early Cat Taming in Egypt', *Journal of Archaeological Science* 34 (2007): 2081-90 と 35 (2008): 2672-3: 以下の URL で参照できる。tinyurl.com/aotk2e8.
4. Jaromír Málek, *The Cat in Ancient Egypt* (London: British Museum Press, 2006).
5. この石棺は現在、カイロのエジプト考古学博物館に収蔵されている。側面には、その雌ネコと女神ネプシスとイシスの絵のわきに、碑文が刻まれている。オシリスの言葉「美しい雌ネコは疲れてもいないし、美しい雌ネコの肉体に飽きて

もいない。偉大なる神の前で罪を赦される」イシスの言葉「あなたを両腕に抱きしめます、オシリス」ネプシスの言葉「わたしは兄、勝利を抱きしめます、オシリス、美しいネコよ」

6. 同時に、ネコは腺ペストの最初の流行の元凶だとほのめかされたかもしれない。のちに、この病気はクマネズミによってヨーロッパに広まっていったが、その自然宿主はあきらかにナイルネズミだ。通常、ナイルネズミからネズミのノミを介して人間に伝染するが、ネコのノミもときには伝染の原因になる。Eva Panagiotakopulu 'Pharaonic Egypt and the Origins of Plague' *Journal of Biogeography* 31 (2004) 269-75 参照。以下の URL で参照できる。tinyurl.com/ba52zuv.

7. ジェネットもマングースもときどきペットとして家庭で飼われているが、そういうペットは野生の祖先とは遺伝子的に異なっており、家畜化された動物ではないので、飼うのがむずかしい。

8. *The Historical Library of Diodorus the Sicilian*,Vol. 1, Chap. VI, trans. G. Booth (London: Military Chronicle Office, 1814), 87.

9. Frank J. Yurko, 'The Cat and Ancient Egypt', *Field Museum of Natural History Bulletin* 61 (March-April 1990): 15-23.

10. ヘビの数をコントロールするために世界各地に、とりわけハワイ、フィジーなど他にヘビの捕食者がいない島に、マングースが持ちこまれてきた。

11. Angela von den Driesch and Joachim Boessneck, 'A Roman Cat Skeleton from Quseir on the Red Sea Coast', *Journal of Archaeological Science* 10 (1983): 205-11.

12. Herodotus, *The Histories* (*Euterpe*) 2:60, trans. G. C. Macaulay (London and New York: Macmillan & Co, 1890).〔『歴史』松平千秋訳、岩波書店〕

13. Herodotus, *The Histories*, 2:66.

14. *The Historical Library of Diodorus the Sicilian*, Booth, (London: Military Ghronicle Office, 1814), 84.

15. Herodotus, *The Histories*, 2:66.

16. Elizabeth Marshall Thomas, *The Tribe of Tiger: Cats and Their Culture* (New York: Simon & Schuster, 1994), 100-101.〔『ネコたちの隠された生活』木村博江訳、草思社〕

17. Paul Armitage and Juliet Clutton-Brock, 'A Radiological and Histological Investigation into the Mummification of Cats from Ancient Egypt', *Journal of Archaeological Science* 8 (1981): 185-96.

18. Stephen Buckley, Katherine Clark and Richard Evershed, 'Complex Organic

Chemical Balms of Pharaonic Animal Mummies', *Nature* 431 (2004): 294-99.
19. Armitage, Clutton-Brock, 'A Radiological and Histological Investigation'.
20. "黒ヒョウ" はヒョウの黒色色素過多症の形で、南アジアの雨林でよく見られる。おそらく森の地面にはほとんど光が射さないので、アフリカの低木地帯で狩りをするふつうの斑点があるトラほど、カムフラージュが問題にならないのだろう。
21. このデータを集めたネイル・B・トッドは赤茶色の最初の突然変異は小アジア（おおまかに言うと現在のトルコ）で起きたと述べている。ただし、アレクサンドリアよりも、その地の方が赤茶色のネコは少ないのだが。'Cats and Commerce', *Scientific American* 237 (1977): 100-107.
22. Dominique Pontier, Nathalie Rioux, Annie Heizmann, 'Evidence of Selection on the Orange Allele in the Domestic Cat *Felis catus*: The Role of Social Structure', *Oikos* 73 (1995): 299-308.
23. Terence Morrison-Scott, 'The Mummified Cats of Ancient Egypt', *Proceedings of the Zoological Society of London* 121 (1952): 861-67.
24. Frederick Everard Zeuner, *A History of Domesticated Animals* (New York: Harper & Row, 1963) の第 16 章参照。
25. このようにすぐに日本人がネコを受け入れたことは、中国でイヌが広く受け入れられてから何千年も彼らがイヌを拒絶し続けたことと対照的である。
26. Monika Lipinski et al., 'The Ascent of Cat Breeds: Genetic Evaluations of Breeds and Worldwide Random-Bred Populations', *Genomics* 91 (2008): 12-21; 以下の URL で参照できる。 tinyurl.com/cdop2op.
27. Cleia Detry, Nuno Bicho, Hermenegildo Fernandes, Carlos Fernandes, 'The Emirate of Córdoba (756-929 AD) and the Introduction of the Egyptian Mongoose (*Herpestes ichneumon*) in Iberia: The Remains from Muge, Portugal', *Journal of Archaeological Science* 38 (2011): 3518-23. 関連するインドのマングースは世界じゅうの多くの場所にヘビの数を制御するために連れていかれた。とりわけハワイ、フィジーなどの他のヘビの捕食者がいない島へ。
28. Lyudmila N. Trut, 'Early Canid Domestication: The Farm-Fox Experiment', *American Scientist* 87 (1999): 160-69; 以下の URL で参照できる。www.terrierman.com/russianfoxfarmstudy.pdf.

第3章　一歩後退、二歩前進

1. おそらくイエネコの数にとっては幸いだったが、クマネズミよりもずっと大きく

手強いドブネズミは、中世後期までヨーロッパに広がらなかった。数が増えはじめると、伝染病を運ぶクマネズミは町や市から駆逐された。現在、クマネズミはもっと暖かい土地でしか目にしない。大半のネコは完全に成長したドブネズミを襲えるほどの力も技術もない。だが、ドブネズミがコロニーを作ったり、作り直したりすることを抑止する効果はある。Charles Elton, 'The Use of Cats in Farm Rat Control', *British Journal of Animal Behaviour* 1 (1953), 151-55 参照。

2. この例はイギリス、フランス、スペインでたくさん発見されている。そこで、この迷信がダブリンのクライストチャーチ大聖堂のオルガンのパイプから発見されたのは予想外だったにちがいないが、公式見解では、誤ってそこから出られなくなったということだ。

3. エヴァン・ボーランドによる翻訳。以下のホームページを参照。wmich.edu/~cooneys/poems/pangur.ban.html.「バン」というのは古アイルランド語で「白い」という意味だ。おそらく書き手のネコは白かったのだろう。

4. Ronald L. Ecker, Eugene J. Crook, *Geoffrey Chaucer: The Canterbury Tales－A Complete Translation into Modern English*（オンライン版 Palatka, Fl.: Hodge & Braddock, 1993）; english.fsu.edu/canterbury.〔『完訳カンタベリー物語』桝井迪夫訳、岩波書店、その他〕

5. Tom P. O'Connor, 'Wild or Domestic? Biometric Variation in the Cat *Felis silvestris* Schreber', *International Journal of Osteoarchaeology* 17 (2007) :581-95; 以下の URL で参照できる。eprints.whiterose.ac.uk/3700/1/OConnor_Cats-IJOA-submitted.pdf.

6. 当時、ネコは健康被害をもたらすとも考えられていた。フランスの医師アンブロワーズ・パレはネコを「毛、息、脳によって病気をうつす有害な動物だ」と定義した。さらに 1607 年、イギリス人聖職者エドワード・トップセルは書いた。「ネコの息とにおいはほぼまちがいなく肺を損傷する」

7. Carl Van Vechten, *The Tiger in the House*, 3rd edn (London: Cape, 1938), 100.

8. J. S. Barr, *Buffon's Natural History*, Vol. VI, フランス語からの翻訳。(1797), 1.

9. Neil Todd, 'Cats and Commerce', *Scientific American* 237 (May 1977): 100-107.

10. 前記参照。

11. Manuel Ruiz-García and Diana Alvarez, 'A Biogeographical Population Genetics Perspective of the Colonization of Cats in Latin America and Temporal Genetic Changes in Brazilian Cat Populations', *Genetics and Molecular Biology* 31 (2008): 772-82.

12. 黒ネコも“しま模様”の遺伝子を持っている。しかし先端が茶色くなるべき毛

が黒なので、模様は少なくとも老齢になるまで現れない。老齢になると、黒が色あせて黒っぽいさび色にならなければ毛は茶色になるからだ。しま模様は黒ネコの子ネコでは生後数週間だけ識別できる。もうひとつのしま模様の遺伝子“アビシニアン”では、黒いしま模様は頭部、尻尾、脚だけに限られ、胴体は先端が茶色の毛で覆われている。これは同じ名前の純血種のネコ以外には、めったに見られない。

13. Todd, 'Cats and Commerce', 脚注 9 参照。
14. Bennett Blumenberg, 'Historical Population Genetics of *Felis catus* in Humboldt County, California', *Genetica* 68 (1986): 81-6.
15. Andrew T. Lloyd, 'Pussy Cat, Pussy Cat, Where Have You Been?' *Natural History* 95 (1986): 46-53.
16. Ruiz-García, Alvarez, 'A Biogeographical Population Genetics Perspective'.
17. Manuel Ruiz-García, 'Is There Really Natural Selection Affecting the L Frequencies (Long Hair) in the Brazilian Cat Populations?', *Journal of Heredity* 91 (2000): 49-57.
18. 元、ロンドンの英国自然史博物館勤務のジュリエット・クラットン＝ブロックは、この点について 1987 年の著書 *A Natural History of Domesticated Mammals* (Cambridge and New York: Cambridge University Press, 1987) で指摘した。インドゾウ、ラクダ、トナカイもまたネコと同じように、野生と完全な家畜化の中間に存在する家畜化された動物だ。
19. ネコの栄養学とそれがライフスタイルとどう関連しているかは次の記事を参照。Debra L. Zoran, and C. A. T. Buffington, 'Effects of Nutrition Choices and Lifestyle Changes on the Well-Being of Cats, a Carnivore That Has Moved Indoors', *Journal of the American Veterinary Medical Association* 239 (2011): 596-606.
20. “栄養学的知恵”の考えはシカゴの拠点にした小児科医クララ・マリー・デイヴィスの古典的な 1933 年の実験から生じている。その実験では、人間の幼児に 33 の“自然な”食べ物から 選ばせると、どの幼児も別の食べ物の組み合わせの方が好きなのにもかかわらず、栄養バランスのとれたものを選んだ。
21. Stuart C. Church, John A. Allen and John W. S. Bradshaw, 'Frequency-Dependent Food Selection by Domestic Cats: A Comparative Study', *Ethology* 102 (1996): 495-509.

第４章　すべてのネコは飼いならされることを学ばなくてはならない

1. たんなる推測だが、わたしはネコもイヌも肉食動物であることは偶然の一致ではないと思っている。
2. Dennis C. Turner and Patrick Bateson, eds., *The Domestic Cat: The Biology of Its Behaviour* (Cambridge and New York: Cambridge University Press, 1988), 164. アイリーン・カーシュ教授とそのチームはフィラデルフィアのテンプル大学で研究を行なった。驚くべきことに、この革命的な研究はついに論文審査のある専門誌には掲載されなかった。しかし、その後、その結論に対して根本的に異議を唱える人間は1人もいなかった。
3. M. E. Pozza, J. L. Stella, A.-C. Chappuis-Gagnon, S. O. Wagner and C. A. T. Buffington, 'Pinch-Induced Behavioural Inhibition ("Clipnosis") in Domestic Cats', *Journal of Feline Medicine and Surgery* 10 (2008): 82-87.
4. John M. Deag, Aubrey Manning and Candace E. Lawrence, 'Factors Influencing the Mother? Kitten relationship', in Dennis C. Turner and Patrick Bateson, eds., *The Domestic Cat: The Biology of Its Behaviour*, 2nd edn (Cambridge and New York: Cambridge University Press, 2000), 23-39.
5. Jay S. Rosenblatt, 'Suckling and Home Orientation in the Kitten: A Comparative Developmental Study', in Ethel Tobach, Lester R. Aronson and Evelyn Shaw, eds., *The Biopsychology of Development* (New York and London: Academic Press, 1971), 345-410.
6. R. Hudson, G. Raihani, D. González, A. Bautista and H. Distel, 'Nipple Preference and Contests in Suckling Kittens of the Domestic Cat are Unrelated to Presumed Nipple Quality', *Developmental Psychobiology* 51 (2009): 322-32.
7. St Francis Animal Welfare in Fair Oak, Hampshire.
8. 人間の手で育てられた子ネコはしばしば生涯を育ててくれた人間とともに過ごす。これはその子ネコが里親になつかないせいか、育てた人間が手放すことに耐えられないせいなのかははっきりしていない。
9. John Bradshaw and Suzanne L. Hall, 'Affiliative Behaviour of Related and Unrelated Pairs of Cats in Catteries: A Preliminary Report', *Applied Animal Behaviour Science* 63 (1999): 251-5.
10. Roberta R. Collard, 'Fear of Strangers and Play Behaviour in Kittens with Varied Social Experience', *Child Development* 38 (1967): 877-91.
11. 注2を参照。
12. 飼い主に飼いネコに精神的支えを求めるかどうかについて、9つの状況について質問することで、人間とネコの親密さを測った。たとえば、仕事場で嫌なこ

とがあったとき、孤独を感じたときなど。以下を参照。Rachel A. Casey and John Bradshaw, 'The Effects of Additional Socialisation for Kittens in a Rescue Centre on Their Behaviour and Suitability as a Pet', *Applied Animal Behaviour Science* 114 (2008): 196-205.

13. 新しい家に引っ越すときにストレス——子ネコでも大人のネコでも——を最小限にするための実践的な方法は the Cats Protection のウェブサイトで紹介されている。www.cats.org.uk/uploads/documents/cat_care_leaflets/EG02- Welcome home.pdf.
14. 喉をゴロゴロ鳴らすことは、必ずしも子ネコが友好的であることの確実な指標にはならないが、おそらくその瞬間にはそういう気分になっているのだろう。
15. 驚くべきことに、こうした半分野生のネコの“飼い主”はおそらく気にしなかったようだ——ネコの野生を重視し、そういう性格のネコを意図的に選ぶ人間もいるのだ。

第５章　ネコから見た世界

1. ネコよりもはるかに視覚的な動物である鳥は、すべてのほ乳類が見ることのできない紫外線も含め、４色を見ることができる。
2. 少なくとも赤緑色盲の人々は 、こんなふうに色を見ていることはわかっている。片方の目が正常で、もう片方の目が赤緑色盲のごく少数の人たちも、“いい”方の目を使って色のボキャブラリーを開発できる。また、そのボキャブラリーを使って、色盲の方の目だけを開けているときに見えるものを報告することができる。
3. 指をこの本のページに置き、それから少し鼻の方に指を近づけていきながら、活字に焦点をあわせ続けていることで、これを試してみることができる。わたしたちは焦点を活字にあわせるか、指にあわせるか選ぶことができるが、ネコの目だと、この距離では指に焦点をあわせることはできない。
4. David McVea, Keir Pearson, 'Stepping of the Forelegs over Obstacles Establishes Long-Lasting Memories in Cats', *Current Biology* 17 (2007): R621-23.
5. 以下で動画も参照。en.wikipedia.org/wiki/Cat_righting_reflex.
6. Nelika K. Hughes, Catherine J. Price, Peter B. Banks, 'Predators are Attracted to the Olfactory Signals of Prey', *PLoS One* 5 (2010): e13114, doi: 10.1371.
7. 退化した鋤鼻器官は人間の胎児に見られるが、それは機能する神経接続には成長しない。
8. Ignacio Salazar, Pablo Sanchez Quinteiro, Jose Manuel Cifuentes,Tomas Garcia

Caballero, 'The Vomeronasal Organ of the Cat', *Journal of Anatomy* 188 (1996): 445-54.

9. ほ乳類はその VNO を社会的およびとりわけ性的な機能のために利用しているようだが、爬虫類はもっと多様な使い方をしている。ヘビは味蕾を持たないふたまたに分かれた舌を利用して、臭気物質を左右の VNO に運ぶ。それは獲物や異性のヘビを追いかけるときに役に立つのだ。
10. 以下を参照。 Patrick Pageat, Emmanuel Gaultier, 'Current Research in Canine and Feline Pheromones', *The Veterinary Clinics: North American Small Animal Practice* 33 (2003): 187-211.

第6章　思考と感情

1. ただし、科学者は最近、感情の一部は意識の中に浮上しないが、行動に影響を与えていることを明らかにした。 たとえば、意識していないイメージや感情が車を運転するときに影響を及ぼしているなどだ。以下を参照。 Ben Lewis-Evans, Dick de Waard, Jacob Jolij, Karel A. Brookhuis, 'What You May Not See Might Slow You Down Anyway: Masked Images and Driving', *PLoS One* 7 (2012): e29857, doi: 10.1371/journal.pone.0029857.
2. Leonard Trelawny Hobhouse, *Mind in Evolution*, 2nd edn (London: Macmillan and Co., 1915).
3. 実験の詳細については以下を参照。 M. Bravo, R. Blake, S. Morrison, 'Cats See Subjective Contours', *Vision Research* 18 (1988): 861-65; F. Wilkinson, 'Visual Texture Segmentation in Cats', *Behavioural Brain Research* 19 (1986): 71-82.
4. ネコの特殊な能力のさらなる詳細は以下で紹介されている。John W. S. Bradshaw, Rachel A. Casey, Sarah L. Brown, *The Behaviour of the Domestic Cat*, 2nd edn (Wallingford: CAB International, 2012), chap. 3.
5. Sarah L. Hall, John W. S. Bradshaw, Ian Robinson, 'Object Play in Adult Domestic Cats: The Roles of Habituation and Disinhibition', *Applied Animal Behaviour Science* 79 (2002): 263-71. 実験室のラットで研究された "標準的な" 慣れに比べ、ネコがおもちゃに慣れる時間は秒単位ではなく分単位と長い。同じことがイヌにもあてはまることがわかった。
6. Sarah L. Hall and John W. S. Bradshaw, 'The Influence of Hunger on Object Play by Adult Domestic Cats', *Applied Animal Behaviour Science* 58 (1998): 143-50.
7. 商業的に売られているおもちゃは当然だがばらばらにならない。ネコがおもちゃの断片で窒息したり、断片が胃腸に残ってしまったりすることがあるからだ。

8. 空腹であるなしにかかわらず、ネコは狩りに出かけるが、空腹のときの方が獲物を殺すことが多い。第 10 章を参照。
9. 別の視点として、コメディアンのエディ・イザードのブログを参照。'Pavlov's Cat' tinyurl.com/dce6lb.
10. 心理学者は一般的に痛みを感情ではなく、感覚として分類している。しかし、感覚も感情も動物がいかにして世界について学ぶかに関わっていることはまちがいない。
11. Endre Grastyán, Lajos Vereczkei, 'Effects of Spatial Separation of the Conditioned Signal from the Reinforcement: A Demonstration of the Conditioned Character of the Orienting Response or the Orientational Character of Conditionings', *Behavioural Biology* 10 (1974): 121-46.
12. Ádam Miklósi, Peter Pongrácz, Gabriella Lakatos, József Tópal , Vilmos Csányi, 'A Comparative Study of the Use of Visual Communicative Signals in Interactions between Dogs (*Canis familiaris*) and Humans and Cats (*Felis catus*) and Humans', *Journal of Comparative Psychology* 119 (2005).
13. Nicholas Nicastro and Michael J. Owren, 'Classification of Domestic Cat (*Felis catus*) Vocalizations by Naive and Experienced Human Listeners', *Journal of Comparative Psychology* 117 (2003): 44-52.
14. Edward L. Thorndike, *Animal Intelligence: An Experimental Study of the Associative Processes in Animals*, chap. 2 (New York: Columbia University Press, 1898); ネットでは以下で。tinyurl.com/c4bl6do.
15. Emma Whitt, Marie Douglas, Britta Osthaus , Ian Hocking, 'Domestic Cats (*Felis catus*) Do Not Show Causal Understanding in a String-Pulling Task', *Animal Cognition* 12 (2009): 739-43. これ以前に同じ科学者たちは、交差したひもを大半のイヌが理解できないことを明らかにしている。ネコとはちがい、平行なひもの場合は見事に見抜いたイヌの場合でもだ。したがって、イヌの物理学の理解はネコよりすぐれているようだ。
16. Claude Dumas, 'Object Permanence in Cats (*Felis catus*): An Ecological Approach to the Study of Invisible Displacements', *Journal of Comparative Psychology* 106 (1992): 404-10; Claude Dumas, 'Flexible Search Behaviour in Domestic Cats (*Felis catus*): A Case Study of Predator? Prey Interaction', *Journal of Comparative Psychology* 114 (2000): 232-8.
17. この漫画家の他の作品は以下を閲覧のこと。 www.stevenappleby.com.
18. George S. Romanes, *Animal Intelligence* (New York: D. Appleton & Co., 1886);

ネットでは以下で閲覧できる。www.gutenberg.org/files/40459/40459-h/40459-h.htm.

19. C. Lloyd Morgan, *An Introduction to Comparative Psychology* (New York: Scribner, 1896); ネットでは以下を参照。 tinyurl.com/crehpj9.

20. Paul H. Morris, Christine Doe,Emma Godsell, 'Secondary Emotions in Non-Primate Species? Behavioural Reports and Subjective Claims by Animal Owners', *Cognition and Emotion* 22 (2008): 3-20.

21. そうした問題行動についてのさらなる詳細はわたしの著書 *The Behaviour of the Domestic Cat,* 2nd edn の第 11 章と第 12 章でとりあげている。共著者 Rachel Casey, Sarah Brown (Wallingford: CAB International, 2012)。

22. Anne Seawright et al., 'A Case of Recurrent Feline Idiopathic Cystitis: The Control of Clinical Signs with Behaviour Therapy', *Journal of Veterinary Behaviour: Clinical Applications and Research* 3 (2008): 32-38. ネコの膀胱炎についての背景的な情報は、the Feline Advisory Bureau のウェブサイト、www.fabcats.org/owners/flutd/info.html. を参照。

23. ニューヨークのバーナード・カレッジのアレクサンドラ・ホロヴィッツ、認識心理学の教授がこの研究を行なった。彼女の論文と著書を参照のこと。'Disambiguating the "Guilty Look": Salient Prompts to a Familiar Dog Behaviour', *Behavioural Processes* 81 (2009): 447-52. *Inside of a Dog: What Dogs See, Smell, and Know* (New York: Scribner, 2009).

第７章　集団としてのネコ

1. *The Curious Cat* は BBC の *The World about Us* シリーズ (1979) として映像化された。この映画制作の楽しい詳細はマイケル・アラビーとピーター・クロフォード著の同じタイトルの手引き書に記されている。 (London: Michael Joseph, 1982). 同様の研究がほぼ同時期にポーツマス造船所のジェーン・ダーズ、スウェーデンのオロフ・リベリ、日本の伊澤雅子によって行なわれている。

2. 厳密に言うと、"遺伝子"という用語はある特定の染色体上のひとつの場所を指す。同じ遺伝子でできた競合する遺伝子が、対立遺伝子だ。すでにとりあげられた一例が"トラネコ"のブチとしまの対立遺伝子である。

3. そうした遺伝子がどういうふうに働くかはほとんどわかっていないが、これは真実である可能性がある。なぜならほぼすべての動物において協力は、同じ家族のメンバー間で起きているからだ。遺伝子はタンパク質の情報をコードするので、こうした家族の忠誠を促進するタンパク質の存在は考えにくい。むしろ、

多くの遺伝子が関わり、それぞれが全体に少しずつ影響を与えているにちがいない。たとえば、ある遺伝子は他のネコに対する攻撃の閾値を全体的に下げているかもしれない。あるいは鋤骨器官から入ってくる情報を処理する脳の一部である副嗅球の変化により、家族のメンバーに特徴的なにおいを認識することができるのかもしれない。

4. Christopher N. Johnson, Joanne L. Isaac, Diana O. Fisher, 'Rarity of a Top Predator Triggers Continent-Wide Collapse of Mammal Prey: Dingoes and Marsupials in Australia', *Proceedings of the Royal Society B* 274 (2007): 341-6.

5. Dominique Pontier、Eugenia Natoli, 'Infanticide in Rural Male Cats (*Felis catus* L.) as a Reproductive Mating Tactic', *Aggressive Behaviour* 25 (1999): 445-49.

6. Phyllis Chesler, 'Maternal Influence in Learning by Observation in Kittens', *Science* 166 (1969): 901-03.

7. Marvin J. Herbert and Charles M. Harsh, 'Observational Learning by Cats', *Journal of Comparative Psychology* 31 (1944): 81-95.

8. 大英博物館（自然史）コレクションの手紙から翻訳。

9. これらの研究はおもにわたしの同僚、サラ・ブラウンとシャーロット・キャメロン＝ボーモントによって行なわれている。詳細はわたしの著書 *The Behaviour of the Domestic Cat*, 2nd edn の第８章を参照。共著 Rachel Casey, Sarah Brown (Wallingford: CAB International, 2012)。

10. このシルエットのトリックにほとんどのネコは一度しかだまされない。二度目には、ほとんどまったく反応を引き出せなかった。

11. 研究者は、幼形成熟と呼ばれる子ども時代の特質を大人になっても持ち続けていることが、多くの動物、とりわけイヌの家畜化における大きな要素だったと考えている。たとえば、ペキニーズの頭蓋骨をひと目見ただけでは、その祖先のオオカミにまったく似ていないが、実はオオカミの胎児とはほぼ同じ形なのだ。イエネコの体は幼少期の形質を残していないが、その行動の一部には残っている。たとえば尻尾を立てることとか、社会的な合図とかがそうだ。

12. ネコの家族における進化の顕著な特徴については、以下の資料に紹介されている。Dennis Turner and Patrick Bateson, eds., *The Domestic Cat: The Biology of Its Behaviour*, 2nd edn (Cambridge: Cambridge University Press, 2000), 67-93, John W. S. Bradshaw, Charlotte Cameron-Beaumont, 'The Signalling Repertoire of the Domestic Cat and Its Undomesticated Relatives'〔『ドメスティック・キャット――その行動の生物学』武部正美、加隈良枝訳、チクサン出版社〕

13. Christina D. Buesching, Pavel Stopka, David W. Macdonald, 'The Social

Function of Allo-marking in the European Badger (*Meles meles*)', *Behaviour* 140 (2003): 965-80.
14. Terry Marie Curtis, Rebecca Knowles,Sharon Crowell-Davis, 'Influence of Familiarity and Relatedness on Proximity and Allogrooming in Domestic Cats (*Felis catus*)', *American Journal of Veterinary Research* 64 (2003): 1151-54. 以下も参照。Ruud van den Bos, 'The Function of Allogrooming in Domestic Cats (*Felis silvestris catus*): A Study in a Group of Cats Living in Confinement', *Journal of Ethology* 16 (1998): 1-13.
15. わたしの著書 *In Defence of Dogs* (London: Penguin Books, 2012) を参照。
16. オオカミの直系の子孫、野犬は祖先の社会的な洗練さをほとんど示さない。雄と雌からなるグループは共通のテリトリーを共有するが、すべての大人の雌は繁殖を試み、ほぼすべての子イヌは母イヌだけで育てられる。ただし、ときおり、ふた腹の子イヌがいっしょに育てられることもあり、父イヌがえさを子イヌに運んできたという記録もある。
17. 爆発的種形成のすぐれた研究例は、ヴィクトリア湖の魚、シクリッドについてだ。この湖は現在世界でもっとも大きい熱帯の湖だが、わずか1万5000年前には乾いた土地だった。現在、この湖は何百種ものシクリッドが生息している。そのどれもが他のアフリカの大きな湖では見られず、ほとんどが湖が水で満たされた1万4000年前から進化してきたものだ。以下を参照。Walter Salzburger, Tanja Mack, Erik Verheyen and Axel Meyer, 'Out of Tanganyika: Genesis, Explosive Speciation, Key Innovations and Phylogeography of the Haplochromine Cichlid Fishes', *BMC Evolutionary Biology* 5 (2005): 17.
18. われわれの鼻はチオールにはとりわけ敏感だ。そこでまったくにおいのない天然ガスに少量加え、簡単にガス漏れを検知できるようにしている。
19. Ludovic Say and Dominique Pontier, 'Spacing Pattern in a Social Group of Stray Cats: Effects on Male Reproductive Success', *Animal Behaviour* 68 (2004): 175-80.
20. たとえば2011年に"世界でもっとも規模の大きいネコの去勢グループ"と言われているCats Protectionの方針を参照。www.cats.org.uk/what-we-do/neutering/.

第8章　ネコと飼い主たち

1. Gary D. Sherman, Jonathan Haidt and James A. Coan, 'Viewing Cute Images Increases Behavioural Carefulness', Emotion 9 (2009): 282-6.

2. Robert A. Hinde and Les A. Barden, 'The Evolution of the Teddy Bear', *Animal Behaviour* 33 (1985): 1371-3.
3. 以下を参照。www.wwf.org.uk/how_you_can_help/the_panda_made_me_do_it/.
4. Kathy Carlstead, Janine L. Brown, Steven L. Monfort, Richard Killens and David E. Wildt, 'Urinary Monitoring of Adrenal Responses to Psychological Stressors in Domestic and Nondomestic Felids', *Zoo Biology* 11 (1992):165-76.
5. Susan Soennichsen and Arnold S. Chamove, 'Responses of Cats to Petting by Humans', *Anthrozoos: A Multidisciplinary Journal of the Interactions of People & Animals* 15 (2002): 258-65.
6. Karen McComb, Anna M. Taylor, Christian Wilson and Benjamin D.Charlton, 'The Cry Embedded within the Purr', *Current Biology* 19 (2009):R507-8.
7. ドライキャットフードに塩を加えているメーカーもある。しかし味のためではない。おもに、ネコに水を飲むように仕向けるためだ。それによって尿管結石ができるリスクを減らしているのである。
8. 亡きペニー・バーンスタインはなでることについて詳細な研究をした。残念ながら、その研究は彼女が2012年に亡くなったので未発表のままだ。概略はトレイシー・ヴォーゲルの 'Petting Your Cat−Something to Purr About' を www.pets.ca/cats/articles/petting-a-cat/ で参照。 あるいはバーンスタイン自身の以下の評論を参照のこと。'The Human-Cat Relationship', Irene Rochlitz, ed., *The Welfare of Cats* (Dordrecht: Springer), 47-89.
9. Soennichsen and Chamove, 'Responses of Cats'.
10. Sarah Lowe and John W. S. Bradshaw, 'Ontogeny of Individuality in the Domestic Cat in the Home Environment', *Animal Behaviour* 61 (2001):231-37.
11. ２匹のベンガルネコが裏声で甲高く鳴いているのを聞くには、このサイトに。tinyurl.com/crb5ycj. 多くのネコが窓越しに鳥を眺めながら立てる音は「さえずり」と呼ばれるが、より正確には「ぺちゃくちゃしゃべる」だろう。以下のサイトを参照。tinyurl.com/cny83rd.
12. Mildred Moelk, 'Vocalizing in the House-Cat: A Phonetic and Functional Study', *American Journal of Psychology* 57 (1944): 184-205.
13. Nicholas Nicastro, 'Perceptual and Acoustic Evidence for Species-Level Differences in Meow Vocalizations by Domestic Cats (*Felis catus*) and African Wild Cats (*Felis silvestris lybica*)', *Journal of Comparative Psychology* 118 (2004): 287-96. この論文が発表されたとき、すべてのアフリカのヤマネコはリビカと呼ぶことが一般的だった。しかし、現在はカフラとして知られているこうした南

アフリカのヤマネコはイエネコと格別近い関係があるわけではなく、15万年前に中東または北アフリカのリビカから分かれたものだ。

14. Nicholas Nicastro and Michael J. Owren, 'Classification of Domestic Cat (*Felis catus*) Vocalizations by Naive and Experienced Human Listeners', *Journal of Comparative Psychology* 117 (2003): 44-52.
15. Dennis C. Turner, 'The Ethology of the Human-Cat Relationship', *Swiss Archive for Veterinary Medicine* 133 (1991): 63-70.
16. Desmond Morris, *Catwatching: The Essential Guide to Cat Training* (London: Jonathan Cape, 1986).
17. もちろん、多くのネコが飼い主の毛づくろいをするが、他の大人のネコの毛づくろいもする。
18. Maggie Lilith, Michael Calver and Mark Garkaklis, 'Roaming Habits of Pet Cats on the Suburban Fringe in Perth, Western Australia: What Size Buffer Zone is Needed to Protect Wildlife in Reserves?', Daniel Lunney, Adam Munn and Will Meikle, eds., *Too Close for Comfort: Contentious Issues in Human-Wildlife Encounters* (Mosman, NSW: Royal Zoological Society of New South Wales, 2008), 65-72. 以下も参照。Roland W. Kays and Amielle A. DeWan, 'Ecological Impact of Inside/Outside House Cats around a Suburban Nature Preserve', *Animal Conservation* 7 (2004): 273-83; ネットでは以下で紹介されている。www.nysm.nysed.gov/staffpubs/docs/15128.pdf.
19. 発信器とバッテリーはツグミの大きさの鳥でも運べるぐらいなので、非常に軽い。この無線首輪は数秒後に「ビー」という音を出し、ポータブルアンテナとレシーバーで受信される。アンテナは指向性で、動物にまっすぐ向けられたときにもっとも強い信号を発する。野生動物の追跡に使用するときには、いったん強い信号をとらえたら、動物を驚かさないようにある程度の距離をおく。そして動物の正確な場所を知るために、異なる角度からのいくつかの記録を測定する。ペットのネコの場合、ネコの姿が見えるまでまっすぐ発信源まで歩いていけばいいのでずっと簡単だ。
20. このネコの不誠実さは、ジョージア大学のキティ・カムのプロジェクトによってあきらかにされた。ジョージア州アテネの55匹のネコに軽量のビデオレコーダーを装着させたところ、4匹のネコがしばしば第二の家を訪れ、食べ物と愛情を与えられていることが明らかになった。以下のサイトを参照。'The National Geographic & University of Georgia Kitty Cams (Crittercam) Project: A Window into the World of Free-Roaming Cats' (2011), www.kittycams.uga.edu/

research.html.

21. レイチェル・ケーシーから提供された資料を用いた。以下を参照。John W. S. Bradshaw, Rachel Casey and Sarah Brown, *The Behaviour of the Domestic Cat*, 2nd edn (Wallingford: CAB International, 2012), chap. 11.
22. 同書。
23. Ronald R. Swaisgood and David J. Shepherdson, 'Scientific Approaches to Enrichment and Stereotypes in Zoo Animals: What's Been Done and Where Should We Go Next?', *Zoo Biology* 24 (2005): 499-518.
24. 以下を参照。Cat Behaviour Associates, 'The Benefits of Using Puzzle Feeders for Cats' (2013), www.catbehaviourassociates.com/the-benefits-of-using-puzzle-feeders-for-cats/.
25. Marianne Hartmann-Furter, 'A Species-Specific Feeding Technique Designed for European Wildcats (*Felis s. silvestris*) in Captivity', *Saugetierkundliche Informationen* 4 (2000): 567-75.
26. 以下の RSPCA のウェブを参考。'Keeping Cats Indoors' (2013), www.rspca.org.uk/allaboutanimals/pets/cats/environment/indoors.

第９章　個体としてのネコ

1. 以下のサイトを参照。www.gccfcats.org/breeds/oci.html.
2. Knut Boe, Morten Bakken and Bjarne Braastad, eds., *Proceedings of the 33rd International Congress of the International Society for Applied Ethology, Lillehammer, Norway* (Ås: Agricultural University of Norway, 1999), Bjarne O. Braastad, I. Westbye and Morten Bakken, 'Frequencies of Behaviour Problems and Heritability of Behaviour Traits in Breeds of Domestic Cat' 85.
3. Paola Marchei 他 , 'Breed Differences in Behavioural Response to Challenging Situations in Kittens', *Physiology & Behaviour* 102 (2011): 276 -84.
4. 当然、母ネコは子ネコに遺伝子を提供しているが、育て方によって子ネコの性格にも影響を与えている。したがって、父親と同じように強い遺伝ではあっても、母親の遺伝の影響ははっきりと特定することがよりむずかしい。
5. さらに詳しい論議は以下を参照。Sarah Hartwell, 'Is Coat Colour Linked to Temperament?' (2001), www.messybeast.com/colour-tempment.htm.
6. Michael Mendl and Robert Harcourt, 'Individuality in the Domestic Cat: Origins, Development and Stability' in Dennis C. Turner and Patrick Bateson, eds., *The Domestic Cat: The Biology of Its Behaviour*, 2nd edn (Cambridge: Cambridge

University Press, 2000), 47-64.〔『ドメスティック・キャット――その行動の生物学』武部正美、加隈良枝訳、チクサン出版社〕
7. Rebecca Ledger and Valerie O'Farrell, 'Factors Influencing the Reactions of Cats to Humans and Novel Objects', in Ian Duncan, Tina Widowski and Derek Haley, eds., *Proceedings of the 30th International Congress of the International Society for Applied Ethology* (Guelph: Col. K. L. Campbell Centre for the Study of Animal Welfare, 1996) 112.
8. Caroline Geigy, Silvia Heid, Frank Steffen, Kristen Danielson, André Jaggy and Claude Gaillard, 'Does a Pleiotropic Gene Explain Deafness and Blue Irises in White Cats?', *The Veterinary Journal* 173 (2007): 548-53.
9. John W. S. Bradshaw and Sarah Cook, 'Patterns of Pet Cat Behaviour at Feeding Occasions' , *Applied Animal Behaviour Science* 47 (1996): 61-74.
10. 論評として、注6のマイケル・メンデルとロバート・ハーコートを参照。
11. Sandra McCune, 'The Impact of Paternity and Early Socialisation on the Development of Cats' Behaviour to People and Novel Objects', *Applied Animal Behaviour Science* 45 (1995): 109-24.
12. Sarah E. Lowe and John W. S. Bradshaw, 'Responses of Pet Cats to Being Held by an Unfamiliar Person, from Weaning to Three Years of Age', *Anthrozoos: A Multidisciplinary Journal of the Interactions of People & Animals* 15 (2002): 69-79.
13. 根深いネコ嫌いを指す専門用語はネコ恐怖症だ。わたしはここで元同僚デボラ・グッドウィン博士の助力を得て研究をしている。
14. Jill Mellen, 'Effects of Early Rearing Experience on Subsequent Adult Sexual Behaviour Using Domestic Cats (*Felis catus*) as a Model for Exotic Small Felids', *Zoo Biology* 11 (1992): 17-32.
15. Nigel Langham, 'Feral Cats (*Felis catus* L.) on New Zealand Farmland.II. Seasonal Activity', *Wildlife Research* 19 (1992): 707-20.
16. Julie Feaver, Michael Mendl and Patrick Bateson, 'A Method for Rating the Individual Distinctiveness of Domestic Cats', *Animal Behaviour* 34 (1986):1016-25.

第10章　ネコと野生動物

1. Michael C. Calver, Jacky Grayson, Maggie Lilith and Christopher R. Dickman, 'Applying the Precautionary Principle to the Issue of Impacts by Pet Cats on Urban Wildlife', *Biological Conservation* 144 (2011): 1895-1901.
2. Ross Galbreath and Derek Brown, 'The Tale of the Lighthouse-Keeper's Cat:

Discovery and Extinction of the Stephens Island Wren (*Traversia lyalli*)', *Notornis* 51 (2004): 193-200 ;ネットでは以下で利用できる。notornis.osnz.org.nz/system/files/Notornis_51_4_193.pdf.

3. B. J. Karl and H. A. Best, 'Feral Cats on Stewart Island: Their Foods and Their Effects on Kakapo', *New Zealand Journal of Zoology* 9 (1982): 287-93. この研究結果にもかかわらず、スチュワート島のネコはその後完全に駆除された。しかし、（研究で予測されたように）フクロウオウムは減り続け、最終的に科学者は生き残ったフクロウオウムを捕食者のいない別の島に移動させた。
4. Scott R. Loss, Tom Will and Peter P. Marra, 'The Impact of Free-Ranging Domestic Cats on Wildlife of the United States', *Nature Communications* (2013): DOI: 10.1038/ncomms2380.
5. オーストラリアにネコがもたらされたのは最近ではないかもしれない。実は数千年前に、東南アジアからのヤマネコがオーストラリアの野生のイヌ、ディンゴと同じルートで広まっていたことが示唆されている。 以下を参照。Jonica Newby, *The Pact for Survival: Humans and Their Companion Animals* (Sydney: ABC Books, 1997), 193.
6. Christopher R. Dickman, 'House Cats as Predators in the Australian Environment: Impacts and Management', *Human-Wildlife Conflicts* 3 (2009):41-48.
7. 同書。
8. Maggie Lilith, Michael Calver and Mark Garkaklis, 'Do Cat Restrictions Lead to Increased Species Diversity or Abundance of Small and Medium-Sized Mammals in Remnant Urban Bushland?', *Pacific Conservation Biology* 16 (2010): 162-72.
9. Eduardo A. Silva-Rodríguez and Kathryn E. Sieving, 'Influence of Care of Domestic Carnivores on Their Predation on Vertebrates', *Conservation Biology* 25 (2011): 808-15. ネコとネズミの実験は 1970 年代初めに行なわれた。当時は動物実験の倫理が今日とちがっていたのだ。Robert E. Adamec, 'The Interaction of Hunger and Preying in the Domestic Cat (*Felis catus*): An Adaptive Hierarchy?', *Behavioural Biology* 18 (1976): 263-72.
10. 以下の映像を参照。'Cat's Bibs Stop Them Killing Wildlife', Reuters, 29 May 2007; tinyurl.com/c9jfn36.
11. さらに詳しいアドバイスは以下を参照。www.rspb.org.uk/advice/gardening/unwantedvisitors/cats/birdfriendly.aspx.
12. David Cameron Duffy and Paula Capece, 'Biology and Impacts of Pacific Island

Invasive Species. 7. The Domestic Cat (*Felis catus*)', *Pacific Science* 66 (2012): 173-212.

13. Andrew P. Beckerman, Michael Boots and Kevin J. Gaston, 'Urban Bird Declines and the Fear of Cats', *Animal Conservation* 10 (2007): 320-25.
14. James Childs, 'Size-Dependent Predation on Rats (*Rattus norvegicus*) by House Cats (*Felis catus*) in an Urban Setting', *Journal of Mammalogy* 67 (1986): 196-9.

第 11 章　未来のネコたち

1. John W. S. Bradshaw, Rachel Casey and Sarah Brown, *The Behaviour of the Domestic Cat*, 2nd edn (Wallingford: CAB International, 2012), 第 11 章。〔『ドメスティック・キャット——行動の生物学』武部正美、加隈良枝訳、チクサン出版社〕
2. Darcy Spears, 'Contact 13 Investigates: Teens Accused of Drowning Kitten Appear in Court', 28 June 2012, www.ktnv.com/news/local/160764205.html.
3. 梗概はいくつかの専門的報告で見ることができる。たとえば、以下のものだ。the Royal Society for the Prevention of Cruelty to Animals, the Associate Parliamentary Group for Animal Welfare, the UK Kennel Club in partnership with the rehoming charity Dogs Trust. 以下のサイトを参照。www.rspca.org.uk/allaboutanimals/pets/dogs/health/pedigreedogs.
4. イエネコは当然、人間との関わりを通じてこの傾向のために選ばれてきた。訓練を可能にするのは、ネコの人間に対する愛情だからだ。
5. Eileen Karsh, 'Factors Influencing the Socialization of Cats to People' in Robert K. Anderson, Benjamin L. Hart and Lynette A. Hart, eds., *The Pet Connection: Its Influence on Our Health and Quality of Life* (Minneapolis: University of Minnesota Press, 1984), 207-15.
6. the Cats Protection のウェブサイトで初歩的な手順の詳細を見ることができる。www.cats.org.uk/cat-care/cat-care-faqs.
7. 第 6 章のコラム『カチリという音での訓練』を参照。ネコにキャリアーに入らせる訓練をしているサラ・エリスのビデオも以下のサイトで見ることが可能。www.fabcats.org/behaviour/training/videos.html.
8. the Feline Advisory Bureau のウェブサイトでヴィッキー・ホールズの記事を参照。www.fabcats.org/behaviour/scratching/article.html.
9. 爪を抜くことについてのさらなる詳細は獣医によって書かれた以下を参照。'A Rational Look at Declawing from Jean Hofve, DVM' (2002), declaw.lisaviolet.

com/declawdrjean2.html.

10. この束縛はイヌにはあまり影響を及ぼさない。ほとんどの純血種のイヌは、もともと労働タイプ——テリア、牧羊犬、番犬、狩猟犬——などから分かれたものなのだ。品評会によって特徴的な行動はかなり希薄になったが、一部はまだ残っている。さらに労働犬種のクラブは意図的に交配を別にして、イヌが本来の機能を果たすことのできる遺伝子を保存している。
11. The Governing Council of the Cat Fancy, 'The Story of the RagaMuffin Cat' (2012), www.gccfcats.org/breeds/ragamuffin.html.
12. Debbie Connolly, 'Bengals as Pets' (2003), www.bengalcathelpline.co.uk/bengalsaspets.htm.
13. Charlotte Cameron-Beaumont, Sarah Lowe and John Bradshaw, 'Evidence Suggesting Preadaptation to Domestication throughout the Small *Felidae*', *Biological Journal of the Linnean Society* 75 (2002): 361-6. この研究には16匹のベンガルヤマネコと6匹のジョフロイネコが含まれている。
14. Susan Saulny, 'What's Up, Pussycat? Whoa!', *The New York Times*, 12 May 2005, www.nytimes.com/2005/05/12/fashion/thursdaystyles/12cats.html.
15. John W. S. Bradshaw, Giles F. Horsfield, John A. Allen and Ian H. Robinson, 'Feral Cats: Their Role in the Population Dynamics of *Felis catus*', *Applied Animal Behaviour Science* 65 (1999): 273-83.

猫的感覚《ねこてきかんかく》
動物行動学が教えるネコの心理
2014年11月25日　初版発行
2015年 6 月25日　再版発行
*
著　者　ジョン・ブラッドショー
訳　者　羽田詩津子《はたしずこ》
発行者　早　川　　浩
*
印刷所　株式会社亨有堂印刷所
製本所　大口製本印刷株式会社
*
発行所　株式会社　早川書房
東京都千代田区神田多町2－2
電話　03-3252-3111（大代表）
振替　00160-3-47799
http://www.hayakawa-online.co.jp
定価はカバーに表示してあります
ISBN978-4-15-209502-2　C0045
Printed and bound in Japan
乱丁・落丁本は小社制作部宛お送り下さい。
送料小社負担にてお取りかえいたします。

意識は傍観者である

――脳の知られざる営み

INCOGNITO

デイヴィッド・イーグルマン

大田直子訳

４６判上製

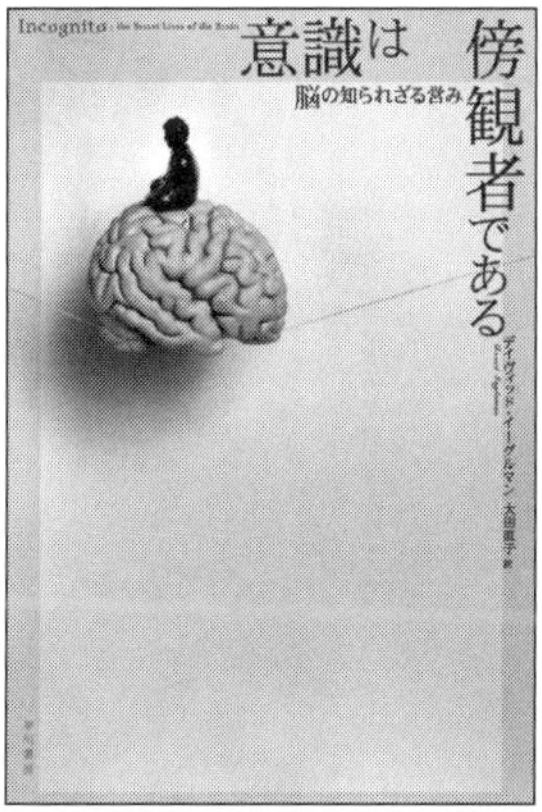

あなたは自分の脳が企むイリュージョンに誰よりも無知な傍観者だ。

あなたが見ている現実は、現実ではない。あなたの時間感覚も、現実とはズレている……意識が動作を命じたとき、その動作はすでに行なわれている！　ＮＹタイムズほかのベストセラーリストをにぎわせた科学解説書登場。

ハヤカワ・ノンフィクション文庫

マーリー
——世界一おバカな犬が教えてくれたこと

Marley & Me

ジョン・グローガン
古草秀子訳

子育ての練習にと、頭がいいラブラドール・レトリーバーの仔犬を選んだはずが、大きく育ったマーリーはやんちゃでおバカな犬になり、飼い主夫婦は数々の騒動にふりまわされる。でも、出産、子育て、転職と人生の転機を乗り越えていく二人にマーリーは大切なことを教えてくれた——世界的ベストセラー。

ハヤカワ・ノンフィクション

オスカー

――天国への旅立ちを知らせる猫

Making Rounds with Oscar

デイヴィッド・ドーサ
栗木さつき訳
46判並製

彼が見守っていてくれるから、
さみしい思いをせずに逝ける――

介護老人ホームに住むオス猫オスカーは、死期の近い患者を見分けて最期まで寄り添うことで有名だ。彼のおかげで患者は穏やかに死を迎え、家族たちの心細さも癒されるのだ。不思議な才能を持った猫の謎に迫りながら患者たちの人生までもを温かく描いた感動実話。

ハヤカワ・ノンフィクション文庫

図書館ねこデューイ

——町を幸せにしたトラねこの物語

DEWEY

ヴィッキー・マイロン
羽田詩津子訳

もふもふの図書館員が
町の人々の心に火を灯す!

アメリカの田舎町の図書館で保護された一匹の子ねこ。デューイと名づけられたその雄ねこはたちまち人気者になり、町の人々の心のよりどころになってゆく。ともに歩んだ女性図書館長が自らの波瀾の半生を重ねつつ、世界中に愛されたねこの一生をつづる感動作。